全国农业职业技能培训教材

设施养鸡装备操作工

（初级 中级 高级）

农业部农业机械试验鉴定总站
农业部农机行业职业技能鉴定指导站 编

中国农业科学技术出版社

图书在版编目（CIP）数据

设施养鸡装备操作工：初级 中级 高级／农业部农业机械试验鉴定总站，农业部农机行业职业技能鉴定指导站编．—北京：中国农业科学技术出版社，2014．7

全国农业职业技能培训教材

ISBN 978－7－5116－1597－8

Ⅰ．①设… Ⅱ．①农…②农… Ⅲ．①鸡－饲养管理－技术培训－教材 Ⅳ．①S831．4

中国版本图书馆CIP数据核字（2014）第067183号

责任编辑 姚 欢
责任校对 贾晓红

出 版 者 中国农业科学技术出版社
北京市中关村南大街12号 邮编：100081
电 话 （010）82109704（发行部） （010）82106636（编辑室）
（010）82109703（读者服务部）
传 真 （010）82106636
网 址 http://www.castp.cn
经 销 者 各地新华书店
印 刷 者 北京富泰印刷有限责任公司
开 本 787 mm×1 092 mm 1/16
印 张 13
字 数 300千字
版 次 2014年7月第1版 2014年7月第1次印刷
定 价 28.00元

农业部农机行业职业技能鉴定教材

编审委员会

《设施养鸡装备操作工》

编写审定组成员

主　编： 温　芳

副主编： 叶宗照　张秋生

编　写： 温　芳　叶宗照　张秋生　田金明
花月勤　路耀明　吴成峰　吕占民
王扬光　马　超

审　定： 夏正海　欧南发　鲁家浪　侯方安
沈吉人

前 言

党和国家高度重视农业机械化发展，我国农业机械化已经跨入中级发展阶段。依靠科技进步，提高劳动者素质，加强农业机械化教育培训和职业技能鉴定，是推动农业机械化科学发展的重大而紧迫的任务。中央实施购机补贴政策以来，大量先进适用的农机装备迅速普及到农村，其中，设施农业装备的拥有量也急剧增加。农民购机后不会用、用不好、效益差的问题日益突出。

为适应设施农业装备操作人员教育培训和职业技能鉴定工作的需要，农业部农机行业职业技能鉴定指导站组织有关专家，编写了一套全国农业职业技能鉴定用培训教材——《设施农业装备操作工》。该套教材包含了《设施园艺装备操作工》《设施养牛装备操作工》《设施养猪装备操作工》《设施养鸡装备操作工》和《设施水产养殖装备操作工》5本。

该套教材以《NY/T 2145—2012——设施农业装备操作工》（以下简称《标准》）为依据，力求体现“以职业活动为导向，以职业能力为核心”的指导思想，突出职业技能培训鉴定的特色，本着“用什么，考什么，编什么”的原则，内容严格限定在《标准》范围内，突出技能操作要领和考核要求。在编写结构上，按照设施农业装备操作工的基础知识、初级工、中级工和高级工四个部分编写，其中，基础知识部分涵盖了《标准》的“基本要求”，是各等级人员均应掌握的知识内容；初、中、高级工部分分别对应《标准》中相应等级的“职业功能”要求，并将相关知识和操作技能分块编写，且全面覆盖《标准》要求。在编写语言上，考虑到现有设施农业装备操作工的整体文化水平和本职业技能特征鲜明，教材文字阐述力求言简意赅、通俗易懂、图文并茂。在知识内容的编排上，教材既保证了知识结构的连贯性，又着重于技能掌握所必须的相关知识，力求精炼浓缩，突出实用性、针对性和典型性。

该套教材在编写过程中得到了农业部规划设计研究院、北京市农业机械试验鉴定推广站、内蒙古自治区农牧业机械质量监督管理站、金湖小青青机电设备有限公司、江苏省连云港市农机推广站等单位的大力支持，在此一并表示衷心的感谢！

由于编写时间仓促，水平有限，不足之处在所难免，欢迎广大读者提出宝贵的意见和建议。

农业部农机行业职业技能鉴定教材编审委员会

2014年1月

目　　录

第一部分　职业道德与基础知识

第三部分　设施养鸡装备操作工——中级技能

第四部分 设施养鸡装备操作工——高级技能

第一部分　职业道德与基础知识

第一章　设施农业装备操作工职业道德

第一节　职业道德基本知识

一、道德的含义

道德是一种社会意识形态，是人们共同生活及其行为的准则和规范。它以善恶、是非、荣辱为标准，调节人与人之间、个人与社会之间的关系。它依据社会舆论、传统文化和生活习惯来判断一个人的品质，它可以通过宣传教育和社会舆论影响而后天形成，它依靠人们自觉的内心观念来维持。道德很多时候跟“良心”一起谈及，良心是指自觉遵从主流道德规范的心理意识。党的“十八大”报告指出：“全面提高公民道德素质，这是社会主义道德建设的基本任务。要坚持依法治国和以德治国相结合，加强社会公德、职业道德、家庭美德、个人品德教育，弘扬中华传统美德，弘扬时代新风。”社会主义道德建设要坚持以为人民服务为核心，以集体主义为原则，以爱祖国、爱人民、爱劳动、爱科学、爱社会主义为基本要求。

二、职业道德及其特点

1. 职业道德的含义及内容

职业道德是指从事一定职业的人员在工作和劳动过程中所应遵守的、与其职业活动紧密联系的道德规范和行为准则的总和。职业道德包括职业道德意识、职业道德守规、职业道德行为规范，以及职业道德培养、职业道德品质等内容。要大力提倡以爱岗敬业、诚实守信、办事公道、服务群众、奉献社会为主要内容的职业道德。

2. 职业道德的特点

职业道德作为社会道德的重要组成部分，是社会道德在职业领域的具体反映。其特点是：在职业范围上，职业道德具有规范性；在适用范围上，职业道德具有有限性；在形式上，具有多样性；在内容上，具有较强的稳定性和连续性。

3. 职业道德的意义

学习和遵守职业道德，有利于推动社会主义物质文明和精神文明建设；有利于提高本行业、企业的信誉和发展；有利于个人品质的提高和事业的发展。

三、职业素质内容

职业素质是指劳动者通过教育、劳动实践和自我修养等途径而形成和发展起来的，在职业活动中发挥重要作用的内在基本品质。职业素质包括思想政治素质、科学文化素质、身心素质、专业知识与专业技能素质 4 个方面。其中，职业素质的灵魂是思想政治素质，核心内容是专业知识与专业技能素质。

第二节　设施农业装备操作工职业守则

设施农业装备操作工在职业活动中，不仅要遵循社会道德的一般要求，而且要遵守设施农业装备操作工职业守则。其基本内容如下。

一、遵章守法，爱岗敬业

遵章守法是设施农业装备操作工职业守则的首要内容，这是由设施农业装备操作工的职业特点决定的。遵章守法就是要自觉学习、遵守国家的有关法规、政策和农机安全生产的规定，爱岗敬业是指设施农业装备操作工要热爱自己的工作岗位，服从安排，兢兢业业，尽职尽责，乐于奉献。

二、规范操作，安全生产

规范操作是指一丝不苟地执行安全技术、组织措施，确保作业人员生命和设备安全，确保作业任务的圆满完成。要有高度负责的精神，严格按照技术要求和操作规范，认真对待每一项作业、每一道工序，尽职尽责，确保作业质量，优质、高效、低耗、安全地完成生产任务。安全生产是指机具在道路转移、场地作业及维修保养过程中要保证自身、他人及机具的安全。

三、钻研技术，节能降耗

设施农业装备操作工要提高作业效率，确保作业质量，必须掌握过硬的操作技能，是职业的需要。钻研技术，必须“勤业”，干一行，钻一行，善于从理论到实践，不断探索新情况、新问题，技术上要精益求精。节能降耗是钻研技术的具体体现。在操作过程中采取技术上可行、经济上合理以及环境和社会可以承受的措施，从各个环节，降低消耗、减少损失和污染物排放、制止浪费，有效、合理地利用能源。

四、诚实守信，优质服务

诚实守信是做人的根本，也是树立作业信誉，建立稳定服务关系和长期合作的基础。设施农业装备操作工在作业服务过程中，要以诚待人，讲求信誉，同时要有较强的竞争意识和价值观念，主动适应市场，靠优质服务占有市场。在作业服务中，要使用规范语言，做到礼貌待客，服务至上，质量第一。

第二章　机电常识

第一节　农机常用油料的名称、牌号、性能和用途

农机用油是指在农机使用过程中所应用的各种燃油、润滑油和液压油的总称。它们的品种繁多、性能各异，随使用机器及部位的不同，要求也不一样，加之在运输、贮存、添加和使用过程中，油料的质量指标会逐渐变坏，必须采取科学的技术措施，防止和减缓油品的变坏。选好、用好、管好农机用油，是保证农机技术状态完好的重要环节，是节约油料、降低作业成本的重要途径。

农机常用的油料牌号、规格与适用范围等，见表 2－1。

表 2－1　农机常用油料的牌号、规格与适用范围

<table>
<tr><th colspan="2">名　称</th><th colspan="2">牌号和规格</th><th>适用范围</th><th>使用注意事项</th></tr>
<tr><td rowspan="2">柴油</td><td>重柴油</td><td colspan="2"></td><td>转速 1 000r/min 以下的中低速柴油机</td><td rowspan="2">①不同牌号的轻柴油可以掺兑使用
②柴油中不能掺入汽油</td></tr>
<tr><td>轻柴油</td><td colspan="2">10、0、－10、－20、－35 和 －50 号（凝点牌号）</td><td>选用凝点应低于当地气温 3～5℃</td></tr>
<tr><td colspan="2">汽油</td><td colspan="2">66、70、85、90、93 和 97 号（辛烷值牌号）</td><td>压缩比高选用牌号高的汽油，反之选用牌号低的汽油</td><td>①当汽油供应不足时，可用牌号相近的汽油暂时代用
②不要使用长期存放已变质的汽油，否则结胶、积炭严重</td></tr>
<tr><td rowspan="2">内燃机油</td><td>柴油机油</td><td>CC、CD、CD－Ⅱ、CE、CF－4 等（品质牌号）</td><td rowspan="2">0W、5W、10W、15W、20W、25W（冬用黏度牌号），“W”表示冬用；20、30、40 和 50 级（夏用黏度牌号）；多级油如 10W/20（冬夏通用）</td><td rowspan="2">品质选用应遵照产品使用说明书中的要求选用，还可结合使用条件来选择。黏度等级的选择主要考虑环境温度</td><td rowspan="2">①在选择机油的使用级时，高级机油可以在要求较低的发动机上使用
②汽油机油和柴油机油应区别使用</td></tr>
<tr><td>汽油机油</td><td>SC、SD、SE、SF、SG 和 SH 等（品质牌号）</td></tr>
<tr><td colspan="2" rowspan="3">齿轮油</td><td>普通车辆齿轮油（CLC）</td><td>70W、75W、80W、85W（黏度牌号）</td><td rowspan="3">按产品使用说明书的规定进行选用，也可以按工作条件选用品种和气温选择牌号</td><td rowspan="3">不能将使用级（品种）较低的齿轮油用在要求较高的车辆上，否则将使齿轮很快磨损和损坏</td></tr>
<tr><td>中负荷车辆齿轮油（CLD）</td><td>90、140 和 250（黏度牌号）</td></tr>
<tr><td>重负荷车辆齿轮油（CLE）</td><td>多级油如 80W/90、85W/90</td></tr>
</table>

续表

<table>
<tr><th>名　称</th><th colspan="2">牌号和规格</th><th>适用范围</th><th>使用注意事项</th></tr>
<tr><td rowspan="4">润滑脂（俗称黄油）</td><td>钙基、复合钙基</td><td rowspan="4">000、00、0、1、2、3、4、5、6（锥入度）</td><td>抗水，不耐热和低温，多用于农机具</td><td rowspan="4">①加入量要适宜
②禁止不同品牌的润滑脂混用
③注意换脂周期以及使用过程管理</td></tr>
<tr><td>钠基</td><td>耐温可达 120℃，不耐水，适用于工作温度较高而不与水接触的润滑部位</td></tr>
<tr><td>钙钠基</td><td>性能介于上述两者之间</td></tr>
<tr><td>锂基</td><td>锂基抗水性好，耐热和耐寒性都较好，它可以取代其他基脂，用于设施农业等农机装备</td></tr>
<tr><td rowspan="3">液压油</td><td>普通液压油（HL）</td><td>HL32、HL46、HL68（黏度牌号）</td><td>中低压液压系统（压力为 2.5～8MPa）</td><td rowspan="3">控制液压油的使用温度：对矿油型液压油，可在 50～65℃下连续工作，最高使用温度在 120～140℃</td></tr>
<tr><td>抗磨液压油（HM）</td><td>HM32、HM46、HM100、HM150（黏度牌号）</td><td>压力较高（>10MPa）使用条件要求较严格的液压系统，如工程机械</td></tr>
<tr><td>低温液压油（HV 和 HS）</td><td></td><td>适用于严寒地区</td></tr>
</table>

第二节　机械常识

一、常用法定计量单位及换算关系

1. 法定长度计量单位

基本长度单位是米（m），机械工程图上标注的法定单位是毫米（mm）。

1m＝1 000mm；1 英寸＝25.4mm。

2. 法定压力计量单位

法定压力计量单位是帕（斯卡），符号为 Pa。常用兆帕表示，符号为 MPa。压力以前曾用每平方厘米作用的千克力来表示，符号为 $1kgf/cm^2$。其转换关系为：

$1MPa = 10^6 Pa$。

$1kgf/cm^2 = 9.8 \times 10^4 Pa = 98kPa = 0.098MPa$。

3. 法定功率计量单位

法定功率计量单位是千瓦，符号为 kW。1 马力＝0.736kW。

4. 力、重力的法定计量单位

力、重力的法定计量单位是牛顿，符号为 N。1kgf＝9.8N。

5. 面积的法定计量单位

面积的法定计量单位是平方米、公顷，符号分别为 m^2、hm^2。

$1hm^2 = 10\ 000m^2 = 15$ 亩，1 亩 $= 666.7m^2$。

二、金属与非金属材料

1. 常用金属材料

常用金属材料分为钢铁金属和非铁金属材料（即有色金属材料）两大类。钢铁材料主要有碳素钢（含碳量小于2.11%的铁碳合金）、合金钢（在碳钢的基础上加入一些合金元素）和铸铁（含碳量大于2.11%的铁碳合金）。非铁金属材料则包括除钢铁以外的所有金属及其合金，如铜及铜合金、铝及铝合金等。常用金属材料的种类、性能、牌号和用途见表2-2。

表2-2 常用金属材料的种类、性能、牌号和用途

名称			特点	主要性能	牌号举例	用途
碳素钢	普通碳素结构钢		含碳量小于0.38%	韧性、塑性好，易成型、易焊接，但强度、硬度低	Q195、Q215、Q235、Q275	不需热处理的焊接和螺栓连接构件等
	优质碳素结构钢	低碳钢	含碳量小于0.25%		08、10、20	需变形或强度要求不高的工件，如油底壳等
		中碳钢	含碳量0.25%~0.60%	强度、硬度较高，塑性、韧性稍低	35、45	经热处理后有较好综合机械性能，用于制造连杆、连杆螺栓等
		高碳钢	含碳量大于0.60%，小于0.85%	硬度高，脆性大	65	经热处理后制造弹簧和耐磨件
	碳素工具钢		含碳量大于0.70%，小于1.3%	硬度高，耐磨性好，脆性大	T10、T12	制作手动工具和低速切削工具及简单模具等
合金钢	低合金结构钢		在碳素结构钢或工具钢的基础上加入某些合金元素，使其具有满足特殊需要的性能	较高的强度和屈强比，良好的塑性、韧性和焊接性	Q295、Q345、Q390、Q460	桥梁、机架等
	合金结构钢			有较高强度，适当的韧性	20CrMnTi	齿轮、齿轮轴、活塞销等
	合金工具钢			淬透性好，耐磨性高	9SiCr	切削刃具、模具、量具等
	特殊性能钢			具有如不锈、耐磨、耐热等特殊性能	不锈 2Cr13 耐磨 ZGMn13	如耐磨钢用于车辆履带、收割机刀片、弓齿等

续表

名称		特点	主要性能	牌号举例	用途
铸铁	灰铸铁	铸铁中碳以片状石墨存在，断口为灰色	易铸造和切削，但脆性大、塑性差、焊接性能差	HT－200	气缸体、气缸盖、飞轮
	白口铸铁（冷硬铸铁）	铸铁中碳以化合物状态存在，断口为白色	硬度高而性脆，不能切削加工		不需加工的铸件如犁铧
	球墨铸铁	铸铁中碳以圆球状石墨存在	强度高，韧性、耐磨性较好	QT600－3	可代替钢用于制造曲轴、凸轮轴等
	蠕墨铸铁	铸铁中碳以蠕虫状石墨存在	性能介于灰铸铁和球墨铸铁之间	RuT340	大功率柴油机气缸盖等
	可锻铸铁	铸铁中碳以团絮状石墨存在	强度、韧性比灰铸铁好	KTH350－10	后桥壳，轮毂
	合金铸铁	加入合金元素的铸铁	耐磨、耐热性能好		活塞环、缸套、气门座圈
铜合金	黄铜	铜与锌的合金	强度比纯铜高，塑性、耐腐蚀性好	H68	散热器、油管、铆钉
	青铜	铜与锡的合金	强度、韧性比黄铜差，但耐磨性、铸造性好	ZCuSn10Pb1	轴瓦、轴套
铝合金		加入合金元素	铸造性、强度、耐磨性好	ZL108	活塞、气缸体、气缸盖

2. 常用非金属材料

农业机械中常用的非金属材料主要是有机非金属材料，如合成塑料、橡胶等。常用非金属材料的种类、性能及用途见表2－3。

表2－3　常用非金属材料的种类、性能及用途

名称	主要性能	用途
工程塑料	除具有塑料的通性之外，还有相当的强度和刚性，耐高温及低温性能较通用塑料好	仪表外壳、手柄、方向盘等
橡胶	弹性高、绝缘性和耐磨性好，但耐热性低，低温时发脆	轮胎、皮带、阀垫、软管等
玻璃	由氧化硅和另一些氧化物熔化制成的透明固体。优点是导热系数小、耐腐蚀性强；缺点是强度低、热稳定性差	驾驶室挡风玻璃等
石棉	抗热和绝缘性能优良，耐酸碱、不腐烂、不燃烧	密封、隔热、保温、绝缘和制动材料，如制动带等

（1）塑料　塑料属高分子材料，是以合成树脂为主要成分并加入适量的填料、增塑剂和添加剂，经一定温度、压力塑制成型的。塑料分类方法很多，一般分为热塑性塑料和热固性塑料两大类。热塑性塑料是指可反复多次在一定温度范围内软化并熔融流

动，冷却后成型固化，如 PVC 等，共占塑料总量的 95% 以上。热固性塑料是指树脂在加热成型固化后遇热不再熔融变化，也不溶于有机溶剂，如酚醛塑料、脲醛塑料、环氧树脂、不饱和聚酯等。

塑料主要特性是：①大多数塑料质轻，化学性稳定，不会锈蚀；②耐冲击性好；③具有较好的透明性和耐磨耗性；④绝缘性好，导热性低；⑤一般成型性、着色性好，加工成本低；⑥大部分塑料耐热性差，热膨胀率大，易燃烧；⑦尺寸稳定性差，容易变形；⑧多数塑料耐低温性差，低温下变脆；⑨容易老化；⑩某些塑料易溶于溶剂。

（2）橡胶　橡胶是一种高分子材料，有良好的耐磨性，良好的隔音性，良好的阻尼特性，较高的弹性，有优良的伸缩性和可贵的积储能量的能力，是常用的密封材料、弹性材料、减振、抗振材料和传动材料，耐热老化性较差，易燃烧。

（3）玻璃　玻璃是由氧化硅和另一些氧化物熔化制成的透明固体。玻璃耐腐蚀性强，磨光玻璃经加热与淬火后可制成钢化玻璃，玻璃的主要缺点有强度低、热稳定性差。

三、常用标准件常识

标准件是指结构、尺寸、画法、标记等各个方面已经完全标准化，并由专业厂生产的常用的零（部）件，如螺纹件、键、销、滚动轴承等等。

（一）滚动轴承

1. 滚动轴承的分类方法

滚动轴承主要作用是支承轴或绕轴旋转的零件。其分类方法有以下 5 种：①按承受负荷的方向分，有向心轴承（主要承受径向负荷）、推力轴承（仅承受轴向负荷）、向心推力轴承（同时能承受径向和轴向负荷）。②按滚动体的形状分，有球轴承（滚动体为钢球）和滚子轴承（滚动体为滚子），滚子又有短圆柱、长圆柱、圆锥、滚针、球面滚子等多种。③按滚动体的列数分，有单列、双列、多列轴承等种类。④按轴承能否调整中心分，有自动调整轴承和非自动调整轴承两种。⑤按轴承直径大小分，有微型（外径 26mm 或内径 9mm 以下）、小型（外径 28 ~ 55mm）、中型（外径 60 ~ 190mm）、大型（外径 200 ~ 430mm）和特大型（外径 440mm 以上）。

2. 滚动轴承规格代号的含义

国家标准 GB/T272—93《滚动轴承代号方法》规定，滚动轴承的规格代号由三组符号及数字组成，其排列如下：

前置代号	基本代号	后置代号

（1）基本代号　它表示轴承的基本类型、结构和尺寸，是轴承代号的基础。基本代号由三组代号组成，其排列如下：

轴承类型代号	尺寸系列代号	内径代号

轴承类型代号由数字或字母表示；尺寸系列代号由轴承宽（高）度系列代号和直径系列代号组成，用两位阿拉伯数字表示。上述两项代号内容和具体含义可查阅新标准。内径代号表示轴承的公称内径，用两位阿拉伯数字表示，表示方法见表 2－4。

表 2－4　轴承内径的表示方法

轴承内径（mm）	表　示　方　法
9 以下	用内径实际尺寸直接表示
10	00
12	01
15	02
17	03
20～480（22、28、32 除外）	以内径尺寸除 5 所得商表示
500 以上及 22、28、32	用内径实际尺寸直接表示，并在数字前加一“/”符号

轴承基本代号举例：

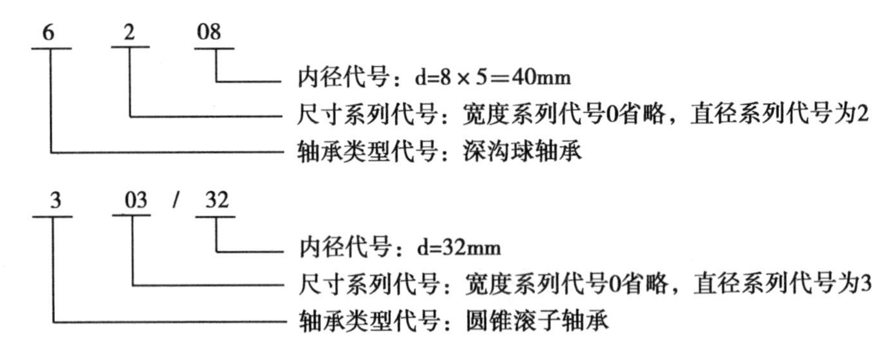

（2）前置代号　它表示成套轴承部件的代号，用字母表示。代号的含义可查阅新标准，例如代号 GS 为推力圆柱滚子轴承座圈。

（3）后置代号　用字母和数字表示，它是轴承在结构形状、尺寸、公差、技术要求有改变时，在其基本代号后面添加的代号。如添加后置代号 NR 时，表示该轴承外圈有止动槽，并带止动环。

3. 滚动轴承的用途

（1）球轴承　一般用于转速较高、载荷较小、要求旋转精度较高的地方。

（2）滚子轴承　一般用于转速较低、载荷较大或有冲击、振动的工作部位。

（二）橡胶油封

橡胶油封在设施农业机械、汽车上用得很多，按其结构不同分为骨架式和无骨架式两种，两者区别在于骨架式油封在密封圈内埋有一薄铁环制成的骨架。骨架式油封可分为普通型（只有一个密封唇口）、双口型（有两个密封唇口）和无弹簧型 3 种，还按适用速度范围分为低速油封和高速油封两种。油封的规格由首段、中段和末段 3 段组成。首段为油封类型，用汉语拼音字母表示，P 表示普通，S 表示双口，W 表示无弹簧，D 表示低速，G 表示高速。中段以油封的内径 d、外径 D、高度 H 这 3 个尺寸来表示油封规格，中间用“×”分开，表示方法为 d×D×H，单位为毫米。末段为胶种代号。例如，PD20×40×10，为内径 20mm，外径 40mm，高 10mm 的低速普通型油封。

（三）键

键的主要作用是连接、定位和传递动力。其种类有平键、半圆键、楔键和花键。前3种一般有标准件供应，花键也有国家标准。

1. 平键

平键按工作状况分普通和导向平键2种，其形状有圆头、方头和单圆头3种，其中，以两头为圆的A型使用最广。平键的特点是靠侧面传递扭矩，制造简单、工作可靠，拆装方便，广泛应用于高精度、高速或承受变载、冲击的场合。

2. 半圆键

其特点是靠侧面传递扭矩，键在轴槽中能绕槽底圆弧中心略有摆动，装配方便，但键槽较深，对轴强度削弱较大，一般用于轻载，适用于轴的锥形端部。

3. 楔键

其特点是靠上、下面传递扭矩，安装时需打入，能轴向固定零件和传递单向轴向力，但对中稍差，一般用于对中性能要求不严且承受单向轴向力的联接，或用于结构简单、紧凑、有冲击载荷的联接处。

4. 花键

有矩形花键和渐开线花键两种。通常是加工成花键轴，应用于一般机械的传动装置上。

（四）螺纹联接件

1. 螺纹导程与螺纹的直径

导程S是指螺纹上任意一点沿同一条螺旋线转一周所移动的轴向距离。单线螺纹的导程等于螺距（S = P）（螺距P：螺纹相邻两个牙型上对应点间的轴向距离），多线螺纹的导程等于线数乘以螺距（S = nP）（线数n：螺纹的螺旋线数目）。

螺纹的直径，在标准中定义为公称直径，是指螺纹的最大直径（大径d），即与螺纹牙顶相重合的假想圆柱面的直径。

2. 螺纹联接件的基本类型及适用场合

螺纹联接件的主要作用是连接、防松、定位和传递动力。常用的有4种基本类型：①螺栓。这种联接件需用螺母、垫片配合，它结构简单，拆装方便，应用最广。②双头螺柱。它一般用于被联接件之一的厚度很大，不便钻成通孔，且有一端需经常拆装的场合，如缸盖螺柱。③螺钉。这种联接件不必使用螺母，用途与双头螺柱相似，但不宜经常拆装，以免加速螺纹孔损坏。④紧固螺钉。用以传递力或力矩的联接。

3. 螺纹联接件的防松方法

常用有6种防松方法：①弹簧垫圈。由于它使用简单，采用最广。②齿形紧固垫圈。用于需要特别牢固的联接。③开口销及六角槽形螺母。④止动垫圈及锁片。⑤防松钢丝。适用于彼此位置靠近的成组螺纹联接。⑥双螺母。

四、机械传动常识

机械传动是一种最基本的传动方式。机械传动按传递运动和动力的方式不同分为摩擦传动和啮合传动两大类。摩擦传动是利用摩擦原理来传递运动和动力的，常用的有摩擦轮传动和带传动两种。啮合传动是利用轮齿啮合来直接传递运动和动力的，常用的有链传动、各种齿轮传动、蜗杆蜗轮传动和螺旋传动等。常用机械传动的类型、特点及形式如表 2－5 所示。

表 2－5　机械传动的类型、特点及形式

传动类型	传动过程	特点	常见形式
带传动	依靠皮带与皮带轮接触间的摩擦力，把原动机的动力传递到距离较远的工作机上，是最简单最常用的方法	1. 结构简单，制造、安装、维护方便，成本低 2. 适用于两轴中心距较大的传动 3. 能吸震和缓冲，运行平稳、噪声小 4. 过载时能打滑，防止零件损坏，起保护作用 5. 传动效率低，传动比不准确，外廓尺寸较大，带寿命短	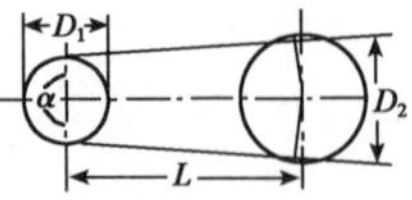 平行传动 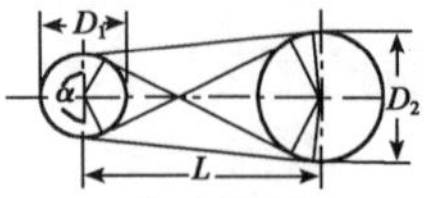　交叉传动 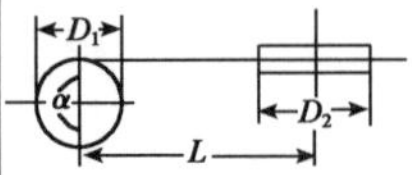　交错传动 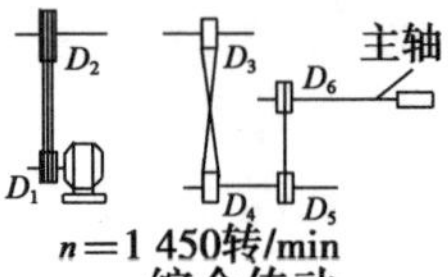　综合传动
齿轮传动	利用主动、从动两齿轮的直接啮合，来传递两轴距离较近、转矩较大、传动比要求较严的传动	1. 结构紧凑，工作可靠，使用寿命长 2. 传动比恒定，传递运动准确 3. 传动效率高，传递运动和动力的范围广 4. 制造安装精度高，成本也较高，且不适用于远距离传动	 圆柱齿轮传动 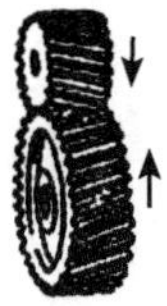　斜齿轮传动 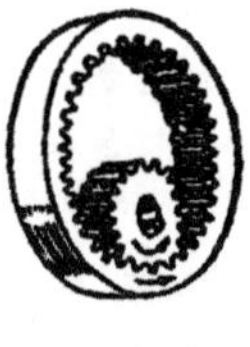　内齿轮传动 　直齿锥齿轮传动 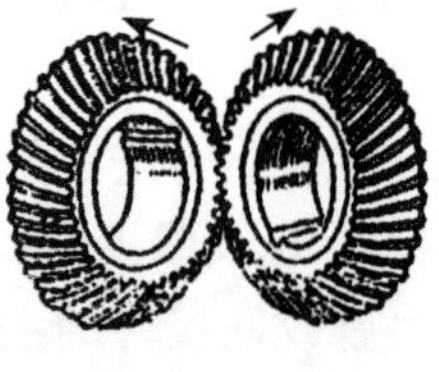　斜齿锥齿轮传动
链传动	依靠链条的链节与链轮齿的啮合，来传递两轴距较远而速比又要正确的传动	1. 结构紧凑，安装、维护方便 2. 有准确的传动比，链传动具有中间挠性，但无弹性滑动和打滑现象 3. 能在高温、油污等恶劣环境下工作 4. 传动平稳性差，瞬时速度不均匀，工作时有噪声	 滚子链 　齿状链

续表

传动类型	传动过程	特点	常见形式
蜗杆蜗轮传动	利用蜗杆与蜗轮的啮合，来传递两轴轴线交错成90°，而彼此既不平行又不相交的运动	1. 结构紧凑、传动比大 2. 工作平稳，无噪声 3. 一般具有自锁性 4. 承载能力大 5. 效率低，易发热 6. 不能任意互换啮合 7. 用于传动功率不大或间歇工作的场合	

第三节　电工常识

一、电路

1. 电路及其组成

电流流过的路径称为电路。一般电路都是由电源、负载、导线和开关等4个部分组成。

（1）电源　把其他形式的能量转化为电能的装置叫做电源。常见的直流电源有干电池、蓄电池和直流发电机等。

（2）负载　把电能转变成其他形式能量的装置称为负载，如电灯、电铃、电动机、电炉等。

（3）导线　连接电源与负载的金属线称为导线，它把电源产生的电能输送到负载，常用铜、铝等材料制成。

（4）开关　它起到接通或断开电源的作用。

2. 电路的状态

（1）通路（闭路）　电路处处连通，电路中有电流通过。这是正常工作状态。

（2）开路（断路）　电路某处断开，电路中没有电流通过。非人为断开的开路属于故障状态。

（3）短路（捷路）　电源两端被导线直接相连或电路中的负载被短接，此时电路中的电流比正常工作电流大很多倍。这是一种事故状态。有时，在调试电子设备的过程中，人为将电路某一部分短路，称为短接，要与短路区分开来。

3. 电路图

用国家标准规定的各种元器件符号绘制成的电路连接图，称为电路图。

二、电路的基本物理量

1. 电流

导体中电荷的定向流动形成电流。电流不但有方向，而且有强弱，通常用电流强度表示电流的强弱。单位时间内通过导体横截面的电量叫做电流强度，用符号 I 表示，单位是安培，用 A 表示。

电流的大小可以用电流表直接测量，电流表应串联在被测电路中。

2. 电压

在电路中，任意两点间的电位差称为这两点间的电压。电压是导体中存在电流的必要条件。电压的表示符号为 U，单位是伏特，用 V 表示。

电压的大小可以用电压表测量，电压表应并联在被测电路中。

3. 电阻

电子在导体中流动时所受的阻力称为电阻。电阻用符号 R 表示，单位为欧姆，用 Ω 表示。电阻反映了导体的导电能力，是导体的客观属性。实验证明，在一定温度下，导体的电阻与导体的长度 L 成正比，与导体的横截面积 S 成反比。

根据物质电阻的大小，把物体分为导体（容易导电的物体，如金、铜、铝等）、半导体（导电能力介于导体与绝缘体之间的物体，如硅、锗等）和绝缘体（不容易导电的物体，如空气、胶木、云母等）3 种。

4. 欧姆定律

欧姆定律是表示电路中电流、电压、电阻三者关系的定律。在同一电路中，导体中的电流与导体两端的电压成正比，与导体的电阻成反比，这就是欧姆定律，用公式表示为：

$$I = \frac{U}{R}$$

式中：U——电路两端电压，单位 V（伏）；

R——电路的电阻，单位 Ω（欧姆）；

I——通过电路的电流，单位 A（安培）

三、直流电路

大小和方向都不随时间变化的电流，又称恒定电流。所通过的电路称直流电路，是由直流电源和电阻构成的闭合导电回路，见图 2－1 所示。按连接的方法不同，电路分为串联电路和并联电路两种。

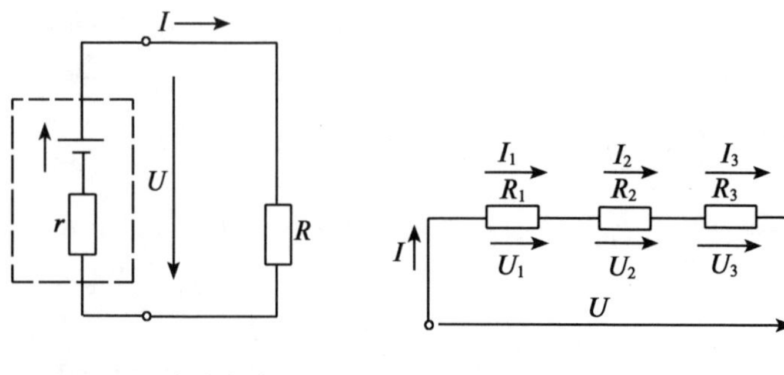

图 2－1　直流电路　　图 2－2　串联电路

1. 串联电路（图 2－2）

串联电路中各处的电流都相等，用公式表示为：

$$I = I_1 = \frac{U_1}{R_1} = I_2 = \frac{U_2}{R_2} = I_3 = \frac{U_3}{R_3} = \cdots\cdots = \frac{U_n}{R_n}$$

串联电路外加电压等于串联电路中各电阻压降之和：

$$U = U_1 + U_2 + U_3 + \cdots\cdots + U_n$$

串联电路的总电阻等于各个串联电阻的总和：

$$R = R_1 + R_2 + R_3 + \cdots\cdots + R_n$$

2. 并联电路（图 2－3）

并联电路加在并联电阻两端的电压相等，用公式表示为：

$$U = U_1 = U_2 = U_3 = \cdots\cdots + U_n$$

电路内的总电流等于各个并联电阻电流之和：

$$I = I_1 + I_2 + I_3 + \cdots\cdots + I_n$$

并联电路总电阻的倒数等于各并联电阻倒数之和：

$$\frac{1}{R} = \frac{1}{R_1} + \frac{1}{R_2} + \frac{1}{R_3} + \cdots\cdots + \frac{1}{R_n}$$

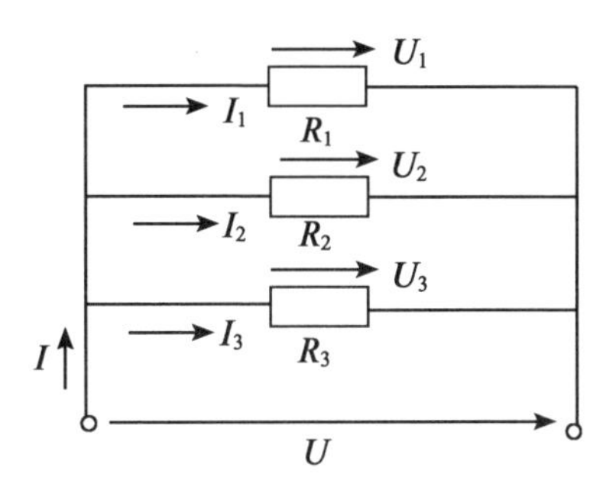

图 2－3　并联电路

四、电磁与电磁感应

电与磁都是物质运动的基本形式，两者之间密不可分，统称为电磁现象。通电导线的周围存在着磁场，这种现象称为电流的磁效应，这个磁场称为电磁场。

当导体作切割磁力线运动或通过线圈的磁通量发生变化时，导体或线圈中会产生电动势；若导体或线圈是闭合的、就会有电流。这种由导线切割磁力线或在闭合线圈中磁通量发生变化而产生电动势的现象，称为电磁感应现象。由电磁感应产生的电动势叫做感应电动势，由感应电动势产生的电流叫做感应电流。

五、交流电

交流电是指电压、电动势、电流的大小和方向随时间按正弦规律作周期性变化的电路。农村常用的交流电有单相交流电（220V）和三相交流电（380V）两种。

1. 单相交流电

是指一根火线和零线连接构成的电路，大多数家用电器和设施农业用的单相电机都是用的单相交流电（220V）。

2. 三相交流电

由三相交流电源供电的电路，简称三相电路。三相交流电源指能够提供 3 个频率相同而相位不同的电压或电流的电源，最常用的是三相交流发电机。三相发电机的各相电压的相位互差 120°。它们之间各相电压超前或滞后的次序称为相序。三相电动机在正序电压供电时正转，改为负序电压供电时则反转。因此，使用三相电源时必须注意其相序。一些需要正反转的生产设备可通过改变供电相序来控制三相电动机的正反转。

三相电源连接方式常用的有星形连接（图2－4）和三角形连接两种，分别用符号Y和△表示。从电源的3个始端引出的三条线称为端线（俗称火线）。任意两根端线之

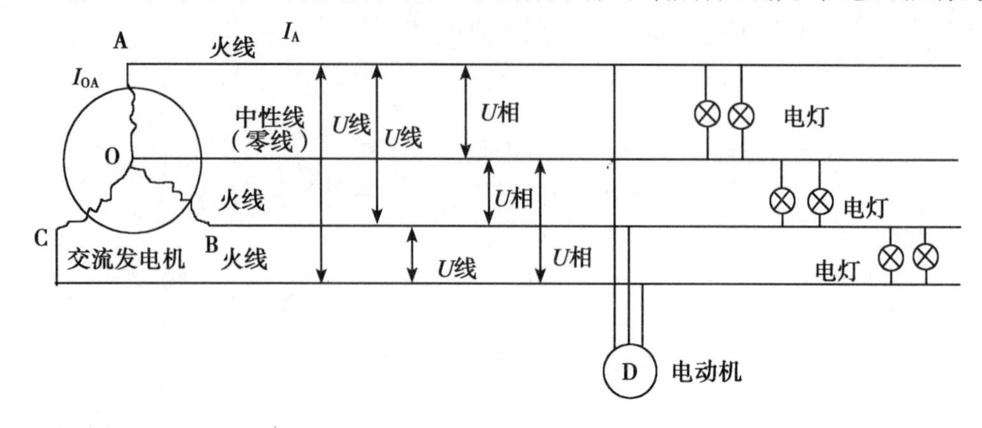

图2－4　三相交流电星形连接

间的电压称为线电压 $U_{线}$，任意一根端线（火线）与中性线之间的电压为相电压 $U_{相}$。星形连接时，线电压为相电压的$\sqrt{3}$倍，即 $U_{线}=\sqrt{3}U_{相}$。我国的低压供电系统的线电压是380V，它的相电压就是$380/\sqrt{3}=220V$；3个线电压间的相位差仍为120°，它们比3个相电压各超前30°。星形连接有一个公共点，称为中性点。三角形连接时线电压与相电压相等，且3个电源形成一个回路，只有三相电源对称且连接正确时，电源内部才没有环流。

3. 交流电的优点

交流电具有容易产生、传送和使用的优点，因而被广泛地采用。远距离输电可利用变压器把电压升高，减小输电线中的电流来降低损耗，获得经济的输电效益。在用电场合，可通过变压器降低电压，保证用电安全。此外，交流发电机、交流电动机和直流电机相比较，具有结构简单、成本低廉、工作安全可靠、使用维护方便等优点，所以交流电在国民经济各部门获得广泛应用。

六、安全用电知识

不懂得安全用电知识就容易造成触电、电气火灾、电器损坏等意外事故，安全用电，至关重要。

1. 用电事故的原因

首先，从构成闭合电路这个方面来说。它分别有两种类型的触电，分别是双线触电和单线触电。人体是导体，当人体成为闭合电路的一部分时，就会有电流通过。如果电流达到一定大小，就会发生触电事故。假如，有个人的一只手接触电源正极，另一只手接触电源负极。这样，人体、导线与供电设备就构成了闭合电路，电流流过人体，发生触电事故，这类就叫双线触电。另一类就是，若这个人的一只手只接触正极，而另一只手虽然没有接触负极，但是，由于人体站在地上，导线、人体、大地和供电设备同样构成了闭合电路，电流同样会流过人体，发生触电事故，这类就叫单线触电。电流对人体的伤害有3种：电击、电伤和电磁场生理伤害。电击是指电流通过人体，破坏人体心

脏、肺及神经系统的正常功能。电伤是指电流的热效应、化学效用和机械效应对人体的伤害；主要是指电弧烧伤、熔化金属溅出烫伤等。电磁场生理伤害是指在高频磁场的作用下，人会出现头晕、乏力、记忆力减退、失眠、多梦等神经系统的症状。一般认为：电流通过人体的心脏、肺部和中枢神经系统的危险性比较大，特别是电流通过心脏时，危险性最大。所以从手到脚的电流途径最为危险。

其次，从欧姆定律和安全用电这方面来说。欧姆定律告诉我们：在电压一定时，导体中的电流的大小跟加在这个导体两端的电压成正比。人体也是导体，电压越高，通过的电流就越大，大到一定程度时就会有危险了。经验证明，通过人体的平均安全电流大约为10mA，平均电阻为360kΩ，当然这也不是一个固定的值，人体的电阻还和人体皮肤的干燥程度，人的胖瘦等因素有关，故通常情况下人体的安全电压一般是不高于36V。我国规定对环境比较干燥的安全电压为36V，对环境比较潮湿的安全电压为12V。

在平时，我们除了不要接触高压电外，我们还应注意千万不要用湿手触摸电器和插拔电源，不要让水洒到电机等电器上。因为当人体皮肤或电器潮湿时，电阻就会变小，跟据欧姆定律，在电压一定时，通过人体的电流就会大些。而且手上的水容易流入电器内，使人体与电源相连，这样会造成危险。

2. 如何避免用电事故

（1）认识了解电源总开关，学会在紧急情况下关断总电源。

（2）不用手或导电物（如铁丝、钉子、别针等金属制品）去接触、探试电源。

（3）不用湿手触摸电器，不用湿布擦拭蓄电池等带电体。

（4）不要在电器上挂置物品。不随意拆卸、安装电源等带电体，不私拉电线，增加额外电器设备。私自改装使用大功率用电器很容易使输电线发热，甚至可能引起着火。

（5）不要用拉扯电源线的方法来拔电源插头。使用中发现电器有冒烟、冒火花、发出焦糊的异味等情况，应立即关掉电源开关，停止使用。

（6）选用合格的电器配件，不要贪便宜购买使用假冒伪劣电器、电线、线槽（管）、开关等。

3. 发生触电事故如何处理

如果发现有人触电要设法及时关断电源，或者用干燥的木棍等物将触电者与带电的设备分开，不要用手去直接救人。触电者脱离电源后迅速移至通风干燥处仰卧，将其上衣和裤带放松，观察触电者有无呼吸，摸一摸颈动脉有无搏动。若触电者呼吸及心跳均停止，应及时做人工呼吸，同时实施心肺复苏抢救，并及时打电话呼叫救护车，尽快送往医院。

如果发现电器设备着火时应立即切断电源，用灭火器把火扑灭，无法切断电源时，应用不导电的灭火剂灭火，不能用水及泡沫灭火剂。火势过大，无法控制时要撤离机械，并迅速拨打“110”或“119”报警电话求救，疏散附近群众，防止损失进一步扩大。

第三章 相关法律法规及安全知识

随着我国经济体制改革的不断深入，我国的经济发展正逐步走上法制化的轨道。与设施农业装备使用管理有关的法律法规有《中华人民共和国环境保护法》《农业机械化促进法》《农业机械安全监督管理条例》《农业机械运行安全技术条件》和《农业机械产品修理、更换、退货责任规定》等。学习和掌握有关法规，不仅可以促使自己遵纪守法，而且可以懂得如何维护自己的合法权益。

第一节 农业机械运行安全使用相关法规

一、农业机械安全监督管理条例

《农业机械安全监督管理条例》（以下简称《条例》）已经2009年9月7日国务院第80次常务会议通过，自2009年11月1日起施行。全文共七章六十条。《条例》规定，农业机械是指用于农业生产及其产品初加工等相关农事活动的机械、设备。危及人身财产安全的农业机械，是指对人身财产安全可能造成损害的农业机械，包括拖拉机、联合收割机、机动植保机械、机动脱粒机、饲料粉碎机、插秧机、铡草机等。本文介绍农机使用操作和事故处理的相关规定。

1. 使用操作

农业机械操作人员可以参加农业机械操作人员的技能培训，可以向有关农业机械化主管部门、人力资源和社会保障部门申请职业技能鉴定，获取相应等级的国家职业资格证书。

农业机械操作人员作业前，应当对农业机械进行安全查验；作业时，应当遵守国务院农业机械化主管部门和省、自治区、直辖市人民政府农业机械化主管部门制定的安全操作规程。

2. 事故处理

农业机械事故是指农业机械在作业或者转移等过程中造成人身伤亡、财产损失的事件。

农业机械在道路上发生的交通事故，由公安机关交通管理部门依照道路交通安全法律、法规处理。

在道路以外发生的农业机械事故，操作人员和现场其他人员应当立即停止作业或者停止农业机械的转移，保护现场，造成人员伤害的，应当向事故发生地农业机械化主管部门报告；造成人员死亡的，还应当向事故发生地公安机关报告。造成人身伤害的，应当立即采取措施，抢救受伤人员。因抢救受伤人员变动现场的，应当标明位置。

二、农业机械运行安全技术条件

由国家质量监督检验检疫总局、国家标准化管理委员会于2008年7月发布的

GB16151—2008《农业机械运行安全技术条件》国家标准于2009年7月1日正式实施。其主要内容如下：

1. 整机

（1）标牌、编号、标记齐全，字迹清晰；号牌完好，安置在规定的部位。

（2）联结紧固，无缺损、裂纹和严重变形；不得有妨碍操作、影响安全的改装。

（3）不准改变原设计传动比，提高行驶速度。

（4）机组允许噪声限值，按GB 6229进行测量，限值符合GB 6376的规定：如皮带传动的轮式拖拉机动态环境噪声为86dB（A），驾驶员操作位置处噪声为95dB（A）。

2. 发动机

（1）发动机零部件完整，外观整洁，安装牢固。

（2）手摇启动的柴油发动机，启动爪不得外突；在环境温度不低于5℃，在5min内，至多启动5次，应能顺利启动。

（3）不同转速下工作平稳、无杂音。最高空转转速不得超过标定转速的10%。在正常的温度及负荷下烟色正常。

（4）功率不低于标定功率的85%；燃油消耗率不超过标定燃油消耗率的15%。

（5）供给、润滑、冷却系统工作良好，不漏油，不漏气，不漏水。

（6）油门操纵灵活，在标定转速至停止供油之间任何位置都能固定。

（7）发动机机架无裂纹和变形。

3. 照明和信号装置

（1）发电机安装正确，无短路、断路。灯泡电压、功率符合规定，接头紧固，导线捆扎成束，固定紧。灯光开关操作方便、灵活、不得因车辆震动而自行接通或关闭。

（2）前照灯按JB/T－6701规定配备，安装位管正确，固定可靠。

4. 其他安全要求

（1）田间乘座作业或运输作业时，驾驶座位必须牢靠。

（2）运输作业机组，必须装设后视镜，安装位置适宜，镜中影像清晰，能看清车后方的交通情况。

（3）外露转动部分应设有安全防护装置，各危险部位有醒目的安全标志。

第二节　农业机械产品修理、更换、退货责任规定的知识

由国家质量监督检验检疫总局、国家工商行政管理总局、农业部、工业和信息化部审议通过的新《农业机械产品修理、更换、退货责任规定》（以下简称新《规定》），已于2010年6月1日起施行。原国家经济贸易委员会、农业部等部门发布的《农业机械产品修理、更换、退货责任规定》（国经贸质［1998］123号）同时废止。相关内容介绍如下：

一、“三包”责任

1. 新《规定》明确指出：“农业机械产品实行谁销售谁负责三包的原则”。销售者

承担“三包”责任，换货或退货后，属于生产者的责任的，可以依法向生产者追偿。在“三包”有效期内，因修理者的过错造成他人损失的，依照有关法律和代理修理合同承担责任。

2. 新《规定》对农机销售者规定了5条义务，对农机修理者规定了7条义务，对农机生产者规定了5条义务。

二、“三包”有效期

农机产品的“三包”有效期自销售者开具购机发票之日起计算，“三包”有效期包括整机“三包”有效期，主要部件质量保证期，易损件和其他零部件的质量保证期。

3个月，是二冲程汽油机整机“三包”有限期。

6个月，是四冲程汽油机整机“三包”有限期、二冲程汽油机主要部件质量保证期。

9个月，是单缸柴油机整机、18千瓦以下小型拖拉机整机“三包”有效期。

1年，是多缸柴油机整机、18千瓦以上大、中型拖拉机整机、联合收割机整机、插秧机整机和其他农机产品整机的“三包”有效期，是四冲程汽油机主要部件的质量保证期。

1.5年，是单缸柴油机主要部件、小型拖拉机主要部件的质量保证期。

2年，是多缸柴油机主要部件、大、中型拖拉机主要部件、联合收割机主要部件和插秧机主要部件的质量保证期。

5年，生产者应当保证农机产品停产后五年内继续提供零部件。

农机用户丢失“三包”凭证，但能证明其所购农机产品在“三包”有效期内的，可以向销售者申请补办“三包”凭证，并依照本规定继续享受有关权利。销售者应当在接到农机用户申请后10个工作日内予以补办。销售者、生产者、修理者不得拒绝承担“三包”责任。

三、“三包”的方式

“三包”的主要方式是修理、更换、退货，但是农机购买者并不能随意要求某种方式，而需要根据产品的故障情况和经济合理的原则确定，具体规定如下。

1. 修理

在“三包”有效期内产品出现故障，由“三包”凭证指定的修理者免费修理，免费的范围包括材料费和工时费，对于难以移动的大件产品或就近未设指定修理单位的，销售者还应承担产品因修理而发生的运输费用。但是，根据产品说明书进行的保护性调整、修理，不属于“三包”的范围。

2. 更换

“三包”有效期内，送修的农机产品自送修之日起超过30个工作日未修好，农机用户可以选择继续修理或换货。要求换货的，销售者应当凭“三包”凭证、维护和修理记录、购机发票免费更换同型号同规格的产品。

“三包”有效期内，农机产品因出现同一严重质量问题，累计修理2次后仍出现同一质量问题无法正常使用的；或农机产品购机的第一个作业季开始30日内，除因易损件外，农机产品因同一一般质量问题累计修理2次后，又出现同一质量问题的，农机用户可以凭“三包”凭证、维护和修理记录、购机发票，选择更换相关的主要部件或系统，由销售者负责免费更换。

“三包”有效期内，符合本规定更换主要部件的条件或换货条件的，销售者应当提供新的、合格的主要部件或整机产品，并更新“三包”凭证，更换后的主要部件的质量保证期或更换后的整机产品的“三包”有效期自更换之日起重新计算。

3. 退货

“三包”有效期内或农机产品购机的第一个作业季开始30日内，农机产品因本规定第二十九条的规定更换主要部件或系统后，又出现相同质量问题，农机用户可以选择换货，由销售者负责免费更换；换货后仍然出现相同质量问题的，农机用户可以选择退货，由销售者负责免费退货。

因生产者、销售者未明确告知农机产品的适用范围而导致农机产品不能正常作业的，农机用户在农机产品购机的第一个作业季开始30日内可以凭“三包”凭证和购机发票选择退货，由销售者负责按照购机发票金额全价退款。

4. 对“三包”服务及时性的时间要求

新《规定》要求，一般情况下，“三包”有效期内，农机产品存在本规定范围的质量问题的，修理者一般应当自送修之日起30个工作日内完成修理工作，并保证正常使用。联合收割机、拖拉机、播种机、插秧机等产品在农忙作业季节出现质量问题的，在服务网点范围内，属于整机或主要部件的，修理者应当在接到报修后3日内予以排除；属于易损件或是其他零件的质量问题的，应当在接到报修后1日内予以排除。在服务网点范围外的，农忙季节出现的故障修理由销售者与农机用户协商。

四、“三包”责任的免除

企业承担“三包”责任是有一定条件的，农民违背了这些条件，就将失去享受“三包”服务的资格。因此，农民在购买、使用、保养农机时要避免发生下列情况：①农机用户无法证明该农机产品在“三包”有效期内的；②产品超出“三包”有效期的；③因未按照使用说明书要求正确使用、维护，造成损坏的；④使用说明书中明示不得改装、拆卸，而自行改装、拆卸改变机器性能或者造成损坏的；⑤发生故障后，农机用户自行处置不当造成对故障原因无法做出技术鉴定的。

五、争议的处理

农机用户因“三包”责任问题与销售者、生产者、修理者发生纠纷的，可以按照公平、诚实、信用的原则进行协商解决。协商不能解决的，农机用户可以向当地工商行政管理部门、产品质量监督部门或者农业机械化主管部门设立的投诉机构进行投诉，或者依法向消费者权益保护组织等反映情况，当事人要求调解的，可以调解解决。因“三包”责任问题协商或调解不成的，农机用户可以依照《中华人民共和国仲裁法》的规定申请仲裁，也可以直接向人民法院起诉。

第三节　环境保护法规的相关常识

《中华人民共和国环境保护法》（以下简称环境保护法）于1989年12月26日第七届全国人民代表大会常务委员会第十一次会议通过并实施，全文共六章四十七条。现将相关内容介绍如下：

一、环境和环境污染定义

环境是指影响人类生存和发展的各种天然的和经过人工改造的自然因素的总体，包括大气、水、海洋、土地、矿藏、森林、草原、野生生物、自然遗迹、人文遗迹、自然保护区、风景名胜区、城市和乡村等。

环境污染是指危害人体健康和人类生活环境的一种污染现象。包括排放废气污染、废液污染、废固体物污染、噪声污染等。

二、设施农业环境保护的技术措施

1. 严格执行危险品储存管理制度。保管好易燃、易爆或具有腐蚀性、刺激性和放射性的物品。

2. 控制车辆废气的排放。车辆在室内长时间运转时，应注意通风，及时用管道把废气排出室外。

3. 废的液态残余物，可按处理方法相同的废物存放在一起，直接在废物倾倒地点分别用桶进行收集处理，不允许将废油液等以任何途径进入周围环境而造成环境污染。如1升废机油可污染100万升纯净水。

4. 废的固态残余物，按日常生活垃圾进行处理，分类集中后出售给废品收购部门。

5. 废水可采用污水净化装置处理。

6. 噪声应控制在环境标准要求之内。

第四节　农业机械安全使用常识

在农业生产中，由于不按照农业安全操作规程去作业造成的农机事故约占事故总数的60%以上。这些事故的发生，给生产、经济带来不应有的损失，甚至造成伤亡事故。因此，必须首先严格遵守有关安全的操作规程，确保安全生产。

一、使用常识

1. 使用农业机械之前，必须认真阅读农业机械使用说明书，牢记正确的操作和作业方法。

2. 充分理解警告标签，经常保持标签整洁，如有破损、遗失，必须重新订购并粘贴。

3. 农业机械使用人员，必须经专门培训，取得驾驶操作证后，方可使用农业机械。

4. 严禁身体感觉不适、疲劳、睡眠不足、酒后、孕妇、色盲、精神不正常及未满

18 岁的人员操作机械。

5. 驾驶员、农机操作者应穿着符合劳动保护要求的服装，女同志应将长发盘入工作帽内。禁止穿凉鞋、拖鞋，禁止穿宽松或袖口不能扣上的衣服，以免被旋转部件缠绕，造成伤害。

6. 在作业、检查和维修时不要让儿童靠近机器，以免造成危险。

7. 启动机器前检查所有的保护装置是否正常。

8. 熟悉所有的操作元件或控制按钮，分别试用每个操控装置，看其是否灵敏可靠。

9. 不得擅自改装农业机械，以免造成机器性能降低、机器损坏或人身伤害。

10. 不得随意调整液压系统安全阀的开启压力。

11. 农业机械不得超载、超负荷使用，以免机件过载，造成损坏。

二、防止人身伤害常识

1. 注意排气危害。发动机排出的气体有毒，在屋内运转时，应进行换气，打开门窗，使室外空气能充分进入。

2. 防止高压喷油侵入皮肤造成危险。禁止用手或身体接触高压喷油，可使用厚纸板，检查燃油喷射管和液压油是否泄露。一旦高压油侵入皮肤，立即找医生处理，否则可能会导致皮肤坏死。

3. 运转后的发动机和散热器中的冷却水或蒸汽接触到皮肤会造成烫伤，应在发动机停止工作至少 30min 后，才能接近。

4. 运转中的发动机机油、液压油、油管和其他零件会产生高温，残压可能使高压油喷出，使高温的塞子、螺丝飞起造成烫伤，所以，必须确认温度充分下降，没有残压后才能进行检查。

5. 发动机、消音器和排气管会因机器的运转产生高温，机器运转中或刚停机后不能马上接触。

6. 注意蓄电池的使用，防止造成伤害。

第四章　设施养鸡装备常识

第一节　设施养鸡基础知识

一、鸡的分类

1. 蛋鸡

蛋鸡是以生产鸡蛋为目的的鸡种，进口品种有海兰、罗曼、伊莎褐、海赛克斯等。其具有适应性强、耗料少、产蛋多和成活率高的优良特点，商品蛋鸡一个产蛋周期可产蛋300枚左右，料蛋比大多在（2.0～2.2）：1。国产品种有京粉、京红系列、上海新杨系列、农大3号等。

2. 肉鸡

肉鸡是以生产鸡肉为目的的鸡种，主要品种有爱拔益加、科宝－艾维茵、罗斯、哈巴德等。这类肉鸡生长速度快，饲料转化率高，料肉比大多在（1.9～2.0）：1，45日龄平均体重可达2.4kg左右，屠宰率可达88%左右。国内自主培育品种主要有两广地区为主饲养的三黄鸡、北京油鸡、山东地区为主饲养的817肉杂鸡等。

二、鸡的生物学特性

1. 鸡的代谢作用旺盛，体温高。其平均体温为41.5℃（40.9～41.9℃），心跳快，基础代谢高于任何其他家禽。

2. 鸡生长迅速，成熟期早。在现有的遗传育种和饲养条件下，商品肉鸡饲养到6周龄出栏时，体重可达2.4kg左右，是初生雏鸡的60倍。种鸡养到160～180日龄开始产蛋，商品蛋鸡养到140日龄可产蛋。

3. 鸡饲料转化率高。每生产1kg猪肉需要消耗饲料3kg左右，牛肉则需6kg饲料左右，而鸡肉仅消耗饲料2kg左右，比较优势明显。

4. 鸡皮肤没有汗腺，主要依靠呼吸排出水蒸气来散发热量、调节体温，散热能力差。

5. 鸡对环境变化敏感，易受惊吓。

三、鸡场性质和任务

鸡场按照繁育体系一般划分为曾祖代鸡场、祖代鸡场、父母代鸡场、商品代鸡场，其中父母代鸡场、祖代鸡场、曾祖代鸡场成为种鸡场，代次越高，生产管理要求越高。

曾祖代鸡场又称为原种场，主要任务是生产配套的品系，向市场供应祖代种蛋或雏鸡。祖代鸡场主要任务是利用祖代种蛋或雏鸡，向市场供应父母代种蛋或雏鸡。父母代鸡场主要任务是利用父母代种蛋或雏鸡，向市场供应商品代种蛋或雏鸡。商品代鸡场主要任务是生产鸡蛋和肉鸡。

孵化场是不同代次鸡场关联的纽带，其作用是将种蛋孵化出优质雏鸡，一般独立建场。

四、鸡饲养阶段的划分

商品蛋鸡（肉鸡）和种鸡饲养阶段大体划分为一阶段、二阶段、三阶段，有些管理程度高的鸡场将饲养期划分为更多阶段，进行精细化管理。

1. 商品蛋鸡

商品蛋鸡从出壳到淘汰大约需要饲养 72 周，根据蛋鸡生长发育的特点和规律，生产管理上将蛋鸡饲养大体划分为育雏、育成和产蛋 3 个饲养阶段，即鸡雏出壳至 6 周龄为育雏期，7～20 周龄为育成期，21～72 周龄淘汰为产蛋期。不同时期，由于鸡的生理状况不同，对环境、设备、饲养管理、技术水平等方面都有不同的要求。饲养期划分根据不同饲养模式可以调整，如大型蛋鸡场一般把蛋鸡饲养期划分为 2 个阶段，即将育雏期和育成期合并，减少一次鸡群转群，既减少一次应激，又减轻鸡场工作量。

2. 商品肉鸡

商品肉鸡由于生长期只有 45 日左右，一般采用“全进全出”一阶段饲养模式，只是不同阶段肉鸡对环境要求、供应的饲料营养成分不同。

3. 蛋种鸡饲

蛋种鸡饲养阶段分为 3 个阶段，鸡雏从出壳到 4 周龄为育雏期，5～18 周龄为育成期，18～72 周龄为产蛋期。

4. 肉种鸡

肉种鸡饲养阶段分为一阶段（育雏－育成－产蛋）或二阶段（育雏、育成合并为一阶段，然后转到产蛋鸡舍）饲养。鸡雏从出壳到 6 周龄为育雏期，7～24 周龄为育成期，25～66 周龄为产蛋期。

五、鸡的饲养方式

鸡的饲养方式主要分为平养和笼养两种。

1. 平养

平养是指利用各种地面结构在平面上饲养鸡群。平养又分为地面垫料平养、网上平养和两高一低平养。

（1）垫料地面平养　它是在地面上铺设一定厚度的垫料，鸡群在上面饲养。优点是设备要求简单、投资少，缺点是饲养密度小，鸡只接触粪便，不利于疾病防治。商品肉鸡采用地面垫料平养很多。

（2）网上平养　它是指在鸡舍内离地面一定高度的平网上，平网可用金属、塑料或竹木制成，平网离地高度 50～60cm，这种方式节省垫料，鸡只不与地面粪便接触，可减少疾病传播。商品肉鸡采用网上平养也很多，见图 4－1。

（3）两高一低平养　即鸡舍内 1/3 面积为垫料，2/3 面积为离地的板条，是目前国内外使用最多的肉种鸡饲养方式，每平方米可饲养肉种鸡 5.5 只。见图 4－2。

2. 笼养

笼养就是将鸡饲养在用金属丝焊成的鸡笼中。根据鸡种、性别和日龄，设计不同型

图4-1 网上平养

号的鸡笼，鸡笼有雏鸡笼、育成鸡笼、蛋鸡笼、肉鸡笼、种鸡笼和公鸡笼等。

笼养的主要优点：①提高饲养密度，笼养密度比平养密度高3倍以上。②节省饲料。鸡饲养在笼中，运动量减少，耗能少，浪费料减少。实行人工授精，可减少公鸡的饲养比例。③鸡只不接触粪便，有利于鸡群防疫。④蛋比较干净，可消除窝外蛋。⑤不存在垫料问题。⑥自动化程度高。

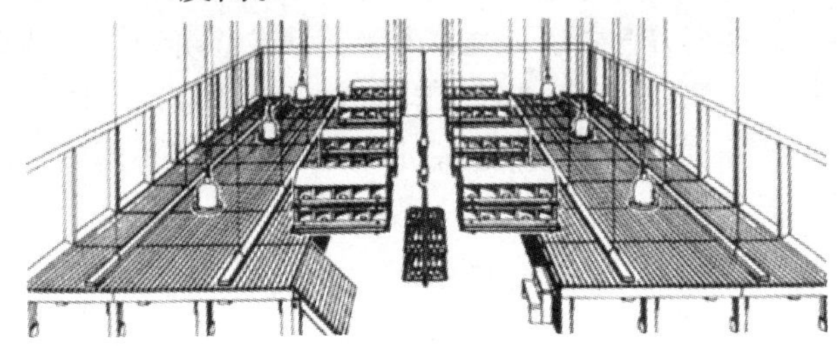
图4-2 两高一低平养

笼养的缺点：①产蛋量比平养有所减少。②投资相对增大。③血斑蛋比例高，蛋品质稍差，种蛋合格率低。④笼养鸡易发生猝死综合征，影响鸡的存活率和产蛋性能。⑤淘汰鸡的外观较差，骨骼较脆，出售价格较低。

六、开放式鸡舍和密闭式鸡舍

开放式鸡舍最常见的形式是四面有墙、南墙留大窗户、北墙留小窗户的有窗鸡舍。这类鸡舍全部或大部分靠自然通风、自然光照，舍内温、湿度基本上随季节的变化而变化。由于自然通风和光照有限，在生产管理上这类鸡舍常增设辅助通风和光照设备，以补充自然条件下通风和光照的不足。

密闭式鸡舍指四面墙体无窗或设可控小窗，鸡舍的屋顶及墙壁均选用绝热性能好的材料建成。鸡舍内的环境条件均人为控制，并尽可能满足鸡的最适要求。这种鸡舍在冬天利用各种采暖设备使鸡舍温度维持在舒适的范围内，而在炎热的夏天则须通过通风降温设备进行降温。

七、鸡舍内环境要求

鸡舍的内部环境因素主要是指舍内的温度、湿度、光照及有害气体含量。鸡舍内温度、湿度、光照等应满足鸡只不同阶段的需要。

密闭式蛋鸡舍温度、湿度、最小通风换气量、光照等要求见表4-1、表4-2和表4-3。

表4-1 密闭式蛋鸡舍温度及湿度要求

饲养阶段	温度要求（℃）	相对湿度要求（%）
1~3日龄	34~36	55~70

续表

饲养阶段	温度要求（℃）	相对湿度要求（%）
4～7 日龄	33～35	55～70
8～14 日龄	32～34	50～70
3 周龄	31～33	45～70
4 周龄	29	45～70
5 周龄	27	45～70
6 周龄	25	45～70
7～17 周龄	18～25	40～70
18 周龄以后	18～25	40～70

注：1. 1～35 日龄的温度及湿度均是在人为因素控制下所要达到的温度与湿度；
2. 1～35 日龄内每周分两次降温；
3. 6 周龄后的温度冬季最低不低于 13℃，夏季最高不高于 35℃；
4. 6 周龄后的温度及湿度均为供参考的适宜值。

表 4－2　密闭式蛋鸡舍光照要求

饲养阶段	光照时数要求（h）	光照强度要求（lx）
1～3 日龄	24	20
4～14 日龄	24～13	20
3 周龄	12.5～9.5	20
4 周龄	9	20
5～16 周龄	8	5
17 周龄	9	5
18 周龄	10	5
19 周龄	11	5
20 周龄	12	10～20
21 周龄	12.5	10～20
22 周龄	13	10～20
23 周龄	13.5	10～20
24 周龄	14	10～20
25 周龄	14.5	10～20
26～30 周龄	15	10～20
31～35 周龄	15.5	10～20
36～60 周龄	16	10～20
61 周龄以后	16.5	10～20

注：1. 光照原则为 1～112 日龄光照时间渐减，113 日龄以后光照时间渐增；
2. 鸡的品种不同和饲养阶段不同，需要的光照强度亦不同。

表4－3　蛋鸡最小通风换气量

舍外温度（℃）	最小通风换气量（m^3/min·只）					
	1周龄	3周龄	6周龄	12周龄	18周龄	18周龄以上
35	2.0	3.0	4.0	6.0	8.0	12～14
20	1.4	2.0	3.0	4.0	6.0	8～10
10	0.8	1.4	2.0	3.0	4.0	5～6
0	0.6	1.0	1.5	2.0	3.0	4～5
－10	0.5	0.8	1.2	1.7	2.5	3～4

密闭式肉种鸡舍光照要求见表4－4。

表4－4　密闭式肉种鸡舍光照要求

饲养阶段	光照时数要求（h）	光照强度要求（lx）
1～3日龄	23～24	50
4～21日龄	每天减少1～2h，直至8 h	20～40
22～154日龄	8	5～10
155～168日龄	13～14	30～50
169～182日龄	15	30～50
183～产蛋结束	16	30～50

商品肉鸡生长环境参数要求见表4－5。

表4－5　商品肉鸡生长环境参数要求

管理项目	雏鸡（1～3周）	中鸡（4～6周）	大鸡（7周以后）
温度（℃）	34～24	24～20	24～18
相对湿度（%）	55～70	55～70	55～70
光照（Lux）	10	5	5
通风量（m^3/h·只）	2.5～3.0	6.0～8.0	8.0～10.0

鸡场空气质量要求见表4－6。

表4－6　鸡场空气质量要求

项目名称	雏鸡舍内	成鸡舍内	场区内鸡舍外区域	厂区外500m范围内
氨气（mg/m^3）	10	15	2	5
硫化氢（mg/m^3）	2	10	1	2
二氧化碳（mg/m^3）	1 500	1 500	380	750

续表

项目名称	雏鸡舍内	成鸡舍内	场区内鸡舍外区域	厂区外500m 范围内
PM_{10}（mg/m^3）	4	4	0.5	1
TSP（mg/m^3）	8	8	1	2
恶臭（稀释倍数）	70	70	40	50

注：数据为日均值；

PM_{10}：可吸入颗粒物，即空气动力学当量直径 $<10\mu m$ 的颗粒物；

TSP：总悬浮颗粒物，即空气动力学当量直径 $<10\mu m$ 的颗粒物。

八、全进全出饲养制度

全进全出是指在同一栋鸡舍（或同一养殖场）仅饲养同一批次的鸡只，同时入舍或出舍（出场）。这种饲养制度最大特点是有一个全场或整栋鸡舍无鸡的“空舍期”，在此期间对鸡舍及设备进行彻底清洗、熏蒸、消毒，有利于切断病原的循环感染，控制疾病，同时便于饲养管理。

九、生物安全

养殖业面临的最大威胁是疫病，集约化鸡场在生产过程中必须坚持“预防为主、防重于治”的卫生防疫原则，严格执行防疫管理制度。主要措施有：

1. 选址与建设要求

在选择鸡场时，就开始考虑选在一个相对独立的地方；环境要比较安静，要避开交通要道，远离居民区；鸡场应合理划分功能区，生产区要与生活办公区分开，并设有隔离设施；生产区内各养殖栋舍之间要保持一定的距离或设置有隔离设施；养殖生产区内清洁道与污染道要分开；要建有围墙，在进入养殖场的大门处设置消毒池。

2. 生产管理要求

坚持全进全出的防疫原则；在鸡场范围内不允许其他家禽或宠物出现；要建立完善严格的消毒制度，严格消毒是杀灭病原体、杜绝传染病发生的根本措施；在进行消毒前，所有的废弃物都应该先清理干净。

3. 人员的控制

鸡场的出入口，平时应关闭并上锁，在门口处树立谢绝参观的标志；尽量减少各种来访人员，谢绝一切无关人员参观。若有来访人员，则必须保持来访人员的记录，包括其姓名、工作单位、来访目的、曾到过哪个场等；凡须进入生产区的所有工作人员，必须事先登记，并在污染室内脱净衣物、鞋帽（包括内衣、内裤），放入指定衣柜，然后进入淋浴室，用香皂、洗发液彻底洗澡淋浴 10～15min，再到清洁更衣室，换上经过清洗消毒过的专用工作服和鞋等，方可进入生产区。工作人员离场时，不能逆行，可直接进入污染室更衣，而不应进入并污染清洁更衣室；在每一栋鸡舍入口处都要放置雨鞋、消毒盆，并备有鞋刷。进出鸡舍的所有工作人员必须踩踏消毒盆，并把雨鞋刷净，不留杂物，消毒盆内的消毒液要经常更换，并且要加足消毒药；每栋鸡舍都要有固定的饲养员，彼此之间不许串舍，饲养工具不能交叉使用。

4. 机动车的控制

场外车辆原则上禁止进场，必须进场的车辆如饲料运输车、蛋车、粪车等，必须由专人严格进行冲洗消毒。对于来访车辆应尽可能停在场外。

5. 物品的控制

凡需带进生产区的所有物品，必须事先进行冲洗或薰蒸消毒。原则上，凡是不能冲洗消毒的物品，都必须事先经过熏蒸消毒，方可进场，如饲料、电器类、工具类、办公用品、其他小件生活用物品等。有些物品（如遮光罩、蛋托、蛋筐等），虽然可以冲洗，但又不易冲洗干净，可采取先冲洗后熏蒸的办法，以保证消毒效果。

健康鸡的粪便、垫料等废弃物应用专车通过专用通道运出，经发酵后无害化处理；对病鸡的粪便、垫料及死鸡经焚化或发酵处理。

第二节　设施养鸡装备的种类及用途

养鸡设备有各种笼具、喂料设备、饮水设备、孵化设备、集蛋设备、通风降温设备、采暖设备、光照设备、清洗消毒设备、清粪设备、粪便处理设备等。

一、笼具

鸡笼是笼养鸡舍的最主要设备，它的配置形式和结构参数决定了饲养密度，决定了对清粪、饮水、喂料等设备的选用要求和对环境控制设备的要求。

1. 按饲养种类分类

（1）育雏笼　专门为1～50日龄的雏鸡设计，采用3～4层层叠式笼养育雏，一般1只鸡占笼底面积为220cm^{2}左右。

（2）育成笼　又称青年鸡笼，主要用于饲养50～140日龄内的青年母鸡，一般采用群体饲养，一般1只鸡占笼底面积为330cm^{2}左右。

（3）蛋鸡笼　组合形式常见的有阶梯式、半阶梯式和层叠式，每个单笼可养3～4只鸡。蛋鸡笼与育成笼外观上的最大区别是蛋鸡笼底网有7～11°的倾角，且延伸至鸡笼前部形成集蛋槽，一般1只鸡占笼底面积为480cm^{2}左右。

（4）肉鸡笼　饲养商品代肉鸡，一般1只鸡占笼底面积为420cm^{2}左右。

（5）种鸡笼　种母鸡笼有单层笼和两层人工授精鸡笼，前者为公母同笼自然交配，后者常用于人工授精的鸡场。

2. 按结构形式分类

主要分为全阶梯式、半阶梯式、层叠式三大类。蛋鸡全阶梯式、半阶梯式鸡笼和种鸡两层全阶梯鸡笼是我国目前采用最多的鸡笼组合形式，层叠式鸡笼适合于机械化程度高的蛋鸡场和肉鸡场，见图4－3。

（1）全阶梯式鸡笼　上下两层笼体完全错开，常见的为2～3层。其优点是笼底不需设挡粪板，结构较简单，易维修，各层笼通风与光照面大。缺点是占地面积大，饲养密度低，一般为15只/m^{2}左右。

（2）半阶梯式鸡笼　鸡笼上下层之间部分重叠，常见的为3～4层。上下层重叠部分有挡粪板，挡粪板按一定角度安装，粪便可滑入粪坑。其饲养密度为20只/m^{2}左右，较全阶梯式鸡笼高，但是比层叠式鸡笼低。由于挡粪板的阻碍，通风效果比全阶梯稍差。

（3）层叠式鸡笼　上下两层笼体完全层叠，常见的有 3 ~ 4 层，高的可达 8 层以上。其优点是占地面积小，空间利用率高，其饲养密度可达 70 只/m^2 左右，容易实现集约化饲养；鸡粪分层清理和自然风干，使鸡粪水分大大降低，对环境污染小；完全实现全自动化控制，大大减少操作者，降低劳动强度，提高劳动生产率；采用全封闭饲养模式，有利于预防鸡的传染病。缺点是一次性投资大，鸡舍的建筑、设备要求较高，鸡群不便于观察，管理困难。

图 4－3　鸡笼结构形式

二、喂料设备

目前，广泛使用的喂料设备有链式喂料设备、螺旋弹簧喂料设备、塞盘喂料设备、行车喂料设备、喂料桶和食槽，前 4 种均为机械喂料，俗称料线。

1. 链式喂料设备

这种设备运转平稳、送料均匀、输料速度快、可调节高度，主要用于种鸡平养、供商品蛋鸡笼养使用。

2. 螺旋弹簧喂料设备

螺旋弹簧喂料设备又名盘式喂料系统，广泛应用于平养鸡舍，用于商品肉鸡、种公鸡、种母鸡饲养，见图 4－4。

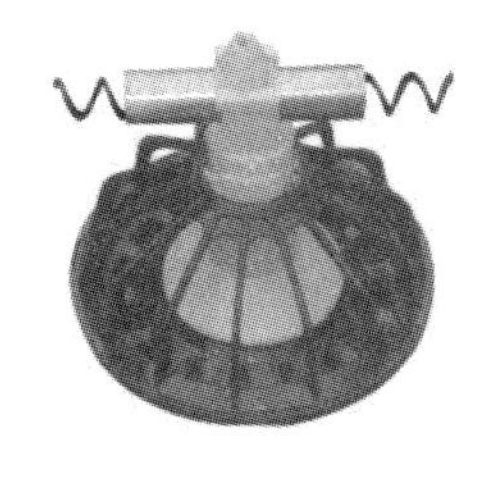

图 4－4　螺旋弹簧喂料设备（左）和喂料盘（右）

3. 塞盘喂料设备

塞盘喂料设备是在链条或钢丝绳上按一定节距压注塑料圆盘，由驱动轮带动循环运行，用来输送饲料的机具。具有结构简单、输送量大、输送距离大、速度快、输送方向不受限制、噪声小等优点。一套系统可同时为几栋鸡舍供料，但塞盘或钢索折断时，修复麻烦且安装技术水平要求高，适合大、中型养鸡场使用，见图 4－5。

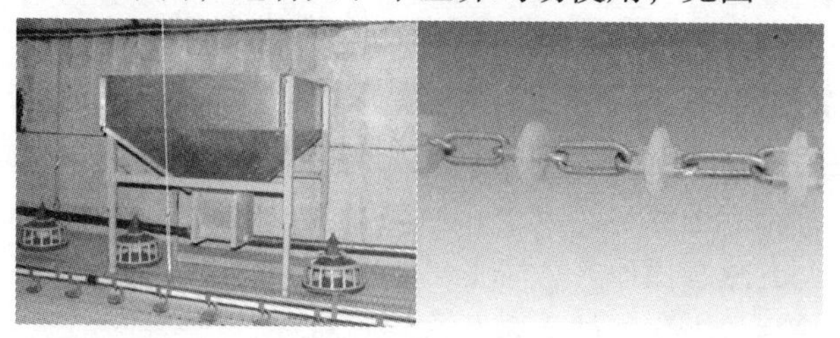

图 4－5　塞盘喂料设备（左）和塞盘（右）

4. 行车喂料设备

用于多层鸡笼喂料，见图 4－6。

图 4－6　多层鸡笼行车喂料设备

5. 喂料桶

由金属或塑料制成，主要由料筒和料盘构成，料盘中间凸起，以利饲料自动流向盘的周围，让鸡自由采食，大多为平养和散养鸡舍使用，是中小型养殖场常用的喂料设备。

6. 食槽

一般与鸡笼一体化安装，人工或机械定时加料。

三、饮水设备

鸡只的饮水量一般是采食量的 2～3 倍，炎热季节更高。目前，广泛使用的饮水设备主要有水槽、真空饮水器、钟型饮水器以及乳头饮水设备等。乳头饮水设备俗称水线。

1. 水槽

其优点是结构简单，价格廉价，成本低，便于饮水免疫。缺点是采用长流水方式，安装要求高，要保证整列鸡笼几十米长度内水槽高度误差小于 5mm，因此容易漏水；水直接暴露于鸡舍，最容易受到污染，刷洗工作量大，养鸡人员劳动强度大。规模化养殖场已经很少采用此方式。

2. 真空饮水器

其优点是结构简单、故障少。缺点是水用完后，需要人工加水，劳动强度大，水易受到污染，鸡饮水时溅洒和溢出污染环境，清洗工作量大，饮水量大时无法使用。主要用在雏鸡阶段的平养和笼养方式、蛋鸡育成阶段或肉鸡的平养方式，见图 4－7。

3. 钟形饮水器

又称吊塔式或普拉松饮水器，特点是采用吊挂方式，自动控制进水，不妨碍鸡的活动，适应范围广，工作可靠，不需人工加水。主要用在蛋鸡育成阶段、肉鸡、种鸡和火鸡等的平养方式，见图 4－8。

4. 乳头饮水设备

其优点是该饮水设备能够有效封闭水源，阻断了因饮水造成的疾病传播，最不易受到污染，有利于防疫；节约用水；不需经常清洗和更换。缺点是对水质和管理水平要求高，对饮水器材料和制造精度要求也较高。现在乳头饮水设备已普遍被养殖场所接受，

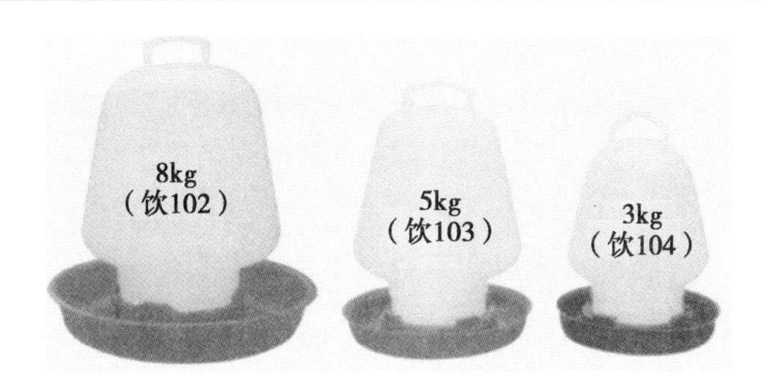

图 4－7　真空饮水器

适用于笼养、平养的各类型鸡舍，不仅适用于成鸡，也适用于雏鸡，乳状饮水设备中主要部件乳状饮水器见图 4－9。

图 4－8　钟形水器

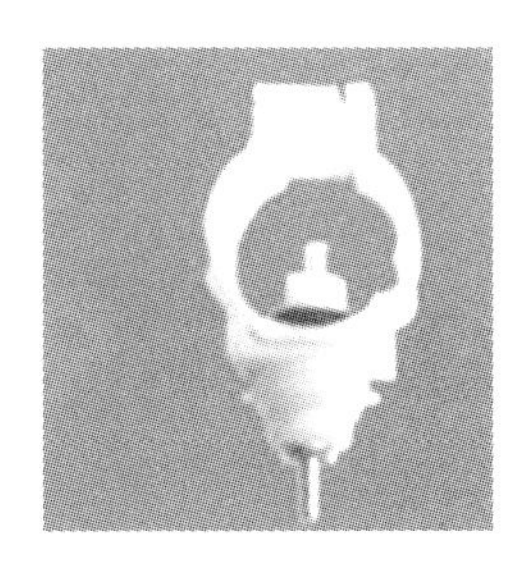

图 4－9　乳头饮水器

四、孵化设备

孵化设备是一种仿生设备，它通过调节设备内部环境条件为胚胎发育提供适宜的生长条件，鸡蛋在孵化机中孵化 19 天后移至出雏机，至 21 天即可出壳。它主要用于各种品系的鸡、鸭、鹅、火鸡等普通家禽的孵化，也可根据情况用于鹌鹑、鸽子等各种特禽的孵化，是现代化禽类养殖企业的主要设备之一。孵化机的类型很多，虽然自动化程度和容量大小有所不同，但其构造原理基本相同，目前，市场主流机型为箱体式孵化机和巷道式孵化机。整套孵化设备包括孵化机、出雏机及其他配套设备。

1. 箱体式孵化机

又称电孵箱，其采用整批上孵、整批出雏的孵化方式，即所谓的全进全出式。这种方式在防疫方面有一定的优势，可以为种蛋量身定制孵化参数，获得高品质的雏鸡。按其容量可分为大、中、小型 3 种规格，其容量分别为 1 万枚以下、1 万 ~5 万枚、5 万 ~10 万枚或更大。箱体式孵化器具有节能、箱体内的气流场和温度场均匀、可操作性强等特点，适用于不同规模的养禽企业。

2. 巷道式孵化机

又称分批上孵式孵化机，其控制原理及孵化工艺完全不同于箱体式孵化机，巷道机由于其上蛋的方式为每周 3 天/4 天分批连续入孵，箱体内就存在不同孵化时期的种蛋，巷道机内温度场就会呈区域性变化，属典型的变温孵化过程。巷道式孵化机容蛋量较大，相同孵化量的单个蛋位占地面积同比节省 28% 左右，机器台数减少 80% 左右，大大降低建筑投资，提高维护管理效率。

其他配套设备主要为自动清洗机和禽雏自动分拣、计数与包装设备。自动清洗机是一种隧道式的工业清洗机，主要用于孵化设备配套的孵化盘、出雏筐、周转箱等物品的消毒清洗。禽雏自动分拣、计数与包装设备，适用于大中型孵化场，但投资很大，而且维护成本很高。目前，国内只有极少数大型孵化场配备分拣、计数、包装自动化设备。

五、集蛋设备

目前，大部分养殖场都采用手工集蛋，机械化程度高的鸡场采用传送带自动集蛋。自动集蛋的鸡蛋通过传送带送到集蛋机上，再通过中央集蛋系统直接输送到鸡蛋分级车间选蛋设备上，省去了人工集蛋、搬运及运输过程，减少了鸡蛋破损，避免了鸡蛋污染。传送带自动集蛋设备见图 4－10。

图 4－10　传送带自动集蛋设备

此外，部分肉种鸡场采用自动产蛋箱和集蛋带，实现了自动集蛋。自动产蛋箱内铺有人造草皮的衬垫，适合鸡只特点，并能保证干净的鸡蛋快速而平稳地滚出，电机驱动传送带把鸡蛋送到鸡舍一端，刮板刮入集蛋平台，然后人工拣入蛋盘。

六、环境调控设备

鸡舍环境调控就是调整和控制影响鸡生长、发育、繁殖、生产产品等的所有外界条件。鸡舍空气环境因素，主要包括温度、湿度、气流、光照、有害气体、灰尘等，它们共同决定了鸡舍（主要指封闭式和半封闭式鸡舍）的小气候环境。鸡生活在舍内小气候中随时与这些因素发生相互影响，这些影响有时可以锻炼鸡有机体对外界气候的适应性和抵抗力，但当其发生骤然变化超出了鸡有机体的调节能力时，反而会降低其抵抗力，特别是对弱鸡和幼鸡危害重大，甚至造成死亡。因此，采用鸡舍环境调控设备，是为鸡的健康生长创造最优的环境条件，提高鸡的生产性能所必需的。

鸡舍环境调控制设备主要有通风设备、降温设备、加温设备、采光与照明设备和环境综合控制器等。

1. 通风设备

鸡舍通风设备主要是电风扇、轴流式风机和离心式风机。

2. 降温设备

鸡舍降温设备主要是和湿帘风机降温设备和喷雾降温设备。

鸡舍内安装风机的目的是将舍内废气排出，并将新鲜空气吸入鸡舍内。一方面使舍内获得足够的氧气，将二氧化碳等废气排出；另一方面将舍内的热空气排出，将室外的冷空气吸入舍内，起到降温的效果。另外，风机还可与湿帘配合使用，在炎热的夏季起到更好的降温效果。

湿帘纸垫是湿帘风机降温系统的核心，其由波纹状纤维纸经特殊工艺处理制造，具有耐腐蚀、强度高、使用寿命长等特点。

3. 加温设备

养鸡场鸡舍除采用常规的锅炉集中采暖（采暖散热片或暖风机）外，专用采暖设备主要有热风炉、电热育雏保温伞、燃气加热器等。

（1）热风炉　热风炉主要由热风炉炉体、离心风机、有孔引气管等设备组成。它是以空气为介质，煤（天然气、柴油）为燃料，采用燃烧与换热一体，烟和清洁空气各行其道。空气通过炉体加热，变成无毒、无菌、清洁净化的新鲜空气，为鸡舍提供无污染的洁净热空气，实现鸡舍的加温。根据我国国情，本节及后文热风炉特指燃煤热风炉，见图4－11。

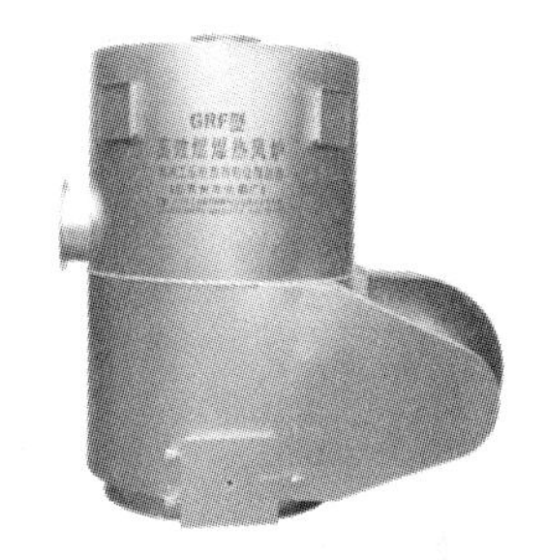

图4－11　燃煤热风炉

（2）电热育雏保温伞　主要由伞罩和热源组成，见图4－12。伞罩由铁皮做成，也可用铁皮、铝皮或木板、纤维板以及钢筋骨架加布料制成，伞罩内有电热管、温度调节器、照明灯等。热源可用电热丝或电热板，也可用液化石油气燃烧供热。

图4－12　电热育雏保温伞

（3）燃气加热器　用煤气或天然气加热，无需配套管路，可在鸡舍内直接燃烧，燃烧产物为CO_2和H_2O。它比较清洁卫生，适用于资源有保障的地区。

4. 光照设备

对开放式鸡舍来说，光照强度的控制受外界光照的影响，不容易控制。在密闭式鸡舍，通过灯泡的布置数量、布置方式、灯泡的功率即可完全人工控制生长期的光照强度。目前，鸡场采用白炽灯、荧光灯和节能灯等光源来照明。

照明设备除了光源之外，主要是光照自动控制器，光照自动控制器的作用是能够按时开灯和关灯。

七、清粪设备

目前，鸡场常使用的清粪方式有人工清粪和机械清粪两种。人工清粪设备投入较低，但劳动强度大，且工人操作会引起舍内局部鸡群的惊恐，影响鸡的生长，多用于饲养规模小的养殖场。机械清粪快速便捷，节省人工，相对于人工清粪不会造成舍内走道污染，多用于规模养殖场。机械清粪又分为牵引式刮粪板清粪机和传送带式清粪机两种。

1. 牵引式刮板清粪机

牵引式刮板清粪见图4－13，主要用于阶梯式和半阶梯式笼养鸡场舍和网上平养商品肉鸡舍纵向清粪，用于同一平面一条或多条粪沟的清粪，相邻两粪沟内的刮粪板由牵引绳（钢丝绳或亚麻绳）相连。该机结构比较简单，维修方便，但钢丝绳易被鸡粪腐蚀而断裂。

2. 传送带式清粪机

传送带式清粪机见图4－14，主要用于高密度层叠式鸡笼的清粪，每层鸡笼下面均安装一条传送带，粪便经底网空隙直接落于传送带上，由电机、减速器通过链条带动各层的主动辊运转，依靠被动辊、主动辊与传送带产生的摩擦力，带动传送带沿鸡舍长度方向移动，将鸡粪输送到鸡舍一端，被端部设置的固定刮粪板刮落到横向粪沟内，再输送至舍外，从而完成清粪作业。传送带也用于牵引式刮粪机配套的横向粪沟，将牵引式刮粪机收集的粪便输送至舍外。传送带材料以聚丙烯（PP）为主。

图4－13　牵引式刮板清粪机

图4－14　传送带清粪机

八、防疫消毒设备

消毒是指用物理、化学和生物的方法清除或杀灭畜禽体表及其生存环境和相关物品中的病原微生物及其他有害微生物的过程。

1. 防疫消毒的目的

防疫消毒的目的是切断病原微生物传播途径，预防和控制外源病原体带入畜群进行传播和蔓延，减少环境中病原微生物的数量。防疫消毒的种类有预防性消毒、临时消毒和终末消毒三类。

2. 消毒对象

设施养殖场消毒的主要对象是进入养殖场生产区的人员、交通工具、畜禽舍内外环境、舍内设备等。

3. 消毒方法

常用的消毒方法有物理消毒法、化学消毒法和生物消毒法3种。

物理消毒法指机械清扫、高压水冲洗、紫外线照射及高压灭菌处理。

化学消毒法指采用化学消毒剂对养殖舍内外环境、设备、用具以及畜禽体表进行消毒。

生物消毒指对畜禽粪便及污水进行生物发酵，制成高效有机物后利用。

4. 防疫消毒设备

养鸡场常用的防疫消毒设备主要有高压清洗机、喷雾消毒机械、液化气火焰消毒器、紫外线消毒灯和臭氧电子消毒器等。主要消毒设施包括生产区入口消毒池、人行消毒通道、尸体处理坑、粪便发酵场和专用消毒工作服、帽、胶鞋。

（1）高压清洗机的用途　主要是冲洗养鸡场场地、鸡舍建筑、设备、车辆等。

（2）喷雾消毒机械　用于鸡场各种场合和设备的消毒。夏季天气炎热，鸡舍喷雾消毒不仅可以杀灭细菌，还可以起到降温、清洁空气的作用，达到预防疾病的目的。

（3）液化气火焰消毒器　不仅能杀灭各种细菌病毒，还能杀灭寄生虫及虫卵，是一种无残留、无污染物的消毒设备，一般在鸡舍空舍期间使用。

5. 常用消毒剂种类

畜禽养殖常用的消毒剂有碱性消毒剂（2% ~4%浓度的氢氧化钠和氧化钙）、醛类消毒剂（8% ~40%浓度的甲醛溶液）、含氯类消毒剂（漂白粉、次氯酸钠、氯亚明、二氯异氰尿酸钠和二氧化氯等）、含碘类消毒剂（有碘酊、复合碘溶液和碘伏）、酚类消毒剂（有石碳酸、消毒净、来苏尔、氯甲酚溶液和煤焦油皂液）、氧化类消毒剂（有过氧乙酸、双氧水和高锰酸钾）、季铵盐类消毒剂（有新洁尔灭、杜米芬、百毒杀、洗必泰、百毒清）和醇类消毒剂（有乙醇和异丙醇）。

九、粪便处理设备

对于鸡粪的处理，主要有以下几种模式：

1. 发酵槽处理模式

该模式的特点是利用塑料大棚中形成的温室效应，充分利用太阳能来对粪便进行干燥处理。一般大棚长度60 ~90m，宽度根据发酵槽数量确定，发酵槽宽6m左右，两侧为混凝土矮墙，高70cm左右，上部装有导轨，在导轨上装有搅拌装置，含水率70%左右的粪便从大棚一端卸入槽内，搅拌装置沿导轨在大棚内反复行走，翻动、推送粪便，当粪便被推到大棚另一端时，含水率已经降至30%左右，整个发酵处理过程30天左右。利用微生物发酵技术，将畜禽粪便经过多重发酵，使其完全腐熟，并彻底杀死有害病菌，使粪便成为无臭、完全腐熟的活性有机肥，从而实现畜禽粪便的资源化、无害化、无机化；同时解决了畜牧场因粪便所产生的环境污染。粪便发酵之后再到田间施用都不会有异臭味。大棚可以临时做储存用，一是雨水季节，避免了粪水漫流成河，二是农民施肥具有一定的周期性，粪便卖不出去时临时储存。将原肥按照各种植物不同阶段的需要进行深加工后，生产出适合市场需求的系列化配方有机肥，农民容易接受。螺旋深槽发酵干燥设备见图4 -15。

图4 -15　螺旋式深槽发酵干燥设备

图4 -16　发酵塔

2. 塔式发酵模式

该模式的主要工艺流程是把畜禽粪与锯末等辅料混合，再接入生物菌剂，由提升机将其倒入塔体顶部，同时塔体自动翻动通气，通过翻板翻动使物料逐层下移，利用生物生长加速畜禽粪发酵、脱臭，经过一个发酵循环过程后（处理周期5～7天），从塔体出来的就基本是产品。发酵塔的进料水分为55%～60%，出料水分为15%～35%（根据生产控制）。这种模式的优点是占地面积小，污染小；从有机物料搅拌接种、进料、铺料、翻料到干燥，出料全部自动运作，并能连续进料、连续出料；自动化工厂化程度高。但其缺点是：①目前工艺流程运行不畅，造成人工成本大增；②设备的腐蚀问题较严重，制约了它的进一步发展。发醇塔外观见图4－16。

3. 沼气发酵模式

沼气发酵模式属于厌氧发酵。是把水冲出的粪便放到贮粪池中，再把粪便送入发酵池或发酵罐中加热发酵，产生沼气，作为能源；沼渣清出后可做为肥料直接施入大田。这种方式的优势是节约能源，解决了农村的能源紧缺问题。

但其缺点是：

（1）沼气池一次性投资大，成本高。一般投资少则几十万元，多则几百万元以上，对大多数畜牧场实属困难。

（2）在北方外界温度低，沼气发酵越冬有困难，而且沼气罐易老化，发酵效果降低。

（3）沼渣养分低，水分含量高，需进行二次加工利用。

（4）发酵池发酵受外界环境影响大，工厂化连续生产程度不高，产品质量得不到保证，因此目前推广力度还不大。沼池发醇池外观见图4－17。

图4－17　沼气发酵池外观

4. 高温快速烘干模式

图4－18　滚筒烘干机

高温快速烘干模式的工艺流程是把粪便直接通过滚筒烘干机（图4－18）进行高温灭菌、烘干，最后出来含水量为13%左右，作为产品直接销售。

这种模式的优点是：

（1）生产量大，速度快，适于工厂化生产。

（2）产品的质量稳定，水分含量低。

但同时也存在一些问题如：

（1）烘干产生尾气对空气产生二次污染，烘干过程中散发出的臭味，使周边几公里远的居民难已忍受，引发了不少民事纠纷和群众性意见。

（2）产品浸水后仍有臭味和二次发酵。

十、鸡舍环境控制器

随着养殖业的发展，科技的进步，越来越多的养殖企业开始利用环境控制器控制鸡舍机械设备运转，将鸡舍的环境管理变得自动化、智能化，避免人为操作可能带来的不必要损失。微电脑环境控制器能够实现鸡舍温度、通风系统、降温系统的自动化控制和鸡舍喂料系统、饮水系统的精准计量以及光照系统的智能化控制，保证鸡舍的最佳湿度和适宜温度，满足鸡只生长的需求，最大限度的发挥鸡只的生产潜能。鸡舍环境控制器功能见图 4 - 19。

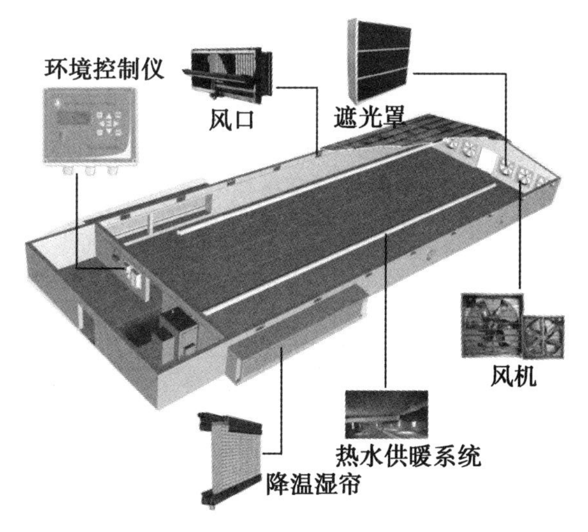

图 4 - 19 鸡舍环境控制器功能示意图

第二部分　设施养鸡装备操作工——初级技能

第五章　设施养鸡装备作业准备

相关知识

一、饲料的定义

一般能被动物食用又能给动物某种或多种营养的物质统称为饲料。饲料是养殖业中的最大支出项目，其费用一般占饲养总成本的70%左右。

二、饲料的种类

饲料可按其营养构成和形状两种方法进行分类。

1. 按营养构成分类

（1）全价配合饲料　该饲料包括蛋白质（鱼粉、豆粕、血粉等）、能量饲料（玉米、高粱、大麦等）、矿物质（骨粉、石粉等）、微量元素、维生素等物质，能满足动物所需的全部营养。其产品可直接喂料动物，无须再添加其他单体饲料。

（2）混合饲料　又称基础日粮或初级配合饲料，是由能量饲料、蛋白质饲料、矿物质饲料按一定比例组成的，它基本上能满足动物营养需要，但营养不够全面。

（3）浓缩饲料　又称蛋白质补充饲料，是由蛋白质饲料（鱼粉、豆粕、血粉等）、矿物质饲料（骨粉、石粉等）及添加剂预混料配制而成的全家配合饲料半成品。浓缩饲料不可直接喂养动物，需再掺入一定比例的能量饲料（玉米、高粱、大麦等）才能成为满足动物营养需要的全价配合饲料。浓缩饲料约占全价配合饲料的20%～30%。

（4）添加剂预混料　它是由一种或多种微量的添加剂原料和载体及稀释剂一起拌合均匀的混合物。添加剂预混料是配合饲料的半成品，在全价配合饲料中占的比例虽然仅占1%～5%，作用却很大，主要供大中小型饲料厂、养殖场生产全价配合饲料或浓缩饲料，可以单独在市场上出售，但不能直接喂料动物。

2. 配合饲料按形状分类

（1）粉状饲料　将多种饲料原料经过清理、粉碎、配料、混合工序加工而成的粉状产品。粉状饲料适口性差一些，而且容易飞散，造成浪费。

（2）颗粒饲料　将粉状饲料经过调质、挤压而成的规则粒状产品，通常是圆柱形，根据饲喂动物种类的不同而有各种尺寸。颗粒饲料便于贮藏、包装、运输，提高畜禽适口性，增加采食量，可有效防止畜禽挑食，减少饲料浪费，只是加工成本较高。

（3）膨化饲料　膨化饲料是近几年才兴起的优质、高档饲料。它是按科学配方将各种原料粉碎混合后，通过膨化机经高温短时间熟化、瞬间膨化而成一种膨松多孔的饲料，其适口性好，饲料的利用率高。

三、饲料品质与使用要求

1. 要求饲料原料干净无污染、无杂质、无霉变。

2. 要求饲料新鲜、色泽一致，不发酵、发霉、生虫，没有异味；如发现变质饲料绝对不能喂鸡。

3. 饲料含水率要求不高于14%。

4. 要求饲料合理存放，妥善保管，避免受潮、雨淋、水泡、阳光直射，不要存放在不通风的地方；保存时间最好不超过一周，遵循“先进先出”的原则。

5. 要求喂料时应遵循少喂勤添、定时定量、分次饲喂、食后槽内不剩料的原则。

四、饲料消耗量估算

随着鸡群年龄的增长和体重的增加，饲料量增加的速率必须符合正值生长鸡群营养量逐渐增大的需求。必须随时掌握鸡群饲料消耗定额，保证饲料及时足额供应。不同鸡群饲料消耗估算见表5－1。

表5－1　不同鸡群饲料消耗估算表

鸡群种类	采食量（g/天·只）	全程采食量（kg/只）
产蛋鸡	110～120	40～45（21～72周）
育成鸡	55（与饲养日龄相关）	6.5（0～20周）
蛋用种鸡	120	48（0～68周）
商品肉鸡	85（与饲养日龄相关）	4.5（0～6周）
肉用种鸡	160	56（0～66周）

注：不同鸡种有所差别。

五、养鸡场饮水准备

1. 饮水管理的重要性和要求

正常情况下，鸡只饮水量一般是采食量的2～3倍，高温季节饮水会更多。如鸡只缺水，会引起采食量下降，雏鸡发育受阻，肉鸡生长缓慢，种鸡、蛋鸡产蛋量下降。缺水严重时，代谢发生障碍，雏鸡发生死亡，产蛋鸡出现局部换羽等。因此，鸡的饮水管理十分重要。

饮水质量达不到卫生标准常常是鸡群发病的重要原因。鸡只饮水应饮用自来水或清洁的井水，尽量避免饮用河水，以防水源污染，感染疾病，而且整个生产周期内鸡群应该能够自由饮水，并且定期检查水质，以确保水中微生物及矿物质含量保持在可接受范围内。

乳头饮水设备对水质要求高，易堵塞，应在乳头饮水设备供水管路上加装过滤器，网孔规格不小于200目，同时应配自动加药器。硬水会在饮水乳头器和供水器上产生沉淀物并降低其使用寿命，盐碱水对家禽饲养何供水系统危害极大，因此必须将盐碱水质进行处理。

2. 养鸡饮水设备准备的内容

（1）准备清洁卫生、足量的饮水源。

（2）检查水管道水压是否符合要求。

（3）清洁饮水器并检查其技术状态。

（4）检查水管道技术状态。

六、机械技术状态检查目的要求

1. 检查目的

保证设施养殖装备及时维修，作业性能良好安全可靠。

2. 检查前要求

（1）熟读产品说明书或经过专门培训，熟悉该机具的结构、工作过程。

（2）掌握机具操作手柄、按键或开关的功用和操作要领。

（3）掌握该机具的安全作业技术要求。

七、机械技术状态检查内容

由于各装备的结构不一样，检查的内容有差异，其共性内容主要包括动力部分、电源和电路、传动部分、操作部件和工作部件等。

1. 动力部分

（1）发动机　检查发动机的冷却水、机油、燃油的数量、质量以及是否泄漏；输出功率和转速是否正常等。

（2）检查电动机　检查电动机和启动设备接地线是否可靠和完好；接线是否正确；接头是否良好；检查电动机铭牌所示额定电压、额定频率是否与电源电压、频率相符合；检查电动机绝缘电阻值和部分电机的电刷压力；检查电动机的转子转动是否灵活可靠，轴承润滑是否良好；检查电动机的各个紧固螺栓以及安装螺栓是否牢固等。

2. 电源和电路

检查电源、电压是否稳定正常；检查电路接线正确，接头牢固无松动；检查电路线无损坏绝缘良好；检查安全保险装置灵敏可靠；检查设备用电与所用的熔断器的额定电流是否符合要求。

3. 传动部分

检查外围要有安全防护装置；检查各机械连接可靠、无松动等，运转无异响；检查皮带或链条的张紧度适宜；润滑和密封性良好等。

4. 操作部件

要求转动灵活，动作灵敏可靠。

5. 工作部件

要作业可靠、符合设施养殖要求。

6. 周围环境要求无不安全因素。

八、机械技术状态检查的方法

作业前的检查方法主要是眼看、手摸、耳听和鼻闻。

1. 眼看

（1）围绕机器一周巡视检查机器或设备周围和机器下面是否有异常的情况，查看是否漏机油、漏电等，密封是否良好。

（2）检查各种间隙大小和高温部位的灰尘聚积情况。

（3）检查保险丝是否损坏，线路中有无断路或短路现象。检查接线柱是否松动，若松动，则进行紧固。

（4）查看灯光、仪表是否正常有效。

2. 手摸

（1）检查连接螺栓是否松动。

（2）检查各操作等手柄是否灵活、可靠。

（3）手压检查传动带或链条张紧度是否符合要求。

（4）手摸轴承相应部位的温度感受是否过热。若感到烫手但能耐受几分钟，温度在50～60℃；若手一触用就烫得不能忍受，则机件温度已达到80℃以上。

（5）清除动力机械和其他设备周围堆积的干树叶、杂草等易燃物。

3. 耳听

（1）用听觉判断进排气系统是否漏气；若有泄漏，则进行检修。

（2）用听觉判断传动部件是否有异常响声。

4. 鼻闻

用鼻闻有无烧焦或异常气味等，及时发现和判断某些部位的故障。

操作技能

一、乳头饮水设备技术状态检查

操作者进入养殖区前必须淋浴消毒、更换工作服，进入鸡舍后首先应观察鸡群表现是否正常。

乳头饮水设备技术状态检查的基本步骤、内容及要求如下。

1. 检查饮水设备供水情况，水压是否与设备的使用要求保持一致。是否有断水现象，如有应迅速养殖场专职供水人员。检查水温情况，应避免冬天的低水温和夏天的高水温。

2. 检查所有供水首部过滤器上两只压力表读数，如果差值过大，应清洗过滤芯。

3. 记录水表用水量，以测定鸡群每日的饮水量，监测鸡群的生长和健康状况。

4. 检查供水首部加药器的加药桶内药液情况，检查加药器吸水管、过滤网是否完整，加药水阀是否好用。

5. 检查饮水线供水管连接是否牢固，有无漏水现象，调压器是否正常，首尾两端水位显示是否合适，检查高度是否适应鸡只饮水生理要求，长度方向是否保持水平一致。

6. 采用地面垫料平养方式时检查供水管和乳头饮水器下方垫料是否潮湿、平整。

7. 检查全部乳头饮水器有无漏水现象、有无不出水现象、与饮水线供水管连接处有无漏水现象，检查乳头饮水器是否全部垂直安装。

8. 检查悬吊系统滑轮与屋架钢梁（或木梁）固定点是否连接可靠，绞盘与墙固定点是否固定可靠，绞盘处尼龙绳有无缠绕现象；检查各悬吊点尼龙绳，是否其处于绷紧状态，受力是否均匀，防栖线是否紧绷。

二、喂料设备作业前技术状态检查

操作者进入鸡舍前检查舍外饲料塔仓盖是否盖严，饲料塔内饲料储存量是否满足要求；进入鸡舍后检查饲料有无霉变、异味和结块现象，有无杂物，含水量是否合适；对于颗粒饮料，要考察其是否大小均匀一致，是否达到表面光洁、结构紧密、手感较硬、粉末较少。记录鸡只每日采食量变化情况。

1. 链式喂料设备技术状态检查的基本步骤、内容及要求

（1）检查舍内料箱箱盖上是否有鸡只粪便和工具等物品；出料口调料板固定螺丝是否松动，料箱与食槽接口处是否有漏料现象，料箱内有无饲料剩余现象，有无饲料架空现象；点动检查出料口调料板开启大小是否合适。

（2）检查整个料线是否保持水平一致，沿鸡舍长度方向是否保持同一直线，是否适应鸡只高度；点动检查其运行平稳性。食槽要平、直，同一条料线鸡舍长度方向的两条食槽要平行，转角一定要安正，即连接转角轮的两条食槽要成直角。

（3）检查电控柜内部接线是否牢固，并清理和保持料线电控柜的清洁卫生。

（4）检查减速电机固定是否牢固可靠，电源线是否有破损，从油镜中能否看到润滑油；试运转检查电机转向是否正确，运转声音是否异常。

（5）检查驱动器上驱动链轮固定是否牢固、驱动链轮与链片啮合、传动链片张紧程度是否合适、润滑油是否充足，运转时声音有无异常，如不符合要求则进行调整。

（6）检查食槽内有无剩余饲料和杂物、死鸡，链片有无扭曲和隆起现象，格栅有无松动、移位、损坏现象。

（7）检查转角器壳体内有无杂物，转角轮转动是否灵活、与壳体有无剐蹭现象。检查转角轮磨损程度。

2. 螺旋弹簧喂料设备技术状态检查的基本步骤、内容及要求

（1）检查舍内料箱内无饲料剩余现象、有无饲料架空现象、箱盖上是否有鸡只粪便、有无工具等物品，料箱与输料管连接处有无漏料现象。

（2）检查输料管是否保持水平一致、鸡舍长度方向是否保持直线、输料管上料盘底部高度是否适应与鸡背等高。

（3）检查各悬吊点尼龙绳，确保其处于绷紧状态，并受力均匀。

（4）检查喂料盘内是否有杂物、死鸡。

（5）检查减速电机是否充分润滑；试运转检查电机转向是否正确、运转声音是否异常。

（6）检查电源线是否有破损。

（7）检查感应器上是否积有饲料或灰尘，启动状态是否良好。

3. 行车喂料设备技术状态检查的基本步骤、内容及要求

（1）检查各传动部位的技术状态，要求齿轮啮合吻合、链条松紧程度合适、牵引绳无松动；检查各紧固件是否牢固；开机检查料车运行是否稳定，有无异响、异味；检查各部位传感器、行程开关是否灵敏。

（2）检查设备与鸡笼固定是否牢固，运行状态是否正常。

（3）检查减速电机固定是否牢固可靠，电源线是否有破损，从油镜中能否看到润滑油。试运转检查电机转向是否正确、运转声音是否异常。

（4）检查舍内料箱内无饲料剩余现象、有无饲料架空现象、箱盖上是否有工具等物品。

（5）开机前检查喂料系统周边是否有人或其他障碍物。

（6）点动检查料量控制口开启大小是否合适、出料是否均匀。

（7）检查食槽内有无工具、杂物、死鸡，鸡笼笼门有无开启现象，与喂料设备有无剐蹭现象，食槽有无变形。

三、通风设备作业前技术状态检查

1. 检查机电共性技术状态是否良好。

2. 检查风扇安装的高度是否大于2.2m。

3. 检查风机叶片是否完好，无变形，连接牢固。

4. 检查通风设备表面的油污或积灰是否清除，不能用汽油或强碱液擦拭，以免损伤表面油漆部件的功能。

5. 检查电源和电线管路是否良好。

6. 检查电控装置是否灵敏可靠。

7. 检查电机轴承注油孔是否注入适量机油。

8. 检查各连接螺栓是否拧紧可靠。

第六章　设施养鸡装备作业实施

相关知识

一、养鸡场供水系统的组成

一个完整的养鸡场供水系统包括取水设备、贮水塔、水管网及饮水设备等（图6－1）。

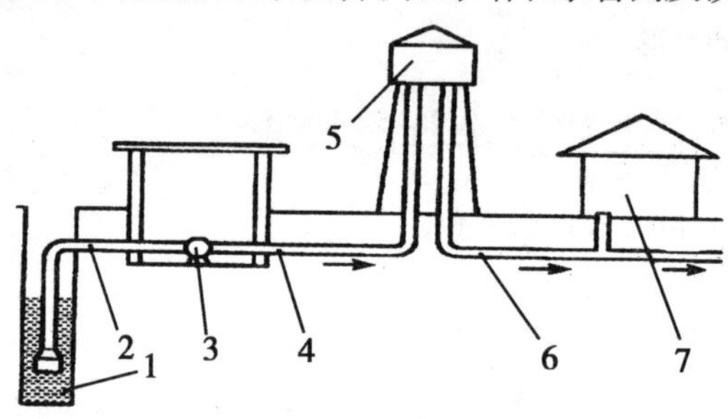

图6－1　鸡场供水系统示意图

1－水源；2－吸水管；3－抽水站；4－扬水管；
5－贮水塔；6－配水管；7－鸡舍

1. 取水设备

主要是水泵、电机和进水管道等。

2. 贮水塔

又称高位贮水箱，是供水系统中的贮水设备，其作用是：①贮备一定水量来平衡水泵供水量和配水管网需水量之间的差额；②贮备一定量的水以供消防和其他用水；③在配水管网内形成足够的水压，使水有一定的流速流向各用水点。

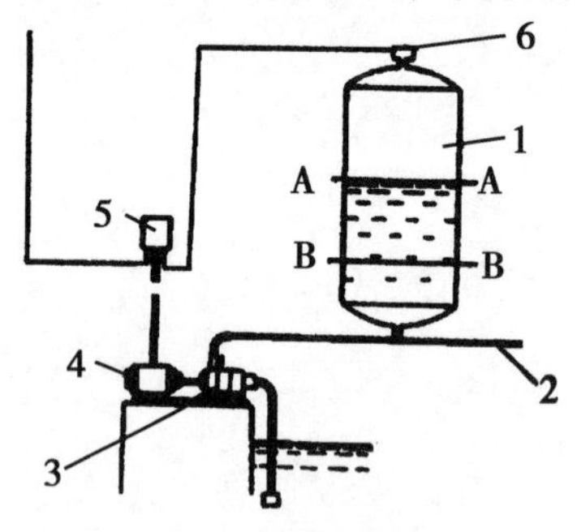

图6－2　压力罐示意图

A—A 上限水位；B—B 下限水位
1－气水罐；2－供水、配水管路；
3－水泵；4－电动机；5－磁力启动器；
6－压力继电器

在贮水箱上连接有扬水管、配水管、溢水管和放水管。扬水管将水泵从水源压送来的水引入到水箱中。配水管把水从水箱沿配水管网送至各用水点，为了保证供水的清洁，避免水箱底部的沉淀物进入配水管网，配水管进水口应高于水箱底100～150mm。溢水管的作用是在水箱装水过满时排出多余的水，放水管则是为了在检修或清洗时放水之用。

在中、小型养鸡场也可用压力罐来替代贮水塔。压力罐由气水罐、压力继电器、供水－配水管路等组成（图6－2）。压力罐工作时，向各用水点供水的同时将多余的水输送至气水罐。气水罐内因水位不断上升而使气压升高，水位达到上限水位时，压力继电器切断电动机电源，水泵停止工作。此时气水罐内的水在罐内气压的作用下继续流向供水点，水位降低，气压也随着水位的下降而降低，当水位下降到下限水位时，压力继电器将电动机电源重新接通，水泵又开始工作。压力罐的优点是投资少，比高位贮水箱可减少投资 50% ~85%。但需要可靠的电力供应保证。在用压力罐供水时要有过滤装置滤去水中的泥沙等杂质，以保证鸡的饮水卫生和防止泥沙堵塞饮水器。

3. 水管网

水管网主要包括扬水管、配水管、溢水管、放水管和阀等。扬水管将水泵从水源压送来的水引入到水箱中。配水管把水从水箱沿配水管网送至各用水点，为了保证供水的清洁，避免水箱底部的沉淀物进入配水管网，配水管进水口应高于水箱底 100 ~ 150mm。溢水管的作用是在水箱装水过满时排出多余的水，放水管则是为了在检修或清洗时放水之用。

在管路中装有调压阀、过滤器、加药器和自动饮水器等组成。

4. 饮水设备

养鸡饮水设备主要是饮水器等。

二、养鸡场饮水用药管理要求

鸡场的饮水用药，在使用水溶性药物时，水和药物的用量要计算准确，药物在水中的均匀度要掌握好，保证一次性给药时每只鸡都有饮用药液的机会。

饮水投药前，要求首先检测饮用水的 pH 值，防止药物被中和，其次饮水投药前 2d 要对饮水系统进行彻底清洗（刚消毒后的饮水系统更应彻底冲洗），以免残留的清洗药物影响药效。投药结束后也应对饮水系统进清洗，不仅可以防止粘稠度较大的药物粘连于饮水管表面，滋生氧化膜，还可防止营养药物（如维生素 C 等）残留饮水中，孳生细菌。

三、饮水乳头设备参数

1. 饮水乳头出水量：其数值随鸡只生长逐步加大，育雏育成期为 30 ~ 50ml/min，最高可达 130ml/min。

2. 每个乳头饮水器可供饮水鸡数：平养商品肉鸡饮水线为 15 ~ 20 只/个。平养种鸡饮水线为 10 ~ 12 只/个。笼养产蛋鸡为 3 ~ 6 只/个。

四、鸡舍通风的功用形式及设备组成特点

（一）鸡舍通风的功用

通风，即进行舍内空气交换。鸡舍通风有以下的功用：

1. 为鸡群提供氧气

让新鲜的空气能够通过设计好的通风口进入鸡舍。

2. 鸡舍通风换气

让进入到鸡舍的新鲜空气能够和舍内的空气充分混合，进行通风换气。

3. 维持鸡舍温度

保持均衡适宜的鸡群比较喜欢低温环境，缓解鸡舍内的闷热状况。

4. 净化鸡舍空气

见图6－3，新鲜空气进入鸡舍与湿气、有害气体、灰尘、热气、病菌混合成为污浊空气后从鸡舍排出去的过程，从而净化空气、降低鸡舍空气湿度和温度。

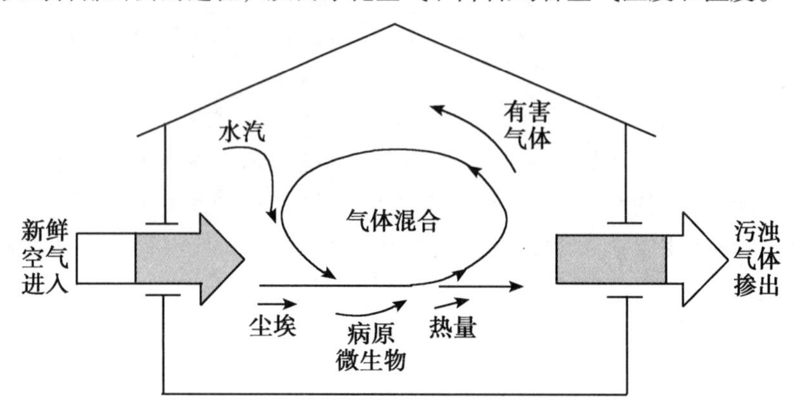

图6－3 基本的通风过程

鸡舍通风系统直接影响舍内温度、湿度、表层湿气浓缩度、恒温系数、气流速度、污浊气体浓度、浮尘浓度和病原微生物的传播水平。

（二）鸡舍通风的形式

鸡舍通风方式有自然通风和机械通风两种形式（图6－4）。

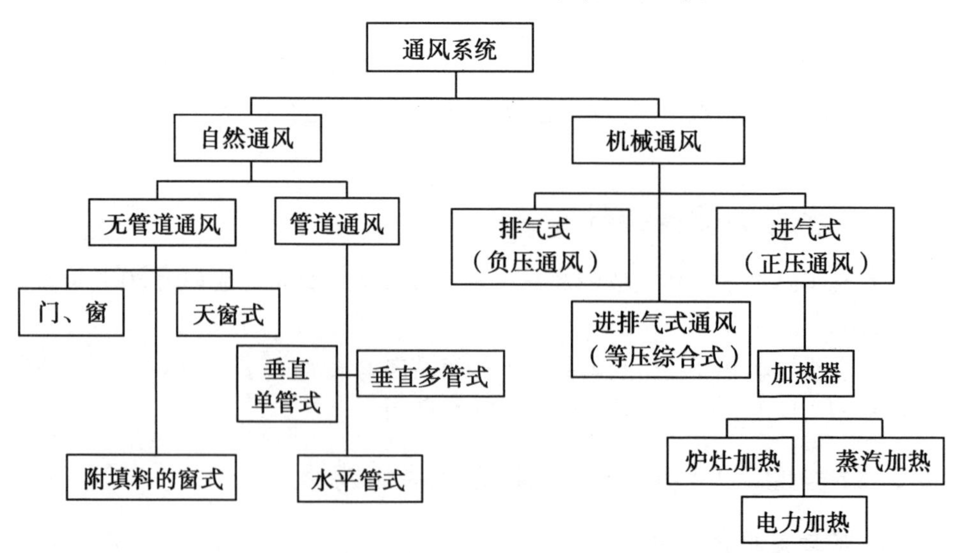

图6－4 鸡舍通风换气形式

1. 自然通风

自然通风又称为重力通风或管道通风。自然通风是借助舍内外的温度差产生的“热压”或者“风压”（自然风力产生），使舍内外的空气通过开启的门、窗和天窗、专门建造的通风管道以及建筑结构的孔隙等进行流动的一种通风方式。

自然通风由通风管道、风帽和空气进口和调节通风量的调节活门等组成。通风管道有正方形或圆形断面两种，正方形的每边宽度应不小于500～600mm。圆形的直径不小于500mm。空气进口有通孔及缝孔两种形式。通孔式空气进口设在窗间的墙上，在外面有挡风护罩，在里面有调节活门，见图6－5。活门的作用：一方面将进来的冷空气引向上方，使之和舍内温热空气混合，并且进行预热，避免鸡只直接接触冷空气而患病；另一方面可以调节进入的空气量。每个通孔式进气口面积不大于400～450cm^2。

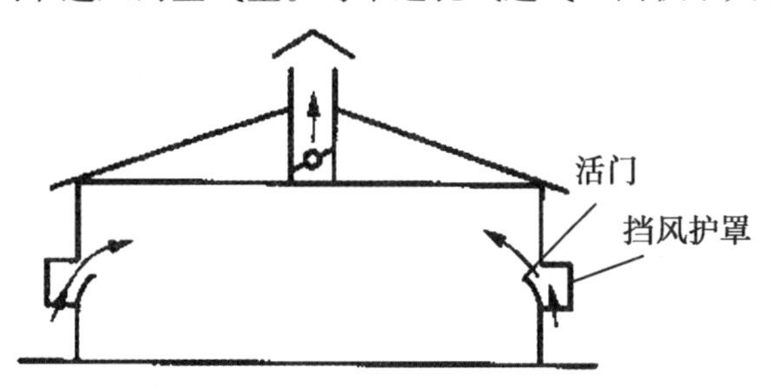

图6－5　通孔式空气进气口形式

缝孔式空气进口由设在天棚和纵墙接合处的开口和天棚上的缝孔空气进口组成，见图6－6。在建造鸡舍时，应预先留出开口，通常开口间距为2～4m，开口尺寸一般为40cm×20cm。新鲜空气由开口或天窗进入天棚上面的空间，稍加预热，再通过缝孔进口进入舍内，在鸡舍四周形成一个比较干燥温暖的空气层。

自然通风有风压通风和热压通风两种方式。风压通风是当舍内迎风面气压大于舍内气压形成正压，气流通过开口流进舍内，而舍背风面气压小于舍内气压形成负压，则舍内气流从背风面流出，周而复始形成风压通风。热压通风是当舍外进入或舍内地面空气被加热，其密度小于舍外空气，因而变轻上升，从畜舍上部的开口流出，新鲜空气经进气口进入舍内以补充废气的排出。大多数情况下，自然通风是在“热压”和“风压”同时作用下进行，见图6－7。其优点是不消耗动力，尤其是对于跨度较小（不超过12m）的养殖舍，很容易满足通风要求，而且比较经济；缺点是除通风能力相对较小，通风效果易受外界自然条件影响，还需设置较大面积的通风窗口，冬季舍内的热量损失较大，夏季无风时流通效果较差。常用于开放式或半封闭式鸡舍。

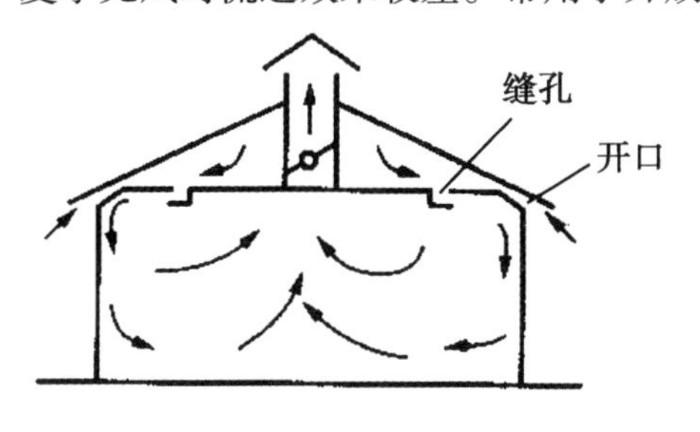

图6－6　缝孔式空气进气口形式

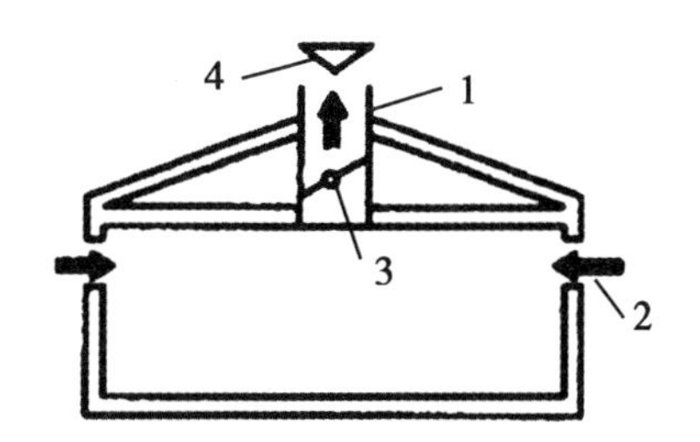

图6－7　自然通风原理

1－排气管道；2－进气口；
3－调节挡板；4－风帽

2. 机械通风

机械通风又称强制通风，是依靠风机产生的风压强制空气流动，使舍内外空气交换的技术措施。特点是通风能力强，通风效果稳定；可以根据需要配用合适的风机型号、数量和通风量，调节控制方便；可对进入舍内空气进行加温、降温、除尘等处理，实现养殖环境智能控制通风。缺点是风机在运行中会产生噪声，对鸡的生长产生影响；需要增加投资。该设备适用于设施农业中密闭式或者较大的有窗式棚舍。机械通风又可分为负压通风、正压通风、联合通风和全气候式通风 4 种方式。

（1）负压通风　是用设置在排气口的排风机抽出畜禽舍内的污浊空气，造成舍内负压，形成舍内外的大气压力差，促使屋檐下长条形缝隙式进气口不断从外界吸入新鲜空气进入舍内。其特点是易于实现大风量的通风，换气效率高。依靠适当布置风机和进风口的位置，容易实现舍内气流的均匀布置。如果有降温要求时，很容易和湿帘组成降温设备。此外，负压通风还具有设备简单、施工维护方便，投资费用较低等优点。因此，负压通风在畜禽舍中的应用最为广泛，当畜禽舍跨度在 12m 以下时，排风机可设在单侧墙上；跨度在 12m 以上时，排风机设在两侧墙上。其缺点是舍内在负压通风时，难以进行卫生隔离；冬季进入的冷风也有害畜禽健康；由于舍内外压差不大，也难于对入舍的空气进行净化、加热或者降温处理。

负压通风根据风机的安装位置与气流方向，分为上部排风、下部排风、横向通风、纵向通风 4 种方式。

（2）正压通风　是通过吸引风机的运动，将畜禽舍外新鲜空气通过舍内上方管道口或孔口强制吸入舍内，使舍内压力增高，舍内污浊空气在此压力下通过出风口或者风管自然排走的换气方式。如有缝隙地板，此排气口一般都在地板以下的侧面。畜禽舍跨度为 9m 以下时只需一根进气管道；当跨度为 9 ~ 18m 时需两根管道。

其优点：可对进入畜禽舍的空气进行加热、冷却或者过滤净化等预处理，从而可有效地保证畜禽舍内的适宜温、湿状态和清洁的空气环境，尤其适合养殖小型畜禽使用，如鸡舍、兔舍等。另外正压通风在寒冷、炎热地区都可以使用。缺点：由于风机出口朝向舍内，不易实现大风量的通风，设备比较复杂，造价高，管理费用也大。同时舍内气流不易均匀分布，容易产生气流死角，降低换气效率。为了使舍内正压通风均匀，往往在风机出风口处设置风管（塑料、铁皮、帆布等），室外的新鲜空气通过风管上分布的小孔直接送到畜禽附近。极大改善了畜禽的空气环境。正压通风分为顶部送风和风管送风两种方式。

（3）联合式通风　同时采用机械送风和机械排气的通风方式。常见的有管道进气式和天花板进气式两种。管道进气式通风设备包括进气百叶窗、进气风机、管道和排气风机等。空气由进气风机通过管道进入室内，由管道上的许多小孔分布于畜禽舍，污浊空气由排风机排出（图 6 – 8a）。冬季空气在进入管道之前可以进行加热。天花板进气式的通风是由山墙上的进气风机将空气压入天棚上方，然后由均布于天花板上的进气孔进入舍内，污浊空气由排气风机抽走（图 6 – 8b）。这种方式进气可以进行预先加热或降温。

（4）全气候式通风　是由联合式通风和负压式通风组合而成，通过有机的结合，能适合不同季节的需要。它由百叶窗式进气口、管道风机、管道、排风机组成（图 6 – 9），并和供热降温设备相配合。整个设备可调节至某一设定温度，进行智能化控制。

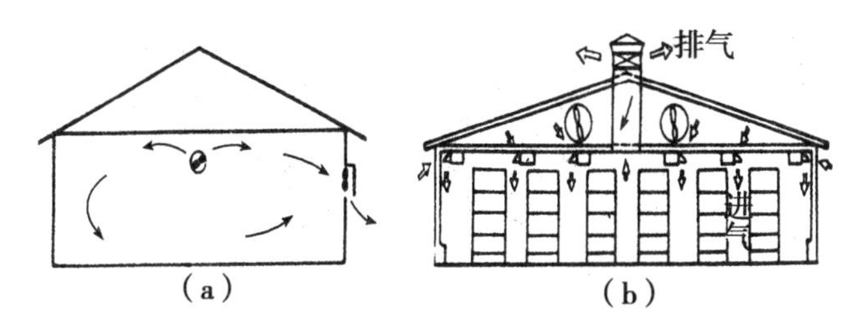

图 6－8　联合式通风示意图

a. 管道进气式示意图；b. 天花板进气式示意图

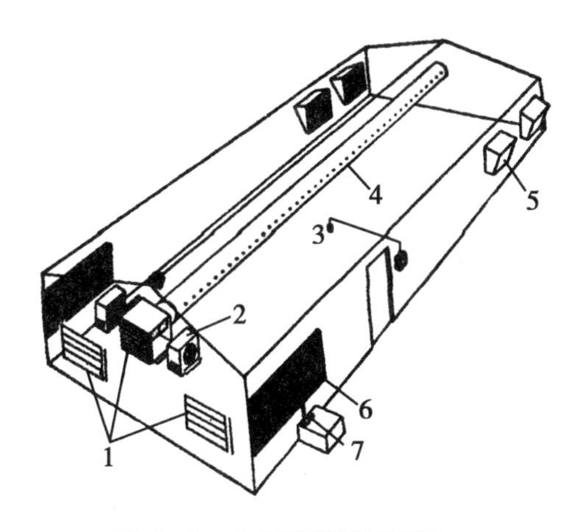

图 6－9　全气候通风示意图

1－百叶窗；2－加热器；3－温度传感器；
4－管道；5－排风机；6－湿帘；7－水泵

（三）鸡舍通风设备的种类和组成

鸡舍通风设备常用的有电风扇、轴流式风机和离心式通风机。

1. 电风扇

电风扇是用电动机的转子带动风叶旋转来推动空气流通，有吊挂式和壁窗式。

2. 轴流式风机

该风机所吸入空气和送出空气的流向和风机叶片轴的方向平行，故称之为轴流式风机。

（1）组成　它由轮毂、叶片、轴、外壳、集风器、流线体、整流器、扩散器、电机及机座等部件组成（图 6－10）所示，叶片直接装在电动机的转动轴上。

（2）特点　轴流风机的特点是风压小风量大（通风阻力小，通常在 50Pa 以下，产生的风压较小，在 500Pa 以下，一般比离心风机低，而输送的风量却比离心式风机大）；工作在低静压下、噪声较低，耗能少、效率较高；易安装和维护；风机叶轮可以逆转，当旋转方向改变时，输送气流的方向也随之改变，但风压、风量的大小不变。风机之间进气气流分布也较均匀，与风机配套的百叶窗，可以进行机械传动开闭，既能送风，也能排气，特别适合设施农业室、舍的通风换气。

轴流风机的流量和静压大小与叶片倾斜角度和叶轮转速有关。在实际应用中，一般

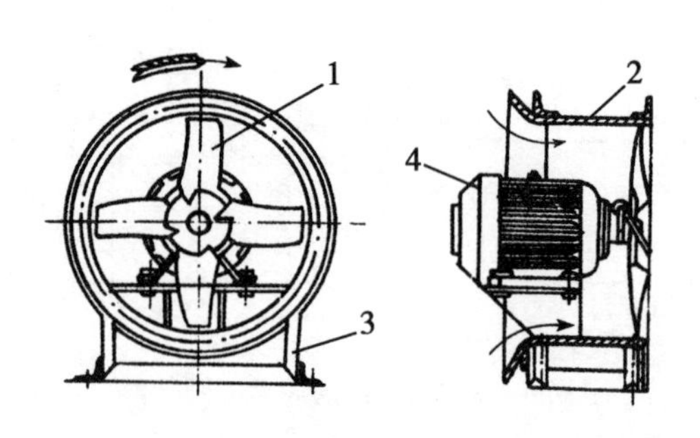

图 6－10　轴流式风机示意图

1－叶片；2－外壳；3－机座；4－电动机

采用改变转速的方法或采用多台风机投入运行来改变畜禽舍的通风量。

（3）安装

①各组风机应单独安装、独立控制。一般一个风机安装一套控制装置和保护装置，这样，便于定期维修保养，清洁除尘，加注润滑油，也便于调节舍内的局部通风量。安装风管时，接头处一定要严密，以防漏气，影响通风效果。

②风机的安装位置。轴流式风机一般直接安装在屋顶上或畜禽舍墙壁上的进、排气口中。负压式通风有屋顶排风式（风机安装在屋顶上的排气口中，两侧纵墙上设进气口）、两侧排风式（风机安装在两侧纵墙上的排气口中，舍外新鲜空气从墙上的进气口经风管均匀地进入舍内）和穿堂风式（风机安装在一侧纵墙上的排气口中，舍外新鲜空气从另一侧纵墙上的进气口进入舍内，形成穿堂风）3 种。若使风机反转，排气口成为进气口，进气口成为排气口，就是正压式通风。

3. 离心式风机

离心式风机由蜗牛形机壳、叶轮、机轴、吸气口、排气口、轴承、底座等部件组成（见图 6－11）。离心式风机的各部件中，叶轮是最关键的部件，特别是叶轮上叶片的形式很多，可分为闪向式、径向式和后向式 3 种。机壳一般呈螺旋形，它的作用是吸进从叶轮中甩出的空气，并通过气流断面的渐扩作用，将空气的动压力转化为静压力。

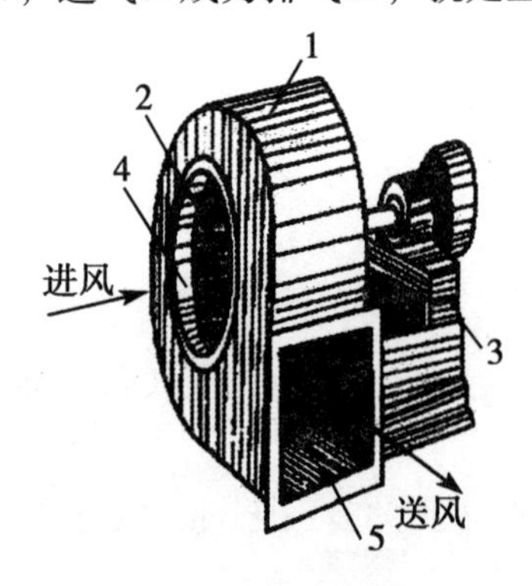

图 6－11　离心式风机结构示意图

1－蜗牛型外壳；2－工作轮；3－机座；
4－进风口；5－出风口

离心式通风机所产生的压力一般小于 15 000Pa。压力小于 1 000Pa 的称为低压风机，一般用于空气调节设备。压力小于 3 000Pa 的称为中压风机，一般用于通风除尘设备。压力大于 3 000Pa 的称为高压风机，一般用于气力输送设备。离心式风机不具有逆转性、压力较强，在畜禽舍通风换气中，主要在集中输送热风和冷风时使用。另外，还用于需要对空气进行处理的正压通风设备和联合式通风设备。

操作技能

一、操作乳头饮水设备（以肉鸡平养为例）进行作业

（一）雏鸡入舍管理程序

1. 雏鸡入舍前的操作程序

（1）将乳头饮水器管道下的垫料铺平，保持水线与垫料距离前后一致。

（2）接通水源，冲刷管道5min左右，关闭调压器球阀。注意：雏鸡入舍前乳头饮水系统必须提前给水，原因是鸡只对饮水器感到新鲜，用喙啄乳头时如果出水，会建立“喙水”的条件反射，容易实现尽快饮水，如果鸡啄不出任何东西就不会再去喙，饮水器有水也不知道去主动饮水。

（3）旋转调压器调节手柄，把水管水位高度调整到一日龄设定值，水位一般设定在2.5～5cm。

（4）以手动方式触动检查每个乳头饮水器，以确保整个系统都有水存在，从而保证所有鸡只能饮到水。方法为用手指轻触乳头顶杆，看是否有水从乳头顶杆处缓缓流出。

（5）检查饮水管道各连接部位是否出现渗漏水，必要时进行维修。

2. 雏鸡入舍操作程序

（1）把雏鸡放置于乳头饮水器管下。

（2）鸡只两周龄之前每两天调节一次水位高度，设定值在5～10cm为宜，见图6－12。

（3）检查所有尾端装置是否有水存在。

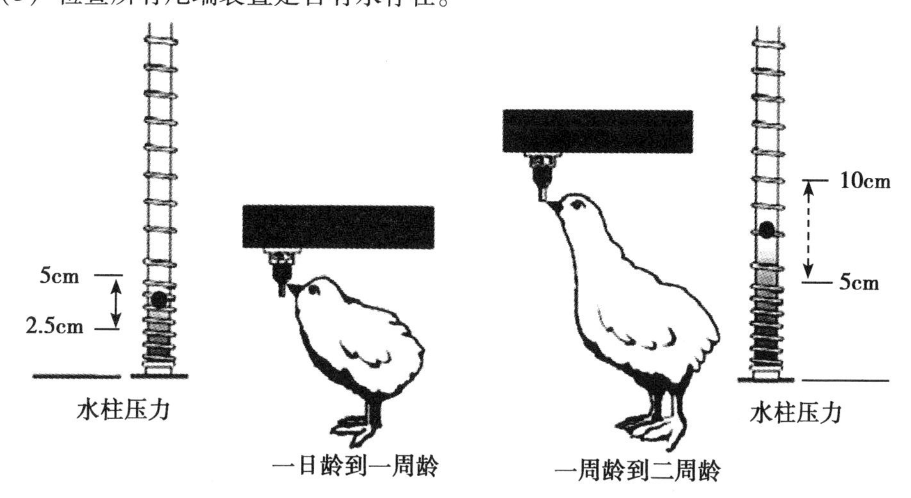

图6－12　二周龄以下乳头饮水器的压力调整示意图

（二）周期管理程序

1. 调节乳头饮水器的高度

按需要调整饮水器管道的高度。从地面到饮水器的正确距离应以鸡只的自然朝上饮水位置为根据，即雏鸡刚开始饮水时，鸡背与地面的角度为40°左右，从5日龄开始鸡

在稍微翘脚的情况下能够到乳头饮水器，鸡背与地面的角度逐渐过渡到70°左右。调整水柱压力值：二周龄到四周龄为5～15cm，四周龄以上为10cm或更高。根据鸡舍内的垫料情况、通风设备工作程序等来调整水柱压力。

2. 按照养殖工艺要求每周调节水压

在鸡日龄较小时保持水压较低，这样可以使水比较容易的流到乳头饮水器，并且鸡在非常轻的触到乳头时就能出水。随着鸡只的生长，应不断增加水压而使出水量不断增加。水线的水压以乳头饮水器上的水滴欲滴落而尚未滴落为宜。

3. 中断正常饮水后的管理程序

（1）每当因加入药物和维生素等中断正常饮水后，应立即除去乳头饮水器及管道中生物膜和残留物，每30m长度管道，至少要冲洗1min。

（2）按整个系统不同阶段和期间的需要，使用双氧水来达到彻底清洁的功效。

（3）每当中断正常饮水时，咨询专业兽医或畜禽服务人员有关适应性和正当使用程序。

（4）有关安全处理及使用所有中断正常饮水的药物，按照生产商的建议执行。

4. 生产周期后的管理程序

（1）使用稀释的双氧水来冲洗管道，让双氧水在管道中停留一段时间，然后用清水冲洗管道。每30m长度管道，至少冲洗1min。

（2）使用软布清洁所有压力显示管。

（3）拆除并清洁所有压力显示管护盖。

（4）把水位压力调整到一日龄设定值。

二、操作链式喂料设备进行作业

1. 保持料箱空态，短时间开关整个设备，进行饲料输送测试，向饲料箱添料1/4容量的饲料，观察食槽中饲料分布均匀度，测试大约需要20～25min，整个料线试运行正常后，装上转角器上盖，运行料线直至饲料均匀分布到整个食槽回路中，检查其平稳性，对不正确的安装部位进行更正。

2. 最初一两天内要反复调整链片松紧，看链片、链轮啮合有无脱松。若链片在食槽中隆起，链片会卡住，应卸去1～2节链片。

3. 操作注意事项：

（1）料线里不能有结块饲料、麻绳、石块等杂物。

（2）料线使用过程中要有人在工作现场，确保整个喂料设备运转正常；料线使用过程中严禁人员将手、脚、工具放入食槽，以确保安全。

（3）驱动器上安全销一旦被切断，首先查明原因，排除故障后，装上与原型号相同的安全销。不得随意使用其他零件（如铁丝、钢丝、螺栓、钢筋等）代替。

（4）随着母鸡的生长，调整料线高度，确保鸡吃料方便。正确高度为食槽底部高度等于鸡背高度。

（5）对于公母分饲系统，应经常检查确保种公鸡和种母鸡无法相互偷吃饲料。食槽上的格栅是为了防止公鸡偷吃母鸡饲料。

（6）确保每只种母鸡应有12～15cm的采食位置。随时观察鸡群的采食情况，每天应认真统计每只鸡耗料量，发现采食量下降，应及时查找原因，及时解决。检查食槽的进食情况，剩料较多的应及时判断是否有以下情况：①供水系统是否缺水；②鸡只是否较少，应及时补员；③是否有病号出现，应及时挑出淘汰或个别治疗；④是否采光不足，要及时调整。

（7）升降料线时，确认料线旁没有障碍物，确保料线保持水平。

（8）每天都要检查食槽上隔栅是否有损坏、移位或间距是否符合要求。

（9）突然断电时应关闭鸡舍总电源，以防来电后设备自行启动。

三、操作螺旋弹簧喂料设备进行作业

1. 螺旋弹簧喂料设备的初次启用的操作

（1）在家禽入舍之前，对整个设备进行一次短时间运行，便于对整个设备可能发生的安装缺陷进行检查，并检验一下料盘的功能是否完好。

（2）去除绞龙毛刺：在无饲料的情况下让料线运行 10min 左右，绞龙上可能带有的毛刺就会被磨掉。

（3）去除设备油膜：新购置的绞龙式喂料设备绞龙表面和输料管内部有一层油膜，当饲料第一次通过料线进行送料时，会与油膜产生摩擦，影响饲料品质，需要去除油膜。

先向料箱内加入少量的饲料，直到第一个料盘加满饲料，然后再向料箱内加入一些饲料，直到第二个料盘加满饲料，依此办法直到饲料填满整个输料管，最后将第一批饲料用于它用。用这个方法不仅可以去掉油膜，而且可以抛光绞龙和输料管内壁，还可以使设备运行平稳。

2. 使用注意事项

（1）第一次开机时须有人在工作现场，如果绞龙发生干涉或阻塞时，立即用电控柜上的主开关切断设备电源。

（2）料线正常使用过程中也要有人在工作现场，确保整个喂料设备运转正常。

（3）螺旋弹簧喂料设备运转时应经常检查，确保所有的料盘都能接收饲料，并确保供料设备中随时都有料。

（4）根据鸡不断增长的高度，需要用手动或电动绞盘机构随时调节料线的高度，正确高度为料盘底部高度等于鸡背高度。当肉鸡出栏和种鸡供完料时可以把送料线升到空中。

（5）突然断电时应关闭鸡舍总电源，以防来电后设备自行启动。

（6）升降料线时，确保料线旁没有障碍物，确保料线保持水平。

（7）长时间不使用螺旋弹簧喂料设备时，打开插板，进行空转把螺旋弹簧绞龙喂料管中的饲料清空，将给料线升上去后断掉电源。重新启动时，先空转后没有问题时再送料。

四、操作行车喂料设备进行作业

在多层层叠式蛋鸡饲养成套自动化设备中，输料和喂料过程是不需要任何人操作的，整个过程完全自动进行。操作注意事项如下：

1. 料线使用过程中要有人在工作现场，确保整个喂料设备运转正常。突然断电时应关闭鸡舍总电源，以防来电后设备自行启动。

2. 行车喂料通常采用自动喂料，以时间的设定来完成自动喂料，每 1 小格代表 15min，根据喂料量进行设置。尾轮有一个钢丝绳保护装置，根据钢丝绳走多少转（圈）来起保护作用。

3. 需要检查鸡群或进行其他操作时，可以站在踏脚轨道上，严禁踩踏鸡笼、以防网片开焊，笼体变形损坏，如果站在踏脚轨道上不够高，偶尔可以借用食槽的支撑，但是要注意正确的踩踏方法。两脚要分立在有挂钩支撑的食槽连接处两边，否则有可能出现踏坏食槽及挂钩等现象。

4. 随时检查并调整行车的跑偏问题。

5. 行车喂料车运行时严禁走道有人或障碍物。

五、操作鸡舍通风设备进行作业

1. 检查通风设备技术状态在符合要求后开启电动机。

2. 启动前先关闭风机风门，以减少启动时间，避免启动电流过大。

3. 待风机转速达到额定值时，将风门逐步开启，投入正常运行；在使用过程中经常观察风机的电压和电流是否与额定值相符。

4. 带有调速旋钮的风机在启动时，应缓慢顺序旋转，不应旋停在挡间位置。

5. 作业中观察电机升温是否过高、线路是否出现烫手和异常焦味以及设备转速变慢或震动剧烈等故障，如有应立即停机，切断电源检修。

6. 达到通风时间后关闭通风设备控制开关。

7. 作业中，观察家禽表现是否正常。如平养鸡舍中，当鸡舍内风速太大时，鸡只表现为贴伏地面。当鸡舍内一端的鸡只表现与另一端的鸡只表现明显不同时，可能是通风量不足，需要开启更多的风机。

8. 作业注意事项：

（1）鸡舍通风一般要求风机有较大的通风量和较小的压力，宜采用轴流风机。

（2）多台风机同时使用时，应逐台单独启动，待运转正常后再启动另一台，严禁几台风机同时启动，因为风机启动电流为正常运转电流的 3 ~6 倍。

（3）开启通风设备控制开关、操作各项功能开关、按键、旋钮时，动作不能过猛、过快，也不能同时按两个按键。操作电控装置时应小心谨慎，避免电击伤害人身安全。

（4）鸡舍夏季机械通风的风速不应超过 2m/s，否则风速过高，会因气流与鸡体表间的摩擦而使鸡感到不舒服。

（5）冬季通风需在维持适中的舍内温度下进行，且要求气流稳定、均匀，不形成“贼风”。

（6）采取吸出式通风作业时，其风机出口要避免直接朝向易损建筑物和人行通道。

（7）设备自动停机时，先查清原因，待故障排除后再重新启动。

（8）不允许在运转中对风机及配电设备进行检修，以防发生人身事故。

（9）风管一般要高出舍脊 0.5m 以上或设置在离进气口最远的地方，也可考虑设置在粪便通道附近，以便排出污浊空气。做好冬季防冻措施。

第七章　设施养鸡装备常见故障诊断与排除

相关知识

一、设施养鸡装备故障诊断与排除基本知识

故障是指机器的技术性能指标（如发动机的功率、燃油消耗率，漏油等）恶化并偏离允许范围的事件。

1. 故障的表现形态

发生故障时，都有一定的规律性，常出现以下 8 种现象：

（1）声音异常　声音异常是机械故障的主要表现形态。其表现为在正常工作过程中发出超过规定的响声，如敲缸、超速运转的呼啸声、零件碰击声、换挡打齿声、排气管放炮等。

（2）性能异常　性能异常是较常见的故障现象。表现为不能完成正常作业或作业质量不符合要求。如启动困难、动力不足、行走慢等。

（3）温度异常　过热通常表现在发动机、变速箱、轴承等运转机件上，严重时会造成恶性事故。

（4）消耗异常　主要表现为燃油、机油、冷却水的异常消耗、油底壳油面反常升高等。

（5）排烟异常　如发动机燃烧不正常，就会出现排气冒白烟、黑烟、蓝烟现象。排气烟色不正常是诊断发动机故障的重要依据。

（6）渗漏　机器的燃油、机油、冷却水等的泄漏，易导致过热、烧损、转向或制动失灵等。

（7）异味　机器使用过程中，出现异常气味，如橡胶或绝缘材料的烧焦味、油气味等。

（8）外观异常　机器停放在平坦场地上时表现出横向的歪斜，称之为外观异常，易导致方向不稳、行驶跑偏、重心偏移等。

2. 故障形成的原因

产生故障的原因多种多样，主要有以下 4 种：

（1）设计、制造缺陷　由于机器结构复杂，使用条件恶劣，各总成、组合件、零部件的工作情况差异很大，部分生产厂家的产品设计和制造工艺存在薄弱环节，在使用中容易出现故障。

（2）配件质量问题　随着农业机械化事业的不断发展，机器配件生产厂家也越来越多。由于各个生产厂家的设备条件、技术水平、经营管理各不相同，配件质量也就参差不齐。在分析、检查故障原因时应考虑这方面的因素。

（3）使用不当　使用不当所导致的故障占有相当的比重。如未按规定使用清洁燃油、使用中不注意保持正常温度等，均能导致机器的早期损坏和故障。

（4）维护保养不当　机器经过一段时间的使用，各零部件都会出现一定程度的磨损、变形和松动。如果我们能按照机器使用说明书的要求，及时对机器进行维护保养，就能最大限度地减少故障，延长机器使用寿命。

3. 分析故障的原则

故障分析的原则是：搞清现象，掌握症状；结合构造，联系原理；由表及里，由简到繁；按系分段，检查分析。

故障的征象是故障分析的依据。一种故障可能表现出多种征象，而一种征象有可能是几种故障的反映。同一种故障由于其恶化程度不同，其征象表现也不尽相同。因此，在分析故障时，必须准确掌握故障征象。全面了解故障发生前的使用、修理、技术维护情况和发生故障全过程的表现，再结合构造、工作原理，分析故障产生的原因。然后按照先易后难、先简后繁、由表及里、按系分段的方法依次排查，逐渐缩小范围，找出故障部位。在分析排查故障的过程中，要避免盲目拆卸，否则不仅不利于故障的排除，反而会破坏不应拆卸部位的原有配合关系，加速磨损，产生新的故障。

同时注意以下几点：①检诊故障要勤于思考，采取扩散思维和集中思维的方法，注意一种倾向掩盖另一种倾向，经过周密分析后再动手拆卸。②应根据各机件的作用、原理、构造、特点以及它们之间相互关系按系分段，循序渐进的进行。③积累经验要靠生产实践，只有在长期的生产中反复实践，逐渐体会，不断总结，掌握规律，才能在分析故障时做到心中有数，准确果断。

4. 分析故障的方法

在未确定故障发生部位之前，切勿盲目拆卸。应采取以下方法进行故障检查分析。

（1）听诊法　就是通过听取机器异响的部位与正常声音的不同，迅速判定故障部位。

（2）观察法　就是通过观察排气烟色、机油油面高度、机油压力、冷却水温等方面的异常状况，分析故障原因。

（3）对比法　就是通过互换两个相同部件的位置或工作条件来判明故障部位。

（4）隔离法　就是暂时隔离或停止某零部件的作用，然后观察故障现象有无变化，以判断故障原因。

（5）换件法　就是用完好的零部件换下疑似故障零部件，然后观察故障现象是否消除，以确定故障的真实原因。

（6）仪器检测法　就是用各种诊断仪器设备测定有关技术参数，根据检测得到的技术数据诊断故障原因。

二、乳头饮水设备构成

乳头饮水设备有平养型和笼养型两种，供水原理相同，具有过滤、调压、加药、流量计量等功能。乳头饮水设备由供水首部（前部组件）、调压器、饮水线、升降系统、防栖系统等几部分构成。乳头饮水设备总体示意图见图 7－1。

1. 供水首部

供水首部由前部组件、水表、过滤器、加药器等组成。自来水引入鸡舍前先经过滤器，去除水中杂质，通过水表可读出进入鸡舍的水量，从而测算鸡群的饮水量，加药泵

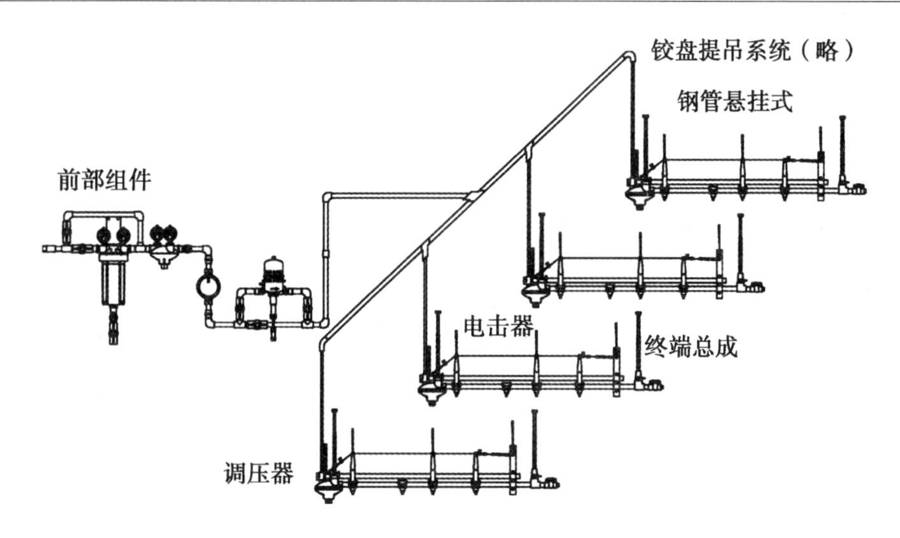

图7－1　乳头饮水设备总体示意图

将溶于水中的药物通过泵体吸入饮水线，见图7－2。

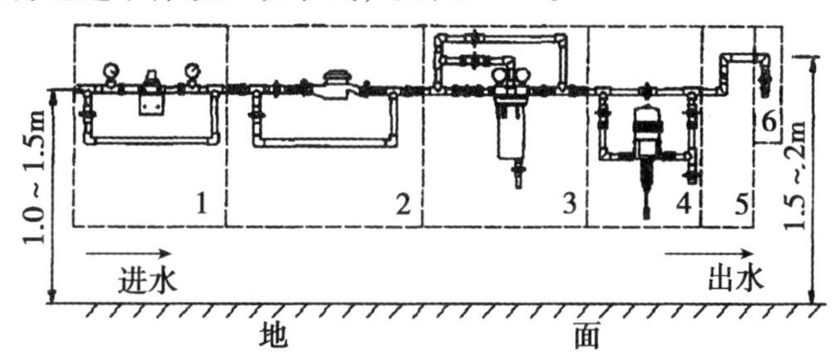

图7－2　供水首部示意图

1－减压阀组件；2－水表组件；3－ 过滤器组件；
4－加药器组件；5－主水管路；6－分流器组件

2. 调压器

每条饮水线两端设有调压器，根据不同季节、鸡只的日龄、饮水量控制水管内的水压；调压器有一出口接透明管，管内有一轻质深色水球，通过水球浮起高度可判断水压大小，再调节调压器上的阀门，达到所需水压。

3. 饮水线

饮水线是指鸡只饮水的高度线，鸡只大小不同，其饮水线的高度不同。鸡只高，饮水线就高，反之就小。它由饮水管、管接头、乳头饮水器等组成。

乳头饮水器采用优质不锈钢制作，采用三层密封的设计结构，360°的触头保证家禽从多角度啄击均能有水溢出，控水灵敏度高，不易漏水，有的乳头饮水器下面配备接水盘，将家禽浪费的水滴收集起来供其饮用，避免鸡舍地面过于潮湿。图7－3为乳头饮水器结构示意图。

4. 升降系统

升降系统悬挂于鸡舍天花板上，借助手摇或电动绞盘提升。主要作用是调节饮水线高度，为不同日龄的鸡只提供合理的饮水高度。鸡群出栏后，将饮水线升起，便于清理鸡舍。见图7－4。

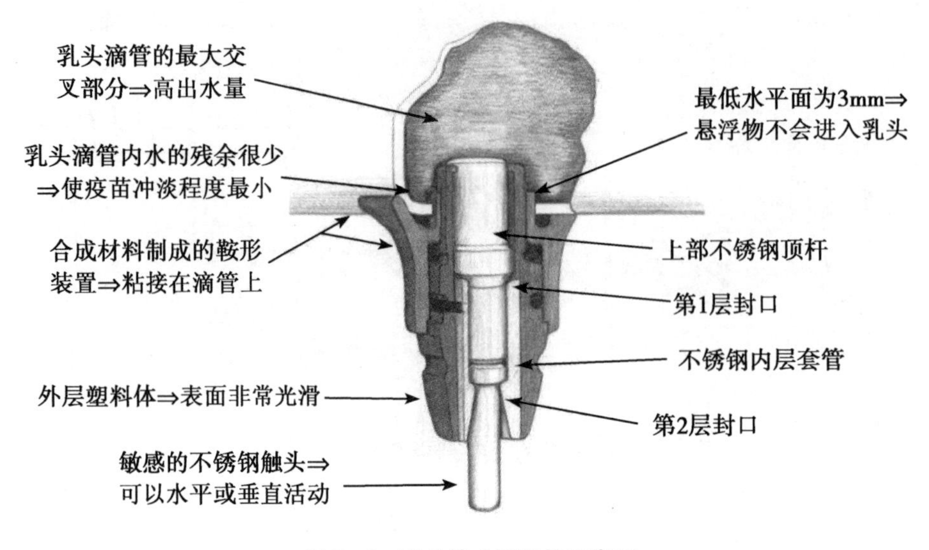

图7－3　乳头饮水器结构示意图

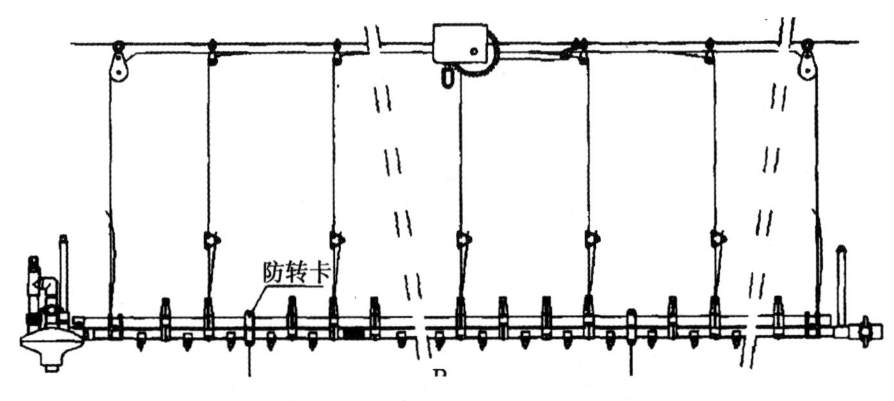

图7－4　升降系统示意图

5. 防栖系统

防栖系统由电击器、钢丝绳、弹簧组成，用于防止鸡只在饮水线上栖息。

三、喂料设备种类及组成

养鸡场常用的喂料设备有链式喂料设备、螺旋弹簧喂料设备、行车喂料设备和饲料塔4类。

（一）链式喂料设备

1. 组成

链式喂料设备主要由驱动器、饲料箱、食槽、格栅、链片、转角器、升降支架与食槽接头、清洁器等组成。主要用于现代化养鸡场种鸡喂养，根据鸡舍的形状及大小有多种布局，主要有单回路和双回路两种。链式喂料系统由鸡舍外饲料塔供应饲料。见图7－5。

（1）驱动器　是喂料机的动力来源，由电机、减速器和驱动链轮组成。为防止意外事故发生，驱动器链轮上装有安全销，过载保护功能，一旦链片发生故障卡死，即切

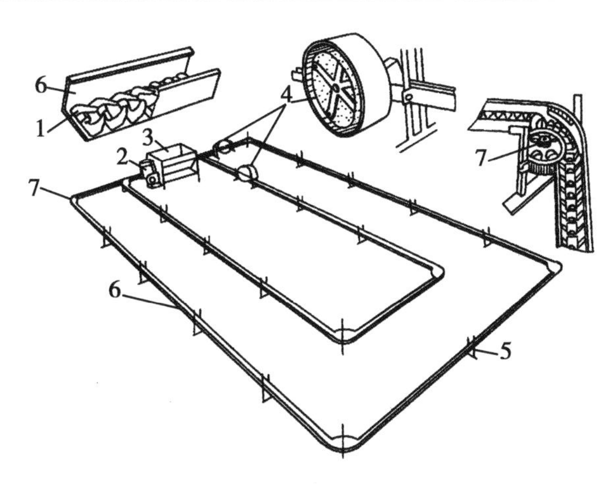

图 7－5　链式喂料设备示意图

1－链片；2－驱动器；3－饲料箱；4－清洁器；5－升降支架；6－食槽；7－转角器

断安全销以保护驱动器。见图 7－6。

（2）饲料箱　一般主料箱和辅料箱各一个，料箱由四个支腿支撑，利用调节手柄旋转调节螺杆，使支腿升高或降低。饲料箱出料口调料板根据鸡只数量和采食量大小调整供料量，调料板底缘距食槽底部最少为 17mm。见图 7－6。

图 7－6　饲料箱和驱动器

图 7－7　食槽和链片

（3）食槽　食槽是链式喂料设备的主要部件，与饲料箱、食槽接头、转角器相连，构成送料循环系统，它由镀锌钢板冲压而成，厚度为 1～1.2mm，长度为 2m，采用插接式接头连接。见图 7－7。

（4）链片　链片是喂料机的关键零部件，喂料机的工作性能和可靠性很大程度上取决于链片质量的好坏。该种链片采用厚 2.5mm 的 20 号或 30 号钢板冲压成型后再进行热处理，拉断力达 1 000kg 以上。链片节距有 42mm 和 50mm 两种，宽度为 70mm。见图 7－8。

（5）格栅　一般每根长 1.5m，卡在食槽上，作用是通过精确的钢丝间距，头稍小的种母鸡可自由进食，头稍大的种公鸡无法吃到饲料，有效地控制种公鸡和种母鸡的体重和均匀度。水平杆增加格栅强度，有利于防止公鸡偷吃母鸡饲料，见图 7－8。

（6）转角器　由壳体、转角轮、压条等组成，作用是支撑链片在水平面内改变链片的运行方向，实现循环送料、收料。

（7）升降支架　在食槽接头用于食槽之间，起连接和支撑作用。见图 7－9。

（8）清洁器　用来清除混于饲料中的鸡毛、麻绳、鸡粪等杂物。

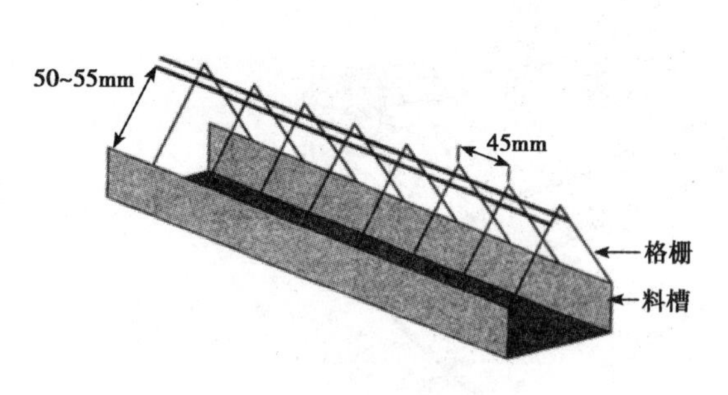

图7-8　格栅功能示意图

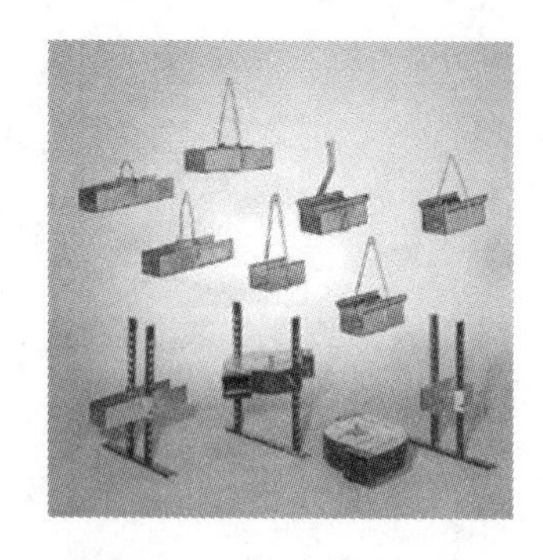

图7-9　不同类型升降支架

2. 参数

（1）电机功率2.2kW，适应料线长度为180~300m；电机功率1.5kW，适应料线长度小于180m。

（2）链片运行速度为36m/min。

（二）螺旋弹簧喂料设备

1. 组成

主要包括：料箱、输料管道、喂料盘、螺旋弹簧、驱动电机、电控系统、绞盘、防栖系统等部分组成，鸡舍外由饲料塔供应饲料，见图7-10、图7-11和图7-12。

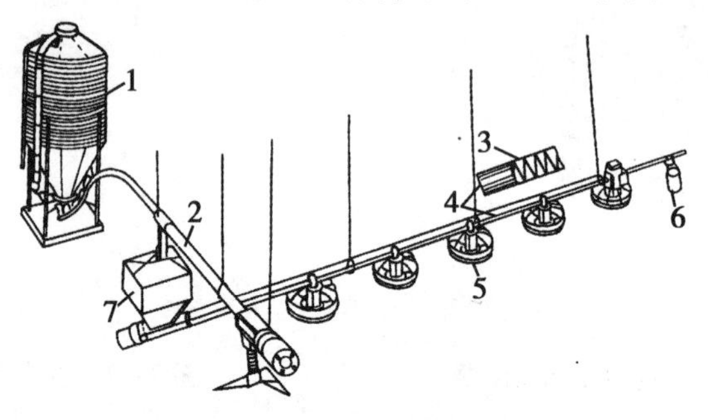

图7-10　螺旋弹簧喂料设备

1-饲料塔；2-输料主管道；3-螺旋弹簧；
4-输料分管道；5-料盘；6-控制开关；7-料箱

整条料线为弹簧螺旋推进式，饲料由设置在靠近工作室一边的料箱通过电机带动螺旋弹簧转动输送到各料盘供鸡只采食，当最后一个料盘盛满相应深度的饲料后，可自动关闭电机完成喂料。整条料线用钢缆悬挂，通过手动或电动绞盘机构可根据鸡只体格大小调节料线高度，适合从雏鸡到大鸡采食，提高料线的使用效率。

2. 主要特点

（1）适合一日龄小鸡至商品鸡的饲养，无需开食盘。

（2）从小鸡的饲养到大鸡的饲养，仅需提升一下料线，料盘即可实现自动转换。

（3）减少饲料的浪费。

（4）节省劳力，旋转驱动绞盘，即可将整条料线上的料盘调整至鸡合适的采食高度。

（5）方便清洗。

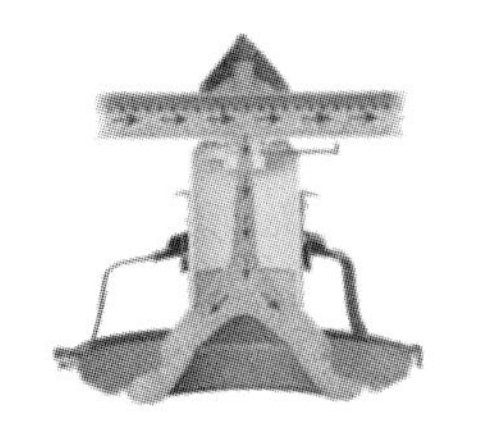

图7－11　料箱（左）、输料管道（中）和绞盘（右）

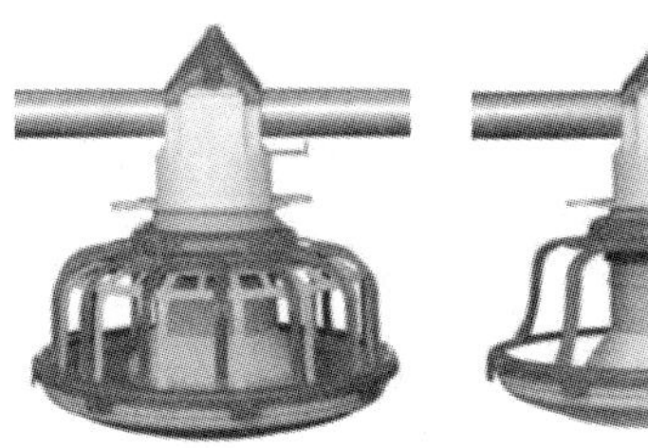
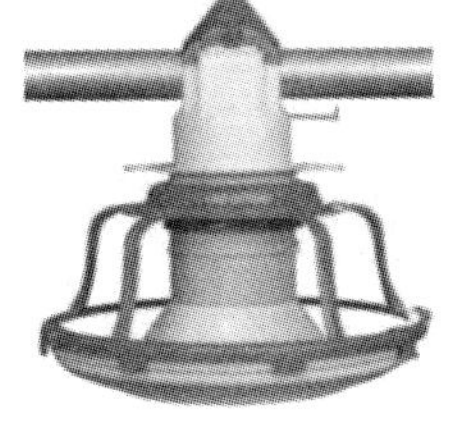

图7－12　母鸡喂料盘（左）和公鸡喂料盘（右）

（6）安全可靠，系统设置多重保护，确保系统的安全正常运行。

3. 参数

（1）肉鸡盘式喂料设备　供应鸡只数50～80只/盘，上市平均体重为2.2kg，每栋舍正常配置3条（舍宽12～15m）。

（2）种鸡—公鸡盘式喂料设备　供应鸡只数8～10只/盘，料线最大长度为150m，公鸡料盘间隔1.0～1.2m。

（3）种鸡—母鸡盘式喂料设备　供应鸡只数14～16只/盘，料线最大长度为150m，母鸡料盘间隔为0.75m。

（4）料盘格子的间距　种母鸡为42mm，肉鸡和种公鸡为48mm。

（三）行车喂料设备

行车喂料设备主要应用于笼养鸡舍，由横向输料装置和行车喂料机组成，由鸡舍外饲料塔供应饲料。见图7－13。

横向输料装置基本组成：驱动装置、绞龙、输送管道、下料口、料满开关。

行车喂料机主要由行车，由电机、料斗、料斗支承数量、钢丝绳、钢丝绳轮、尾轮等组成。

图7－13　行车喂料设备

图7－14　饲料塔

（四）饲料塔

一般建在鸡舍的一端或一侧，主要用来储存干燥的粉状或颗粒状配合饲料，以供舍内喂饲用。为防止供料中断，保证均衡供料，一般饲料塔贮料量按每栋鸡舍3～4天的饲料消耗量设置。饲料塔要求具有防雨雪、防晒、防霉变的功能，一般用镀锌板和玻璃钢制成，上部为圆柱形，下部呈圆锥形。为防止饲料在塔内结拱，在塔底装有振动器或在锥体部装有破拱装置，见图7－14。饲料塔顶盖必须保持完好，以防雨水及野鸟进入。

四、轴流式风机的工作原理

工作时，当风机叶轮被电动机带动旋转时，机翼型叶片在空气中快速扫过。其翼面冲击叶片间的气体质点，使之获得能量并以一定的速度从叶道沿轴向流出。与此同时，翼背牵动背面的空气，从而使叶轮入口处形成负压并将外界气体吸入叶轮。这样，当叶轮不断旋转时就形成了平行于电机转轴的输送气流。

五、离心式风机的工作原理

工作时，空气从进气口进入风机，当电动机带动风机的叶轮转动时，叶轮在旋转时产生离心力将空气从叶轮中甩出，从叶轮中甩出后的空气汇集在机壳中，由于速度慢，压力高，空气便从通风机出口排出流入管道。当叶轮中的空气被排出后，就形成了负压，吸气口外面的空气在大气压作用下又被压入叶轮中。因此，叶轮不断旋转，空气也就在通风机的作用下，在管道中不断流动。这种风机运转时，空气流靠叶轮转动所形成的离心力驱动，故空气进入风机时和叶片轴平行，离开风机时变成垂直方向。这个特点使其自然地可适应管道90°的转弯（图6－11）。

操作技能

一、乳头饮水设备常见故障诊断与排除（表7－1）

表7－1　乳头饮水设备故障诊断与排除

故障名称	故障现象	故障原因	排除方法
乳头饮水器故障	乳头饮水器饮水器顶杆处渗漏	1. 钢球、顶杆与阀体间存有杂物 2. 钢球与阀体间的密封线磨损 3. 乳头饮水器倾斜	1. 用手指顶起顶杆，冲走杂物或卸下乳头饮水器打开冲洗 2. 更换乳头饮水器密封件 3. 调整饮水管，使饮水器竖直
	乳头饮水器外壳处渗漏	1. 外壳有裂纹 2. 后盖胶圈不起作用	1. 更换 2. 压紧后盖后安装或更换胶圈
	乳头饮水器不出水	1. 杂物堵塞乳头座出水口 2. 水线不水平 3. 水线有气堵	1. 冲洗饮水管或更换此乳头座 2. 将水线调水平 3. 顶起顶杆或卸下乳头排出空气

续表

故障名称	故障现象	故障原因	排除方法
管路故障	饮水管渗漏	饮水管出现裂纹或砂眼	更换此段饮水管
	管接头渗漏	1. 管接头胶圈老化或损伤 2. 插接不到位 3. 粘接处有缝隙	1. 更换管接头胶圈 2. 重新插接 3. 擦干渗漏处，涂胶补漏
调压器故障	调压器工作失效	1. 调压垫失效 2. 调压薄膜失效 3. 调压弹簧失效 4. 压块螺钉松动	1. 更换 2. 更换 3. 更换 4. 打开调压器，拧紧螺钉
	调压器水位正常，终端水位无显示或偏低	1. 饮水线不平直，鸡舍有地平差，末端逐渐升高 2. 饮水管线有气堵，供水不畅 3. 终端出现渗漏	1. 调整饮水线至平直，使两端水位显示管水位一致 2. 打开终端球阀排气 3. 检查终端，球阀处是否有渗漏或粘结不牢靠
	调压器正常但水位无法调高	调压器水位管有气堵	拍打水位管或打开管盖使气排出
	调压器水位无法降低	饮水管线水压太高	拆掉一个乳头总成或打开终端总成球阀，调节调压器，将水压调低后，再装上乳头总成或关闭终端总成球阀
加药器故障	加药器不能加药	1. 加药器滤网堵塞 2. 加药器旁路开关未关上	1. 清洗加药器滤网 2. 关上加药器旁路开关
水压不足	供水压力不足	1. 过滤器堵塞 2. 压力调整过小	1. 反冲洗过滤器 2. 重调减压阀
悬吊部件故障	双向绞轮搅动吃力	蜗杆与蜗轮间的位置不正确	调整蜗杆与蜗轮间的位置距离
	饮水线不平，呈现波浪形	1. 尼龙绳松弛 2. 尼龙绳与粗钢丝绳未夹紧	1. 调节调节板和尼龙绳 2. 重新拧紧夹持尼龙绳与粗钢丝绳的小钢卡
电击器故障	电击器不工作原因	1. 电击器线圈烧坏 2. 电击器保险管熔断	1. 更换线圈或维修 2. 用同型号保险管更换
	电击器工作正常，但电击效果差	1. 电击电压选择过小 2. 电击连接线断开 3. 连接处接触不良	1. 选择合适电压 2. 更换电击连接线 3. 检查连接处，排除故障
	电源指示灯不亮	指示灯坏	更换同类型指示灯

二、链式喂料设备常见故障诊断与排除（表7－2）

表7－2　链式喂料设备常见故障诊断与排除

故障名称	故障现象	故障原因	排除方法
链条不转动	转角轮不转	1. 链片太松，无法正常使链轮啮合 2. 转角轮内杂物太多 3. 转角轮内轴承损坏	1. 卸去多余的链片 2. 关掉电机，用手反转卸去张紧力，取出杂物 3. 更换轴承
	安全销被切断	1. 链片卡住，由于过松而隆起产生堵塞 2. 杂物塞入料线 3. 链片卡在食槽边缘上 4. 链片导轨磨损与链轮位置不正确 5. 饲料或杂物阻塞清料链轮 6. 链片卡在拐角轮下面	1. 卸去多余链片 2 关掉电源，卸去张紧力，取出杂物 3. 压直槽边或更换食槽，确保各连接水平，安装正确 4. 调整位置，更换磨损的导轨 5. 关掉电源，移去箱中的饲料，取出阻塞物 6. 检查拐角轮是否在所要求的位置。（距地板1±0.3mm）用垫片调整其高度，检查拐角轮下面是否损坏，若损坏应更换
	电机运转不正常	1. 电机出现故障 2. 电机无法带动整个系统 3. 电压太低，电机无法达到工作功率	1. 找电工修理 2. 检查电机型号参数，更换成正确的电机 3. 找电工解决
饲料下料过多或堆积	食槽中饲料过多	1. 料箱出料量过大 2. 清料轮阻塞或安装不对中	1. 将料箱调节板调低 2. 关掉电源取出清料轮处饲料及杂物，检查安装是否对中，修理或更换
	饲料堆积在拐角处	1. 食槽中饲料过多 2. 垃圾及杂物阻塞拐角 3. 拐角运转不畅	1. 调小输料量 2. 清除阻塞物，调节料线水平高度，等于或高于鸡背高度 3. 调整检查更换拐角
减速机故障	减速机轴承发热	1. 缺少润滑油脂 2. 润滑油脂变质 3. 轴承安装不良	1. 加足润滑油脂 2. 更换新润滑油脂 3. 安装调整
	减速机发出异声振动	1. 传递轴两端轴承损坏或轴间隙偏大串动 2. 减速机固定螺栓松动 3. 润滑不良	1. 调整更新 2. 紧固螺栓 3. 增加润滑油

三、螺旋弹簧喂料设备常见故障诊断与排除（表7－3）

表7－3　螺旋弹簧喂料设备常见故障诊断与排除

故障名称	故障现象	故障原因	排除方法
启动失灵	电控柜电源指示灯不亮	1. 无电源 2. 电控柜内部连线不正确 3. 电源开关未合上 4. 电源开关损坏 5. 电控柜连线部位松动 6. 电源指示灯损坏	1. 检查接通电源 2. 检查重新正确连接 3. 合上电源开关 4. 更换电源开关 5. 紧固连线接头 6. 更换电源指示灯
	不能手动启动	1. 感应器启动指示灯不亮 2. 功能转换开关的连线部位连接不正确 3. 功能转换开关的功能异常 4. 启动按纽连线部位连接不正确 5. 启动按纽的功能失灵	1. 清除感应器上的饲料 2. 检查接线，重新正确连接 3. 检修或更换 4. 检查启动按纽连线，重新连接 5. 检修或更换
	手动启动正常但不能自动启动	1. 功能转换开关的连线部位连接不正确 2. 功能转换开关的功能异常	1. 重新连接功能转换开关的连线 2. 检修或更换开关
	料盘内没有饲料但机器不启动	1. 电控柜连线部位没有连上 2. 感应器线断开 3. 感应器的功能异常	1. 重新连接电控柜连线 2. 重新连接感应器线 3. 检修或更换
驱动装置失灵	交流接触器连上了但驱动部不运转	1. 交流接触器的连接不良 2. 功能转换开关的连接部位异常 3. 电线断开 4. 电机功能异常	1. 检修或更换交流接触器 2. 重新连接功能转换开关的连线 3. 更换电线或重新接线 4. 更换电机
	空气开关损坏	1. 功能转换开关烧化 2. 空气开关的功能异常 3. 交流接触器的接点老化	1. 检修或更换 2. 检修或更换 3. 更换
	电机正常工作但料线停止转动	1. 螺旋是否从驱动部料斗轴脱落 2. 减速机齿轮破损	1. 重新安装 2. 更换

续表

故障名称	故障现象	故障原因	排除方法
螺旋输料装置异常	电机检查指示灯放亮	1. 热继电器的数字不恰当 2. 螺旋有折的地方 3. 螺旋上有异物	1. 修改 2. 检修或更换 3. 清除异物
	螺旋弹簧在运转但输料管不出饲料	1. 料盘里是否有饲料 2. 料盘的插板未打开	1. 有则正常，没有则准备饲料 2. 打开料盘的插板
	料线电机频繁超载	1. 输料管中有异物 2. 电机供电不足	1. 检查小料斗、驱动组件和料盘输出孔，是否有异物。清除所有异物 2. 检查电机处的线电压，检查电机处的接线；电源线粗细是否合适
	螺旋弹簧易断	1. 输料管堵塞 2. 螺旋弯曲变形 3. 螺旋弹簧焊接不牢固	1. 清除输料管堵塞 2. 检修或更换 3. 重新打磨、调直后再焊接
	机器运转时停止	1. 饲料输送是否完成 2. 感应器接线是否断了 3. 热继电器是否启动 4. 感应器是否坏了	1. 检查进行正常饲料输送 2. 重新连接感应器线 3. 检修或更换热继电器 4. 检修或更换感应器
	螺旋噪声过大	1. 料箱内无饲料 2. 螺旋断裂	1. 添加饲料 2. 拆卸并修理螺旋
	螺旋喂料系统不自动关闭	1. 料箱内无饲料 2. 搅龙断裂 3. 控制盘内的传感器灵敏度不够	1. 添加饲料 2. 拆卸并修理螺旋搅龙 3. 把小调节螺丝向右旋转，增加灵敏度

四、行车喂料设备常见故障诊断与排除（表 7－4）

表 7－4　行车喂料设备常见故障诊断及排除

故障名称	故障现象	故障原因	排除方法
电器失灵	所有电器都不启动	1. 相序不正确 2. 电源电压过低 3. 零线短路	1. 改动进线相序？以相序指示灯工作正常为标准 2. 检查电源电压，并排除电压过低 3. 逐级排查、排除零线短路

续表

故障名称	故障现象	故障原因	排除方法
上料下料失灵	不能上料	1. 光电开关脏污 2. 光电开关损坏 3. 送料螺旋接头松动、断裂 4. 电机进线相序错误?	1. 清洁感应面 2. 更换（将开关连接线短接可临时使用） 3. 检修或更换 4. 调整电机进线相序
	上料自停失灵	1. 开关感应距离过大 2. 光电开关探头脏污 3. 光电开关损坏?	1. 开关与饲料感应停车距离为10cm 2. 清洁光电开关探头感应面 3. 更换光电开关?
	料斗断续下料	1. 饲料湿度过大 2. 料斗不水平 3. 料斗内有杂物堵住下料口?	1. 更换饲料 2. 调整料斗位置 3. 清除杂物
料车行走失灵	停车失灵	行程开关损坏	更换
	电机运转但料车不行走或打滑	1. 料车绳松弛 2. 料车与食槽摩擦、碰撞 3. 料车绳断?	1. 用紧绳器把绳子拉紧 2. 调整料斗位置 3. 重接或更换?
	行车脱轨	1. 在维修过程中，食槽有工具忘记带走 2. 检查鸡群时，笼门没有关好，阻碍行车通行 3. 工作车在人行走道上 4. 食槽被踩踏弯曲变形 5. 料斗口离平料器过高 6. 行车钢丝绳过紧或过松都会出现行车不到位，过紧会出现行车返回的现象，过松会出现行车未到目的地	1. 清理工具 2. 关好笼门 3. 移走工作车 4. 修复食槽 5. 检查或利用行车轨道，抬起行车，把平料器对准料斗口，若有饲料需左右移动平料器，再把料斗放入平料器中 6. 调整钢丝绳

五、轴流式风机常见故障诊断与排除（表7－5）

表7－5　轴流式风机常见故障诊断与排除

故障名称	故障现象	故障原因	排除方法
风压、风量不足	风机转速符合，但风压、风量不足	1. 风机旋转方向相反 2. 系统漏风 3. 系统阻力过大或局部堵塞 4. 风机轴与叶轮松动	1. 改变风机旋转方向，即改变电机电源接法 2. 堵塞漏风处 3. 核算阻力、消除杂物 4. 检修和紧固拉紧皮带
风量过大	风机转速符合，但风量过大	进风口面积太大	调整转速或在进风口处增设调节阀门

续表

故障名称	故障现象	故障原因	排除方法
震动过大	风机震动过大	1. 系统阻力大 2. 风机叶轮不平衡或损坏 3. 风机轴与电机轴不同心 4. 联轴器装歪或损坏 5. 安装不稳固，地脚螺栓松动 6. 轴承装置不良或损坏 7. 风机叶轮有沉积污物	1. 检查、校正 2. 检查、校正或更换 3. 检查、校正 4. 检查、校正或更换 5. 紧固地脚螺栓 6. 校正轴承装置或更换 7. 清洗风机叶轮
噪声异常	风机噪声异常	1. 调节阀松动 2. 无防震装置 3. 地脚螺栓松动 4. 风机动静部分摩擦碰撞	1. 安装好调节阀 2. 增加防震装置 3. 紧固地脚螺栓 4. 停机检查校正叶片、调整动静部分间隙
轴承及电机发热	风机轴承及电机发热	1. 轴承缺少润滑油、轴承损坏、轴承安装不平 2. 风量过大、风机底壳积灰、电机受潮 3. 冷却器堵塞	1. 加注润滑油、更换轴承和用水平仪校正 2. 调节阀门增加阻力或清除烘烤电机 3. 清洁冷却器
风量减小	风机使用日久而风量减小	1. 风机叶轮或外壳损坏 2. 风机叶轮表面积灰、风道内有积灰、污垢	1. 更换部件 2. 清洗叶轮、清除风道内污垢

第八章　设施养鸡装备技术维护

相关知识

一、技术维护的意义

新的或大修的机械，其互相配合的零件，虽经过精细加工，但表面仍不很光滑，如直接投入负荷作业，就会使零件造成严重磨损，降低机器的使用寿命。机械投入生产作业后，由于零件的磨损、变形、腐蚀、断裂、松动等原因，会使零件的配合关系逐渐破坏，相互位置逐渐改变，彼此间工作协调性恶化，使各部分工作不能很好地配合，甚至完全丧失功能。

技术维护是指机械在使用前和使用过程中，定时地对机器各部分进行清洁、清洗、检查、调整、紧固、堵漏、添加以及更换某些易损零件等一整套技术措施和操作，使机器始终保持良好技术状况的预防性技术措施，以延长机件的磨损，减少故障，提高工效，降低成本，保证机械常年优质、高效、低耗、安全地进行生产。

设施养鸡装备的技术维护是计划预防维护制的重要组成部分，必须坚持“防重于治，养重于修”的原则，认真做好技术维护工作是防止机器过度磨损、避免故障与事故，保证机器经常处于良好技术状态的重要手段。经验证明，保养好的机械，其三率（完好率、出勤率、时间利用率）高，维修费用低，使用寿命长；保养差的则出现漏油、漏水、漏气，故障多，耗油多，维修费用高，生产率低，误农时，机器效益差，安全性差。可见，正确执行保养制度是运用好农业机械的基础。

二、技术维护的内容和要求

机械技术维护的内容主要包括：机器试运转、日常技术保养、定期技术保养和妥善的保管等。

（一）机器试运转

试运转又称磨合。试运转的目的是通过一定的时间，在不同转速下和负荷下的运转，使新的或大修过的机械相对运动的零件表面进行磨合，并进一步对各部分检查，排除可能产生故障和事故的因素，为今后的正常作业，保证其使用寿命，打下良好的基础。

各种机械有各自的试运转规程。同类产品试运转各阶段时间的长短、各生产厂家的规定也彼此相差颇大。但就试运转的步骤而言，大致是相同的，如拖拉机一般分为4个阶段进行，即发动机空运转、带机组试运转、行走空载试运转和带负荷试运转，具体见各机械的使用说明书。试运转结束后，应对机械进行一次全面技术保养，更换润滑油，清洗或更换滤清器等。

（二）日常保养

日常保养又称班次保养，是在每班工作开始前或结束后进行的保养。尽管各种机械由于结构、材料和制造工艺上的差异，保养规程各不相同，但其保养的内容大致相同。一般包括清洁、检查、调整、紧固、润滑、添加油料和更换易损件等。

1. 清洁

（1）清扫机器内外和传感器上黏附的尘土、颖壳及其他附着物等。

（2）清理各传动皮带和传动链条等处的泥块、秸秆。

（3）清洁风机滤网、温帘、发动机冷却水箱散热器、液压油散热器、空气滤清器等处的灰尘、草屑等污物。

（4）按规定定期清洗柴油、机油、液压油的滤清器和滤芯；定期清洗或清扫空气滤清器（注意：部分有的空气滤清器只能清扫不能清洗）。

（5）定期放出油箱、滤清器内的水和机械杂质等沉淀物。

2. 检查、紧固和调整

机械在工作过程中，由于震动及各种力的作用，原先已紧固、调整好的部位会发生松动和失调；还有不少零件由于磨损、变形等原因，导致配合间隙变大或传动带（链）变形，传动失效。因此，检查、紧固和调整是机械日常维护的重要内容。其主要内容有：

（1）检查各紧固螺钉有无松动情况，特别是检查各传动轴的轴承座、过桥轴输出皮带轮、传动轴皮带轮等处固定螺钉。

（2）检查动、定刀片的磨损情况，有无松动和损坏；检查动刀片与定刀片的间隙。

（3）检查各传动带、传动链的张紧度，必要时进行调整。

（4）检查密封等处的密封状态，是否有渗漏现象。

（5）检查制动系统、转向系统功能是否可靠，自由行程是否符合规定。

（6）检查控制室中各仪表、操纵机构、保护装置是否灵敏可靠。

（7）检查电气线路的连接和绝缘情况，有无损坏和接触。

3. 加添与润滑

（1）及时加添油料。加添油料最重要的是油的品种和牌号应符合说明书的要求，如柴油应沉淀48h以上，不含机械杂质和水分。

（2）及时检查加添冷却水。加添冷却水，最重要的是加添干净的软水（或纯净水），不要加脏污的硬水（钙盐、镁盐含量较多的水）。

（3）定期检查蓄电池电解液，不足时及时补充。

（4）按规定给机械的各运动部位，如输送链条、各铰链连接点、轴承、各黄油嘴、发动机、传动箱、液压油箱和减速器箱等加添润滑油（剂）。

加添润滑剂最重要的是要做到“四定”，即“定质”、“定量”、“定时”、“定点”。“定质”就是要保证润滑剂的质量，润滑剂应选用规定的油品和牌号，保证润滑剂的清洁。“定量”就是按规定的量给各油箱、润滑点加油，不能多，也不能少。“定时”就是按规定的加油间隔期，给各润滑部位加油。“定点”就是要明确机械的润滑部位。

4. 更换

在机械中，有些零件属于易损件，必须按规定检查和更换，如“三滤”的滤芯、传动链、传动胶带、动刀片、定刀片和密封件等。

（三）定期保养

定期保养是在机器工作了规定的时间后进行的保养。定期保养除了要完成班次保养的全部内容外，还要根据零件磨损规律，按各机械的使用说明书的要求增加部分保养项目。定期保养一般以“三滤”（空气滤清器、柴油滤清器、机油滤清器）、电动机、风机等的清洁，重要部位的检查调整，易损零部件的拆装更换为主。

三、机器入库保管

（一）入库保管的原则

1. 清洁原则

清洁机具表面的灰尘、草屑和泥土等黏附物、油污等沉积物、茎秆等缠绕物，清除锈蚀，涂防锈漆等。

2. 松弛原则

机器传动带、链条、液压油缸等受力部件要全部放松。

3. 润滑密封原则

各转动、运动、移动的部位都应加油润滑，能密封的部件尽量涂油或包扎密封保存。

4. 安全原则

做好防冻、防火、防水、防盗、防丢失、防锈蚀、防风吹雨打日晒等措施。

（二）保管制度

1. 入库保管，必须统一停放，排列整齐，便于出入，不影响其他机具运行。

2. 入库前，必须清理干净，无泥、无杂物等。

3. 每个作业季节结束后，应对机器进行维护、检修、涂油，保持状态完好，冬季应放净冷却水。

4. 外出作业的机器，由操作人员自行保管。

（三）入库保管的要求

使用时间短，保管时间长的机器，且该机结构单薄，稍有变形或锈蚀便失灵不能正常作业，因此，保管中必须格外谨慎。

1. 停放场地与环境

机器的停放场地应在库棚内；如放在露天场地，必须盖上棚布，防止风蚀和雨淋，并使其不受阳光直射，以免机件老化（塑料）或锈蚀（金属部分）。

2. 防腐蚀

机器不能与农药、化肥、酸碱类等有腐蚀性物资存放一起；胶质轮不能沾染油污，不能受潮湿。

3. 防变形

为防止变形，机器要放在地势较高的平地且接地点匀称，绝对不得倾斜存放；机器上不能有任何杂物挤压，更不能堆放、牵绑其他物品，避免变形。

4. 塑料制品的保养

（1）塑料制品尽量不要放在阳光直射的地方，因为紫外线会加快塑料老化。

（2）避免暴热和暴冷，防止塑料因热胀冷缩而减短寿命。

（3）莫把塑料制品放在潮湿、空气不流通的地方。

（4）对于很久没有用过的塑料制品，要检查有没有裂痕。

5. 橡胶制品的保养

橡胶有一定的使用寿命，时间久了，就会老化。在保存方面，除了放置在日光照射不到，阴凉干燥处外，还要远离含强酸和强碱的东西。另外还有一个延长使用寿命的方法：在橡胶制品不使用的时候，可在其外表外涂抹一些滑石粉。

四、保险丝的组成及作用

保险丝一般由熔体部分、电极部分和支架部分三个部分组成。

保险丝的作用：在电流异常升高到一定的大小的时候，保险丝会自身熔断，切断电流，从而起到保护电路安全运行的作用。因此，每个保险丝上皆有额定规格，当电流超过额定规格时保险丝将会熔断。更换时应与原额定规格相同，千万不要用铜丝或大于原额定规格的保险丝代用。

五、反冲洗过滤器的方法

反冲洗过滤器是一种利用滤网直接拦截水中的杂质，去除水体悬浮物、颗粒物，降低浊度，净化水质，减少系统污垢、菌藻、锈蚀等产生，以净化水质及保护系统其他设备正常工作的设备，其运行及控制不需外接任何能源，可以自动清洗过滤，自动排污。

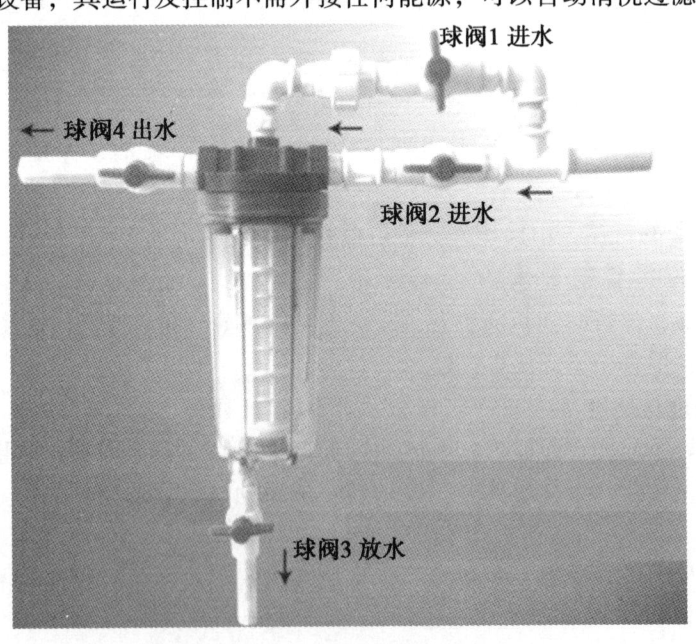

图 8－1　反冲洗过滤器

反冲洗过滤器见图 8－1。在日常正常使用下，关闭球阀 1 和球阀 3，打开球阀 2 和球阀 4，水经过过滤器进行水质过滤供给鸡只饮用。需要冲洗时，打开球阀 1 和球阀 3，关闭球阀 2 和球阀 4，水由上而下在过滤器中反向流动，将滤芯上的悬浮物冲洗并经球阀3排出。为了使反冲洗过滤器的寿命更长，应每天冲洗一次。

六、水压调节器的使用方法

水压调压器由调压、反冲装置、水位显示三部分组成。调压器的最下端为调节手柄，功能是进行水压微调。随着鸡只日龄的增长，应当将水压逐渐调大。水位显示管中的水位上升与下降就是靠调节手柄来完成。红色旋钮为反冲开关，作用是对水线供水管路进行冲洗，日常正常工作时红色旋钮关闭。

水压调节方法：调压器内有两处进水孔，分别为工作进水孔和反冲进水孔。正常进水工作时，按调压器上指示方向红色旋钮，关闭反冲进水，旋转调压器下方调节手柄，按指示方向调节水压，水压大小由浮球在水位显示管中的高度显示。水位显示部分采用全透明PC管，水位清晰易读。注意须先将水线调平，确认水线不漏水；水压的变换不能过快，否则影响鸡群饮水。

七、水管冲洗方法

乳头饮水系统由于长期使用而没有对饮水管及时地进行冲洗，管内大量污垢蓄积，水质恶化，水流不畅，致使水管后半段区域内鸡只水的供应不足，鸡只长时间处于半停水状态，从而造成钙质蓄积，引起缺水区域里鸡群的产蛋率下降和鸡蛋变小。因此，需要定期地要用自来水对饮水管进行冲洗，以保证水质清洁卫生和水流畅通。水管冲洗方法：先将水管终端的球阀打开（图8－2a），再打开中调压器反冲开关（图8－2b），此时自动冲水系统即可将饮水管中药物残留和杂质冲洗干净。

（a）打开水管终端球阀开关

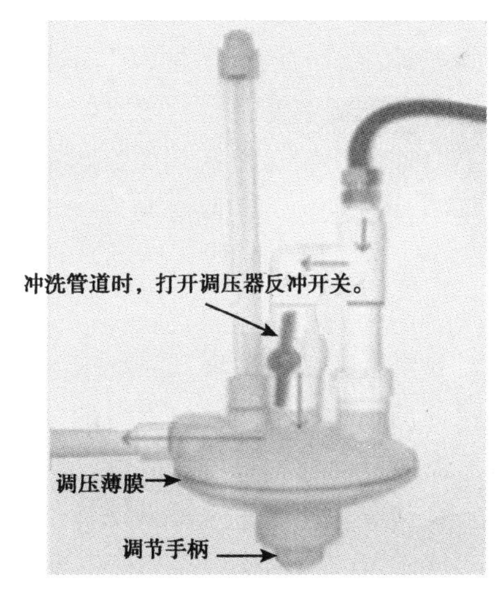

（b）打开调压器反冲开关

图8－2 水管的冲洗

八、链式喂料设备链片连接与拆卸方法

链式喂料设备主要维修内容是拆装链片。链片拆卸与连接需用专用的断链器工具。断链器连接过程为：将链片导向端放于断链器槽中，将另一链片展平，取尾段链片放于

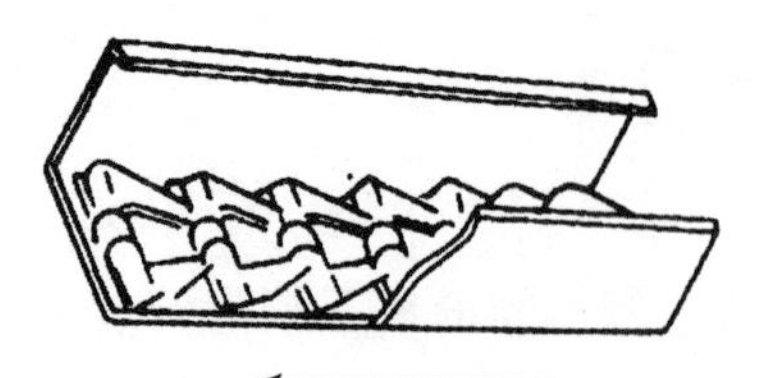

图 8-3　链片安装方向

断链器中链片连接环开口处，找一适当的角度，使后连接钩与连接环最大程度结合，用手锤猛击链片使连接环套在后接倒钩上，连接完成，断链是连接的逆过程。

注意事项：链片为三角形内翻钩形链片，三角形底边一侧与链片运动方向相同，顶角一侧环尾端朝上，链片安装时方向必须正确，不能反装和倒转；链片连接必须拉紧，预紧力为 30～50kg。见图 8-3。

操作技能

一、乳头饮水设备的技术维护

1. 饮水设备的技术维护

（1）定期检查乳头饮水器的使用情况，发现问题并排除。

（2）定期冲洗饮水管线。用稀释的双氧水来冲洗管道，使双氧水在管道中浸泡一段时间，然后用清水冲洗管道。每 30m 长度，至少冲洗 1min。在每次加药后或使用两周后、鸡出栏后，必须对饮水管线进行冲洗。

（3）使用软布清洁所有压力显示管，拆除并清洁所有压力显示管护盖。

（4）定期反冲过滤器，如反冲不起作用，则更换滤芯。可先用工具卸下外壳，更换上新滤芯，然后装好即可。

（5）按要求使用加药器。

（6）调整调压器的调节手柄，把水柱压力调整到适当的设定值；如水柱压力无法调整时，检查调压膜是否损坏，如损坏，更换新的调压膜。

（7）若冬季不用时，将阀门关好，并将管路内的水放尽，以免冻裂。

（8）所有通过水线的药品必须完全溶解于水并经过滤后加入，不得有沉淀及结晶。不可将不溶于水或未完全溶于水的药品加入水线，以免堵塞乳头饮水器。

注意事项：

①水线要平直，防止出现气堵现象。

②为保证调压器的准确性，不得随意拆装。

③调压器应避免与有机材料接触，避免在阳光下暴晒或高于 60℃温度下工作。

④供水管路应采用不透明塑料硬管，并采取避光措施。

⑤乳头饮水器的水箱应该采用塑料制品，因铁质水箱在长期被水浸泡之后会产生大量锈块，阻塞管道，产生的细小锈渣也会卡住乳头造成漏滴。同时在使用疫苗时铁制品对疫苗病毒的存活不利也会影响免疫效果。

2. 悬吊系统的技术维护

（1）经常检查所有尼龙绳状态，使其保持绷紧程度和受力均匀，并保证水线悬吊的平、直。

（2）按期保养双向绞轮，保证绞轮正常工作。

（3）每 6 个月用普通工业润滑脂或汽车润滑脂给绞盘上油，上油量不要太多。

3. 电击系统的技术维护

（1）经常检查电击系统工作是否可靠，必要时进行相应处理。

（2）冲洗鸡舍时关掉电击器电源。

（3）防栖线须紧绷，防止松弛碰到加固钢管而造成短路。防栖器须处于一个独立的电路中，这样有人进入鸡舍中时可以使用门边的开关切断防栖系统电源。当有人在鸡舍中作业时，防栖线断电，家禽不会受惊乱飞。

二、链式喂料设备的技术维护

1. 每天检查各传动件工作状况，并定期添加润滑油。

2. 清理堆放在设备附近杂物。

3. 定期清扫食槽内杂物，清除拐角内的饲料。

4. 定期清理电控柜中的灰尘。

5. 鸡群出栏后应整理棚舍，清空料线，彻底清洗喂料设备。

三、螺旋弹簧喂料设备的技术维护

1. 喂料线的技术维护

（1）鸡只出栏前，关掉喂料设备让鸡只吃完料盘中的饲料。

（2）鸡只出栏后，空转螺旋弹簧清除料管内剩余饲料。

（3）如果设备长时间不用，断开系统电源，防止意外启动系统。

（4）如果要进行设备的拆卸或绞龙的维修，应极其小心操作，以防止被弹出的绞龙伤害。操作要点：①断开整个设备的电源。②从基座中拔出固定装置、轴承组件以及绞龙。③用夹子或锁钳夹住绞龙防止弹回绞龙管。④移去固定装置和轴承组件。

2. 料管的技术维护

及时调整料管上各悬挂点，保持长度方向平直，尤其是料箱和电机附近的料管一定要始终保持平直。调整时分别调整驱动电机和料箱上与铁链相联的“S”钩，来调整电机和料箱的高度，以保证料箱与电机处料管平直。

3. 减速电机的的技术维护

冲洗时应保护好电机，以防进水。及时擦去电机上面的灰尘及杂物。鸡舍冲洗结束后或减速电机维修后应试机确保电机转向正确。

4. 整个设备的技术维护

（1）每6个月用普通工业润滑脂或汽车润滑脂给绞盘上油，上油量不要太多。

（2）定期清理电控柜中的灰尘。

注意在维修或保养维护设备时要断开电源，并在电源开关处挂上“检查和维修保养中”的标牌，以防止他人误开电源。

四、行车喂料设备的技术维护

1. 料车在运行一段时间后，料车绳会出现松弛打滑现象，须经常检查料车绳的松紧度，必要时用紧绳器把绳子绷紧。

2. 料车行走轮轴每月加1次润滑脂（使用普通黄油）。

3. 定期检查料车各部位螺栓，特别是固定料斗和轴轮处的螺栓，发现松动时加以紧固。

4. 经常清洁轨道，确保料车正常运行，禁止在料车轨道上放置杂物，避免料车出轨。

5. 检查和调节料斗高度，注意其前后左右的同步、平行与垂直。把料斗下料口调整到食槽中心位置，以确保料斗不碰到鸡笼隔网挂钩和食槽。

6. 上料系统安装调试完毕、试车成功后，严禁改动电路，避免送料螺旋反转，导致螺旋丝接损坏和不上料。

7. 向料车上料的操作要特别注意，饲料内严禁掺杂杂物（如铁丝、石子、麻绳等），以免影响上料系统正常工作。

8. 如果发现料车突然整体下沉时，应马上停车，检查是否有螺栓松动或轨道接头开焊。

9. 减速机每6个月更换1次减速机油。若工作中出现减速机过热时，要及时补充润滑脂（采用0号、00号摆线减速机润滑脂）。

10. 定期向各部位链条链轮加润滑油。

11. 定期清理电控柜中的灰尘。

五、通风设备的技术维护

1. 日常维护保养

（1）每日检查轴承温度，如温度过高应检查并消除温升原因。

（2）每日检查紧固件、连接件，不得有松动现象。

（3）风机噪声应稳定在规定范围内，如遇噪声忽然增加，应立即停止使用，检查消除。

（4）风机振动应在规定范围内，如遇振动加剧，应立即停车，检查消除。

（5）检查传动皮带有无磨损、伸长、过紧，如有及时更新或调整。

（6）轴承体与底座应紧密结合，严禁松动。

（7）用电流表监视电机负荷，不允许长时间在超负荷状态下运行。

（8）检查电机轴与风机轴的平行度，不许带轮歪斜和摆动。

2. 定期维护保养

（1）清除通风设备表面的油污或积灰，不能用汽油或强碱液擦拭，以免损伤表面油漆部件的功能。

（2）查看电控装置，进行除尘，检查是否有断开线路。

（3）检查电线管路固定情况，必要时加固。

（4）电机轴承是含铜轴承，必要时向注油孔中注入适量机油。

3. 通风机停用后的保养

（1）检查并清理风机轴承体各零部件，除污、除尘。如有损坏，需更新。

（2）检查并清洁通风管道和调节阀。如有漏气，必须补焊、堵漏。

（3）检查主轴是否弯曲，按要求校直或更新。

（4）检查叶轮。如磨损严重，引起不平衡，应重新动静平衡，或更换新叶轮。

（5）检查皮带轮有无损坏。如有，需更换。

（6）检查电机，确保电气设备处于完好状态。

（7）对运动件、摩擦件、旋转件应加油润滑、调整间隙；对金属件要做好防锈处理。

（8）试运转正常后，做设备完好标志，进入备用状态保管。

六、V 带的拆装和张紧度检查

1. 拆装

拆装 V 带时，应将张紧轮固定螺栓松开，不得硬将 V 带撬上或扒下。拆装时，可用起子将带拨出或拨入大胶带轮槽中，然后转动大皮带轮将 V 带逐步盘下或盘上。装好的胶带不应陷没到槽底或凸出在轮槽外。

2. 安装技术要求

安装皮带轮时，在同一传动回路中带轮轮槽对称中心应在同一平面内，允许的安装位置度偏差应不大于中心距的 0.3%。一般短中心距时允许偏差 2 ~ 3mm，中心距长的允许偏差 3 ~ 4mm。多根 V 带安装时，新旧 V 带不能混合使用，必要时，尺寸符合要求的旧 V 带可以互相配用。

3. V 带张紧度的检查

V 带的正常张紧度是以 4kg 左右的力量加到皮带轮间的胶带上，用胶带产生的挠度检查 V 带张紧度。检查挠度值的一般原则是：中心距较短且传递动力较大的 V 带以 8 ~ 12mm 为宜；中心距较长且传递动力比较平稳的 V 带以 12 ~ 20mm 为宜；中心距长但传递动力比较轻的 V 带以 20 ~ 30mm 为宜。见图 8 -4。

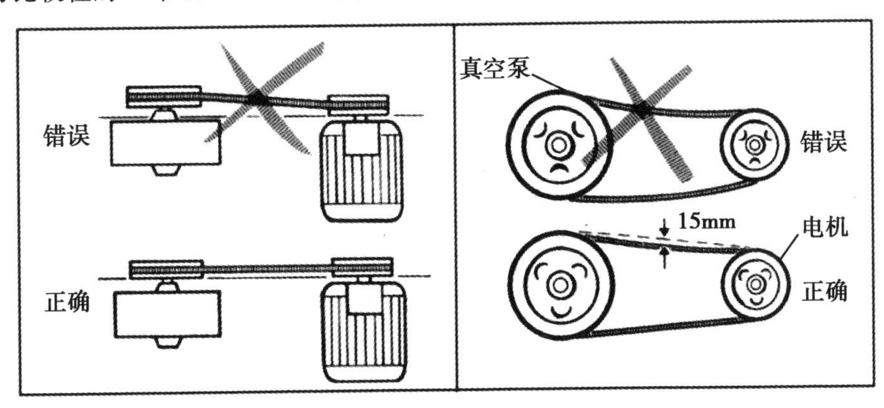

图 8 -4　V 带松紧度调整示意图

第三部分　设施养鸡装备操作工——中级技能

第九章　设施养鸡装备作业准备

相关知识

一、设施养殖环境对鸡的影响

设施养殖环境是指围绕鸡生长发育和产品转化具有直接作用的主要环境因素。一般可分为物理环境和化学环境两方面。物理环境包括鸡周围的温度、湿度、光照（光的强度、波长和照射时间）、热辐射、空气流动（包括风向和风速）、水的运动状态和噪声等，其中由空气温度、湿度、热辐射、空气与水的流动等因素所构成的环境称为热环境。热环境是自然界中在不同地区和不同季节变化最大、最易出现不利于设施养殖鸡生长发育的因素。化学环境主要是指养殖鸡周围空气、土壤和水中的化学物质成分组成，包括对养殖鸡生长发育有害的 CO、H_2S、SO_2、NH_3 等成分，以及土壤或水中的各种化学物质组成的情况。

影响和决定鸡的生长发育、产品产量和品质的各种因素可以概括为遗传和环境两个方面。遗传决定鸡生长发育、产量高低和产品品质等方面的潜在能力，而环境则决定鸡的遗传潜力能否实现或在多大程度上得以实现。再好的良种，如果没有适宜的环境条件，就不能充分发挥其遗传潜力。所以说环境是影响鸡生长发育，决定其产品产量和品质的重要因素。

鸡舍内温度、湿度、光照等环境应满足鸡只不同阶段的需要。密闭式蛋鸡舍温度、湿度、最小通风换气量、光照等要求见表 4－1 至表 4－6。

二、鸡舍温度的观察法判断

鸡舍温度是否适宜，主要看鸡群的行为表现，不能单凭温度测量，以雏鸡为例，温度适宜时，雏鸡活泼好动，精神旺盛，叫声轻快，羽毛平整光滑，食欲良好，饮水适度，粪便多呈条状，饱食后休息时，在地面（网上）分布均匀，头颈伸直熟睡，无奇异状态或不安的叫声，鸡舍安静。温度低时，雏鸡行动缓慢，集中在热源周围或挤于一角，并发出“叽叽”叫声，生长缓慢、大小不均。严重者发生感冒或下痢致死。温度高时，雏鸡远离热源，精神不振，趴于地面，两翅展开，张口喘息，大量饮水，食欲减退，高温会导至热射病致雏鸡大批死亡。

三、鸡舍光照的意义及对灯具要求

光照的目的是提供足够的亮度，确保鸡只能正常采食、饮水。光照对鸡的性成熟时

间、产蛋数量及蛋重影响很大。开放式鸡舍以自然采光为主，辅以人工照明；密闭式鸡舍以人工照明为主。

鸡舍安装灯泡总的要求是瓦数小、灯泡多、灯距短、光线匀、照度够。舍内灯泡如有多排灯泡应交错分布，灯泡之间的距离应为灯泡与鸡间距的1.5倍，灯泡与鸡舍沿墙的距离应是灯泡间距的一半。笼养鸡舍的灯泡安装在鸡舍过道中央，使灯光能照射到食槽。层叠式笼养鸡舍的照明系统中采用高低灯两层布置形式，下层灯离地面1.8～2.0m，上层灯离鸡笼顶部0.2～0.4m。

灯具大多选用白炽灯、萤光灯或节能灯，同时安装伞形灯罩。

（1）白炽灯　亮度是较好的光源，但耗电大。

（2）萤光灯　亮度比白炽灯每瓦高3～5倍，时间用长了强度会减弱，但它的白色暖光有助于鸡只生长和产蛋性能的发挥。

（3）节能灯　因其具有寿命长，能耗小，发光效率高，光线适合人的视觉，调节频率较高，能较好满足鸡的生理需要等特点，是理想的鸡舍照明设备。

四、种蛋的选择要求

1. 种蛋来源

种蛋必须来自品种优良、生产性能高、健康无病、饲养管理良好、公母比例适当的种鸡群。

2. 种蛋新鲜度

种蛋要保持新鲜，保存时间一般在3～5天，最好不超过7天。在每次接收种蛋时，可随机抽出几个种蛋，将蛋打开放入平玻璃板上；新鲜的种蛋，蛋白较浓，蛋黄隆起，如果蛋白稀薄成水样，蛋黄相对扁平或散黄的种蛋不能选用，因为这说明种蛋存放时间长或是种鸡发生过传染病。

3. 种蛋大小

种蛋大小要适中，过大或过小的蛋都不能入孵。一般种蛋重为50～65g，最好为52～60g。

4. 种蛋形状

正常蛋为卵圆形，蛋形指数（横径/纵径）在0.72～0.75，0.74最好。过长、过圆、两头尖（橄榄形）、或一头特大一头特小等畸形蛋均不能选用。

5. 蛋壳质量

蛋壳颜色要符合品种要求，深色蛋、退色蛋、薄壳蛋、沙皮蛋、钢皮蛋、皱纹蛋、裂纹蛋都不能选为入孵种蛋，蛋壳厚度在0.30～0.33mm最好。

6. 表面质量

入孵种蛋表面一定要干净，粪蛋、血蛋、表面有污垢的一定要剔除。

7. 内部品质

种蛋内部品质可通过灯光照检，凡粘壳、散黄、蛋黄流动性大、蛋内有异物、有气泡、气室偏、气室流动、气室在中间或在小头的蛋，均不宜选用。

五、雏鸡质量标准

雏鸡作为蛋鸡（肉鸡）的源头，其质量的好坏，直接影响蛋鸡（肉鸡）的生产性能。雏鸡质量标准可概括为如下四个一致：

1. 品种一致

指雏鸡具有高生产性能的遗传基因，个体间不存在任何遗传差异，对不同地区气候、环境适应力强，具有出色抗病能力、耐粗饲能力、抗应激能力。

2. 健康一致

指种鸡群的健康水平一致，从而保证提供给下一个养殖环节健康一致的商品雏鸡。

3. 大小一致

指将日龄一致种鸡产出的种蛋同时入孵，通过孵化技术控制，保证出雏时间一致，最终达到雏鸡大小一致。

4. 抗体一致

指雏鸡的母源抗体水平均匀、有效。

六、鸡孵化设备工作环境要求和技术指标

1. 孵化机工作环境要求（不同机型有所差别）

（1）环境温度　20～27℃（最佳状态）。

（2）环境湿度　50%～80%RH。

（3）供电电源　三相五线制（三根相线、中线及保护地线）、380V/220V、AC、50Hz，中线，每台机器电源线都须配备单独的空气开关，孵化厅配电系统必须装漏电保护装置，保护接地线应接到机器的接地标记的端子上。

（4）孵化厅的供水　加湿、冷却用水必须是清洁的软水，禁用镁、钙含量较高的硬水，供水水压为0.3～0.5MPa。

（5）对孵化厅建筑要求　地面要求在10m^{2}范围内平整度≤5mm，应设有排水沟，便于冲洗时排出污水；孵化厅厅高≥4.5m，地面至天花板高3.4～3.8m；门高2.4m左右，宽1.2～1.5m，以利种蛋和蛋车等的转运；孵化机门前要留2～3m的操作空间。

（6）孵化厅要求　厅内应有良好的通风换气措施，孵化设备排出的废气要排到室外，严禁直接排放在厅内。孵化室的换气采用正压进风自然排出方式，一般箱体机进气量按每台400m^3/h计算，巷道机为800m^3/h左右。出雏室：换气采用负压排风自然进风的方式，换气量的计算：一般每台出雏机400m^3/h。

（7）场所要求　机器严禁在露天场合使用。

2. 孵化设备的技术指标（不同机型有所差别）

（1）控温范围　34.2～39.5℃

（2）控湿范围　40%～70%RH

（3）控温精度　±0.1℃

（4）温度显示分辨率　0.01℃

（5）湿度显示精度　1% RH

（6）温度场稳定性　≤0.10℃

（7）机内孵化后期CO_2含量　<0.15%

（8）翻蛋角度（孵鸡）　45°±2°（孵鸭、鹅：50°±2°）

七、自动集蛋设备的作用

集蛋是饲养蛋鸡的收获作业。饲养蛋鸡采用手工拾蛋，每天要花费捡蛋人员许多劳动时间，既费工费力，又容易损坏鸡蛋。对于一个大型的现代化养鸡场来说，每天有上万至几百万个鸡蛋要收集，仅依靠人工是不现实的，自动化集蛋设备能够降低劳动强度，提高工作效率，避免人工捡蛋时容易造成的交叉感染。

操作技能

一、湿帘风机降温设备作业前技术状态检查

1. 检查操作者进入鸡舍时是否淋浴消毒、更换工作服。

2. 检查鸡舍内外环境和对象等是否有异常。

（1）检查鸡只表现是否正常。如平养鸡舍中，当鸡舍内风速太大时，鸡只表现为贴伏地面。鸡舍中，当舍内一端的鸡只表现与另一端的鸡只表现明显不同时，可能是通风量不足，需要开启更多的风机。

（2）检查记录养鸡舍内温度、舍外温度、空气质量，查验温度计上的温度和实际要求的温度是否吻合。

（3）检查养鸡舍内前、中、后三点的温度差，利用机械式通风和进风口的调节使温度一致。

（4）风机使用前、使用中检查养殖舍的门、窗是否全部关闭。

3. 风机技术状态检查

（1）检查风机进、出风口有无影响排风效果的障碍物、风机与墙体之间密封是否完好，如有空隙，用玻璃胶进行密封。风机附近严禁堆放杂物，尤其是轻便物品，以防风机吸入。

（2）清洁风机护网、风机壳体内壁、扇叶、百叶窗、电机、支撑架等部件上的黏附物。

（3）检查风机护网有无破损等。

（4）检查风机扇叶是否变形，扇叶与支架固定螺栓是否牢固，用手转动扇叶，检查扇叶与集风器间隙是否均匀，扇叶与集风器是否会有刮蹭现象，扇叶轴是否水平。

（5）检查皮带松紧度和磨损情况。皮带过松或过紧应调节电机位置。大、小皮带轮前端面是否保持在同一平面内，误差不能超过1mm。

（6）不运行时检查百叶窗窗叶是否变形受损。风机关闭后窗叶之间有无间隙，运行时检查百叶窗窗叶上下摆动是否灵活、顺畅、有无噪音、开启角度是否到位（窗叶水平）、不同窗叶开启角度是否保持一致。

（7）检查轴承运转情况。缺油应加润滑脂，加脂量约为轴承内腔的2/3。

（8）检查电源电路、电机接线及接地线是否良好，风机外壳或电机外壳的接地必须可靠。

（9）打开电控柜，检查各种接线是否牢固，清除电器设备上的灰尘。

（10）电机固定是否牢固，电机电源线是否有损害（主要是鼠害造成）。

（11）风机首次使用，安装合格后，应进行点动试运转，检查风机扇叶转向与转向标牌指示是否一致，不一致则调换三相电机接线端子上的任两根线即可；检查电机运转声音是否异常，机壳有无过热现象，运行是否平稳、与集风器是否刮蹭；扇叶轴轴承有无异响等。

4. 湿帘技术状态检查

（1）检查供水水源是否符合要求。

（2）检查供水池水位是否保持在设置高度，浮球阀是否正常供水，池中水受污染程度，池底和池壁藻类滋生情况，保证循环用水。

（3）检查供水系统过滤器的性能和污物残存情况，确保其功能完好，如过滤器已破损，则更换过滤器。

（4）检查湿帘上方的管线出水口，确保水流均匀分布于整个湿帘表面。

（5）检查湿帘固定是否牢固；湿帘表面有无破损、有无羽毛、树叶等杂物积存。

（6）检查湿帘纸之间有无空隙，如有空隙应修复。如果湿帘局部地方保持干燥，那么室外热空气不仅可以顺利进入舍内，而且还会抵消降温效果。

（7）检查湿帘内、外侧有无阻碍物。

（8）检查湿帘框架是否有变形，湿帘运行中接头处有无漏水现象和溢水现象。

（9）开启水泵通电，检查水泵是否正常。按照说明书进行开/关调节，检查供、回水管路有无渗漏和破损现象、湿帘纸垫干湿是否一致、有无水滴飞溅现象、水槽是否有漏水现象。

二、喷雾降温设备作业前技术状态检查

1. 检查水源是否清洁，水压是否符合喷淋技术要求。
2. 检查清洁过滤器等。
3. 检查高压水泵和高压喷头的技术状态是否良好。
4. 检查低压和高压输水管道的技术状态是否良好，确保管道不渗漏。
5. 检查恒温器和定时器的技术状态是否灵敏有效。
6. 检查卸压阀、电磁开关的技术状态是否良好。

三、热风炉作业前技术状态检查

1. 检查烟囱安装是否牢固可靠。烟尘在屋面出口位置密封情况，如有空隙应修理。
2. 检查炉膛内杂物是否清除干净，检查炉膛内有无烧损部位、炉条是否有脱落、损坏现象。如发现有损伤部位应停炉修复后再用。
3. 检查并用软布擦净热风炉出风口和舍内传感器，看其通电后显示是否正常。
4. 检查风机与炉体连接是否牢固，调风门开关是否灵活到位有效，出现调风门开关不到位或卡阻现象应及时处理。试运转检查风机转向是否正确、运转声音是否异常。
5. 检查出风管路各连接处密封情况是否良好，发现漏风要及时处理。
6. 检查养殖舍内引风管吊挂是否高度基本一致，清理积灰。
7. 检查电源电路及接地线是否正常。
8. 打开电控柜，检查各种接线是否牢固，清除电器设备上的灰尘。

9. 检查仪表上下限的设置。一般热风炉出口温度上限为70℃，下限为55℃。设定上限时，把仪表面板上的设定开关拨到上限设定位置，用十字改锥调整上限设定旋钮（右旋为增大，左旋为减小），调整至所需温度，再把设定开关拨到下限设定位置，调整下限温度。注意上限温度一定要高于下限温度，否则设备将不能正常工作。最后把设定开关拨到中间位置。

10. 检查风机和水泵的技术状态是否良好。

11. 检查风机轴承是否缺油，油不足加油润滑。

12. 检查进、出风口是否清洁。

13. 检查采暖管道、闸阀和散热设备等。

14. 检查压力表、温度计和水位计技术状态是否良好。

15. 检查是否准备足量的3～5cm的无烟块煤。

四、光照控制设备作业前技术状态检查

1. 检查灯罩、灯泡（管）上的灰尘是否清洁。因灯罩、灯泡脏会降低光照强度。

2. 检查光照控制设备电源线的接线情况、时钟的时间、定时的程序、光敏的灵敏度、电池的好坏、手动开关的好坏等情况，有的需调整，有的需更换，光敏探头的灰尘要擦掉。

3. 检查灯具，损坏灯具及时更换。

4. 检查光照控制设备时钟显示是否与当前时间一致，如需重新校准，按住“时钟”键的同时，查看显示屏所显示的时间，分别按动“校星期”、“校时”、“校分”键，将时钟调到当前时间。

五、鸡孵化设备作业前技术状态检查

1. 孵化作业前技术状态检查

每一次入孵前都要检查孵化机工作是否正常，检查应在重新冲洗消毒后进行。

（1）检查用品准备　入孵前一周，一切用品应准备齐全，如照蛋灯、温度计、干湿表、消毒药品、防疫器材及易损电器原件、电动机等。用标准温度计校正孵化用的温度计和水银导电表。

（2）检查孵化厅的供电和环境条件　检查总电源电压情况；中线连接是否完好；保护接地线是否接到机器接地标记的端子上。孵化机的进风和排风口有无异常。

（3）检查种蛋接收与保存　仔细检查种蛋，保证入孵的每一枚种蛋都合格。操作者选择种蛋前要先用消毒药水洗手，减少细菌传播机会。入孵种蛋须经严格的烟熏消毒。种蛋保存时应做好品种的标记工作，不同品种、不同代次、不同日龄的种蛋应分区存放。

（4）检查箱体　检查孵化机门是否开关灵活、轻便闭合；检查孵化机门与箱体密封条的密封情况，具体做法是关闭机器照明在机器内部检查密封条处有无亮光，若有说明密封不严；检查机体四周和顶板是否存在变形；箱体连接处有无开胶现象，即钢板与保温材料黏接有无脱落。检查孵化机内地面和蛋车轨道有无杂物。在机内挂好标准温度计用于校准温、湿度。

（5）检查风扇系统　检查扇叶是否变形；扇叶与轴之间的紧固螺丝是否松动；如风扇皮带过紧或松弛要进行调整；风扇电机转向是否正确、声音是否正常，机壳有无过热现象。

（6）检查加湿系统　向加湿装置的水箱（盘）内供水；检查加湿喷头的喷雾效果是否良好，有无堵塞现象，供水管路有无漏水现象。

（7）检查翻蛋系统　检查翻蛋摆动梁（动杆）销轴上的开口销有无脱落；检查翻蛋的蜗杆、蜗轮咬合是否轻便、平稳，有无异响、无松动、卡碰现象；检查翻蛋减速器内的油面高度，如果低于油尺应及时补油；检查蜗杆轴与月牙盘之间的咬合情况，若咬合松散，翻蛋时蛋架就会出现抖动；在蛋车上蛋之前，将气管与压缩空气源相连接而使蛋架翻转，如果蛋车有剐蹭，标明位置并进行校正；检查空气压缩机油位及排水情况，压缩空气压力是否符合要求。开机检查是否有自动翻蛋功能，蛋车是否处在倾斜、水平位置。

（8）检查风门系统　将风门旋钮按从小到大的顺序逐一扭动，然后装上孵化机机顶，检查风门大小与旋钮所处的位置是否相符；检查风门电机齿轮的润滑情况。

（9）检查加热管　通过调整设定值检查加热管工作是否正常。

（10）检查控制系统，设定并核对孵化参数　打开电控柜，检查各种接线是否牢固，清除电器设备上的灰尘、绒毛等脏物；然后关闭电控柜的门，开机0.5h，检查各种功能键是否正常，温度、湿度设定、风门指示位置与实际位置是否相符。待温、湿度探头清洁、干燥，以及上述部分一切正常后，试机运转1~2天方可正式入孵。

接通导电表使其保护作用有效，检查控制系统工作是否正常，而后将其控制点调到比设定值高0.7℃。

（11）检查蛋车　检查蛋车是否已清洗、消毒、晾干；蛋车车架有无变形；推拉是否灵活、省力；蛋车上紧固螺母有无松动、脱落现象；蛋车的水平锁定销是否可靠锁定，同时检查蛋车有无销钉断裂；当蛋车上蛋后，检查蛋盘在蛋盘托架的位置是否合适，用手动或自动方法观察每辆蛋车翻蛋是否正常。上蛋后，要进行负载检查，检查有无种蛋缺漏现象。

2. 作业中技术状态检查

操作者进入孵化厅前必须淋浴、消毒、更换工作服、帽子、口罩和鞋。

（1）查看控制面板显示是否正常。

（2）查看值班记录，了解孵化过程有无异常及处理结果。

（3）检查孵化机在工作中有无不正常声音。

（4）检查翻蛋动作是否正常，翻蛋角度是否达到要求，尤其是在入孵和落盘后。

（5）检查各种减速器内的润滑油情况，如有不足应及时补充。

（6）检查蛋车与蛋车之间是否靠紧，蛋车车帘是否挂好。

（7）检查大风扇转动是否正常。

（8）观察机门上温度计指示的温、湿度与标准温、湿度计显示值是否相符，如有不正常现象要及时检查控温系统，排除故障。

（9）检查风门位置是否正常，风门传动机构是否灵活。

（10）检查孵化厅内温度和湿度变化是否异常。

六、集蛋设备作业前技术状态检查

集蛋人员集蛋前要洗手消毒。

1. 对盛放鸡蛋的蛋箱或蛋托进行消毒。

2. 检查各传动部位状态（包括齿轮啮合是否正常、链条松紧程度是否合适、牵引绳有无松动）；检查各紧固件是否牢固；开机检查运行是否稳定，有无异响、异味；检查集蛋带张紧度是否合适、有无跑偏现象。

3. 检查减速机固定是否牢固可靠，电源线是否有破损，从油镜中能否看到润滑油。试运转检查电机转向是否正确，运转声音是否异常。

4. 检查设备与鸡笼固定是否牢固，运行状态是否正常。

5. 检查同一层鸡笼相邻底网连接处是否平齐，（蛋鸡笼）底网前部有无滞蛋及破蛋现象。

6. 发现并淘汰低产或停产蛋鸡。

7. 检查各层鸡蛋带上鸡蛋有无异常破损现象。

8. 检查集蛋带上是否有粪便等脏物，如有及时清理干净。

9. 突然断电时应关闭鸡舍总电源，以防来电后设备自行启动。

七、高压清洗机作业前技术状态检查

1. 操作者穿戴好筒绝缘雨靴、防护服、头盔、口罩、护目镜、橡皮手套等防护用品。

2. 操作者进入养殖区前必须淋浴消毒。

3. 准备器械，如喷雾器、天平、量筒和容器等。

4. 清洁畜禽舍和舍内设备，要求舍内地面、墙壁无畜禽粪、毛、蜘蛛网等其他杂物，确保设备干净、卫生、无死角。

5. 检查供水系统是否有水。

6. 检查舍内地面排水沟、排水口是否畅通。

7. 检查供电系统电压是否正常，线路是否绝缘，确保连接良好，开关灵敏有效。

8. 检查畜禽舍内其他电器设备的开关是否断开，防止漏电事故发生。

9. 检查清洁剂。是否已经批准可用于高压清洗机里的清洁剂，并仔细地读清洁剂上的标签以确定不会给动物或人带来可能的危险。不要使用漂白剂！

10. 高压清洗机作业前技术状态检查

（1）检查并确保高压管路无漏水现象、无打结和不必要的弯曲、管路无松弛、鼓起和磨损情况。

（2）检查高压水泵各连接件、紧固件是否安装正确、完好，确保无漏水现象，每分钟漏水超过 3 滴水，需修理或更换。

（3）检查高压水泵运动的声音是否正常，确保无漏油现象。

（4）检查油位指示器的油位是否位于两个指示标志之间。

（5）检查进水过滤器窗口，看是否有碎片堵塞。碎片会限制进泵水流导致机器工作效果变差，如果窗口变脏或堵住，应拆下来清洗并更换。

（6）选择喷嘴。低压喷嘴可以让设备吸入清洁剂，高压喷嘴可以用不同的喷射角度来喷射水。每一种喷嘴都有不同的扇形喷射角，范围从0°～40°。

（7）检查并确保喷嘴部位无漏水、喷嘴孔无堵塞。如果堵塞，用喷嘴孔清洗工具清理堵塞物。使用前，用干净的水冲洗清洗机和软管内的碎片，确保喷嘴、软管畅通，使水流最大，同时排除设备内空气。

（8）检查加热装置技术状态是否完好。

第十章　设施养鸡装备作业实施

相关知识

一、降温设备种类及组成

降温设备用于减轻夏季高温对鸡生长的影响，夏季加大通风量时，由于室外空气的温度和含湿量都较室内低，所以，进入的空气量增加，可更多的吸收显热（温度变化的热量）和潜热（水分蒸发所需的热量），从而起到降温作用。但通风量加大一定程度时，此降温作用就趋于稳定不变。所以，气温更高时，需用专门的降温设备，常用的有湿帘风机降温设备、喷雾降温设备等。

（一）湿帘风机降温设备

湿帘风机降温设备由水箱、水泵、水管、湿帘、风机、框架、循环水设备和控制装置组成。

1. 湿帘

湿帘是水蒸发的关键设备。制造湿帘的材料一般木刨花、棕丝、塑料、棉麻、纤维纸等，目前，最常用的是波纹纸。波纹纸质湿帘是由经树脂处理并在原料中添加了特种化学成分的纤维纸黏结而成，呈蜂窝状，厚度一般为 100～200mm。它具有耐腐蚀、通风阻力小、蒸发降温效率高、能承受较高的过流风速、便于维护等特点。此外，湿帘还能够净化进入鸡舍内的空气。湿帘的组成见图 10－1。

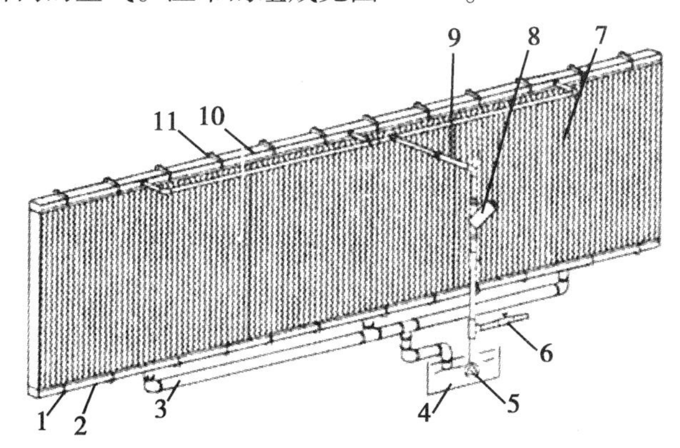

图 10－1　湿帘组成示意图

1－框架托板；2－下框架；3－回水管；4－水池；5－水泵；6－排水球阀；
7－湿帘；8－过滤器；9－供水主管；10－上框架；11－框架挂钩

湿帘的技术性能参数主要有降温效率和通风阻力。这两个参数的数值大小取决于湿帘厚度和过帘风速 y（通风量/湿帘面积）。湿帘越厚、过帘风速越低，降温效率越高；湿帘越薄、过帘风速越高，则通风阻力越小。为使湿帘具有较高的降温效率，同时减小通风阻力，过帘风速不宜过高，但也不能过低，否则使需要的湿帘面积增大，增加投资，一般取过帘风速 1～1.5m/s。一般当湿帘厚度为 100～150mm、过帘风速为 1～1.5m/s 时，降温效率为 70%～90%，通风阻力为 10～60Pa。湿帘的水流量应为每米帘宽度 4～5L/s，水箱容量为每平方米湿帘面积 20L。

有资料报道：当舍外气温为 28～38℃时，湿帘可使舍温降低 2～8℃。但舍外空气湿度对降温效果有明显影响，经试验，当空气湿度为 50%、60%、75% 时，采用湿帘可使舍温分别降低 6.5℃、5℃和 2℃，因此，在干旱的内陆地区，湿帘通风降温系统的效果更为理想。

湿帘应安装在通风系统的进气口（迎着夏季主导风向的墙面上），以增加空气流速，提高蒸发降温效果。水箱设在靠近湿帘的舍外地面上，水箱由浮子装置保持固定水面。其安装位置、安装高度要适宜，应与风机统一布局，尽量减少通风死角，确保舍内通风均匀、温度一致。同时在湿帘进风一侧设置纱网（25 目左右），用来防尘和防止杂物吸附在湿帘上。湿帘进水口前设置过滤器，防喷淋口堵塞。

安装时，应将湿帘纸拼接处压紧压实，确保紧密连接，湿帘上端横向下水管道下水口应朝上安装，同时湿帘的上下水管道安装时要考虑日后的维护，最好为半开放式安装；并拉线对湿帘横向水管进行找平，保证整体保持水平状态，且湿帘的固定物不可紧贴湿帘纸，安装完毕后对整个水循环系统进行密闭处理。

2. 风机

湿帘风机多数采用大风量低压轴流风机。风机主要由扇叶、百叶窗、开窗机构、电机、皮带轮、集风器（进风罩）、内框架、机壳、安全护网等部件组成（图 10－2）。开机时由电机驱动扇叶旋转，并使开窗机构打开百叶窗排风。停机时百叶窗自动关闭，以防室外灰尘、异物等进入，亦可避免雨雪及倒风的影响。

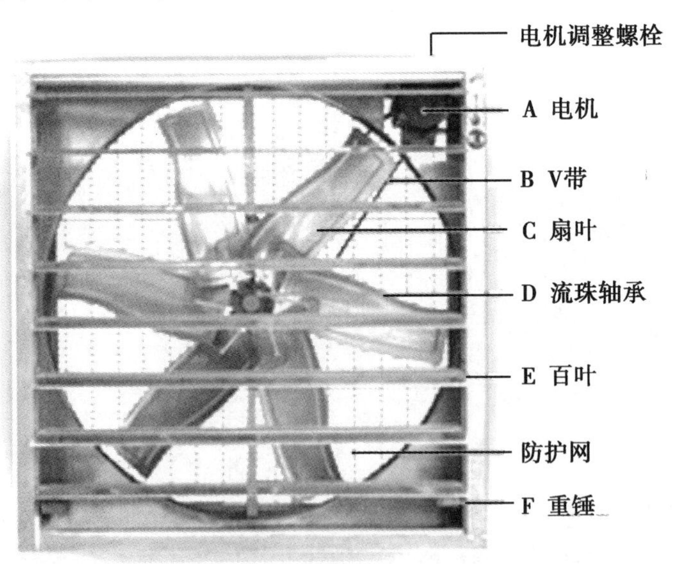

图 10－2 风机结构示意图

3. 湿帘风机设备运行模式

根据国内大部分养殖场所在地理位置、气候条件等因素，大多设置 3 种气候控制模式。

（1）夏季运行模式　夏季以防暑降温为目的，须保证夏季最大通风量。养殖对象附近的风速应在 1.2～1.8m/s 为宜，不宜超过 2m/s。

（2）春、秋季运行模式　春、秋天的气候比较温和，主要以通风换气为主。这两个季节一般关闭湿帘水泵，依据设定温度，通过自动开启不同数量的风机进行通风换气。

（3）冬季运行模式　寒冷季节中，通风的目的是为鸡提供新鲜空气并保持热量的同时排除舍内多余水分、尘埃和有害气体，以保证鸡最小通风换气量为原则，鸡附近的风速应小于 0.3m/s。

4. 湿帘冷风机

湿帘冷风机是湿帘与风机一体化的降温设备，由湿帘、轴流风机、水循环设备及机壳等部分组成。风机安装在湿帘围成的箱体出口处，水循环设备从上部喷淋湿润湿帘，并将湿帘下部流出的多余未蒸发的水汇集起来循环利用。风机运行时向外排风，使箱体内形成负压，外部空气在吸入的过程中通过湿帘被加湿降温，风机排出的降温后的空气由与之相连接的风管送入要降温的地方。湿帘冷风机的出风方向有上吹式、下吹式和侧吹式（图 10－3）。

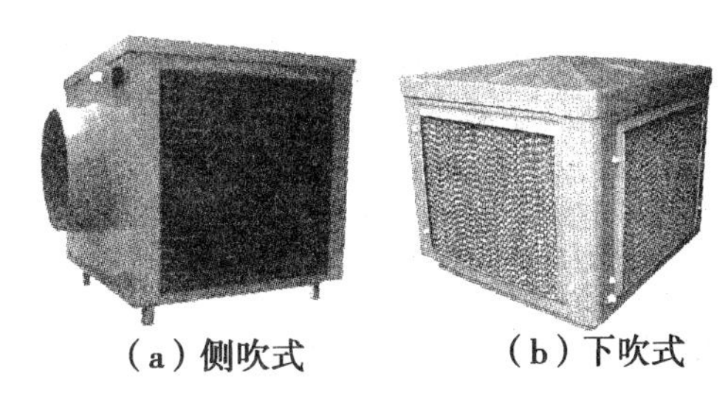

（a）侧吹式　　（b）下吹式

图 10－3　湿帘冷风机

湿帘冷风机使用灵活，鸡舍是否密闭均可采用，并且可以控制降温后冷风的输送方向和位置，尤其适合鸡舍内局部降温的要求。湿帘冷风机的出风量在 2 000～9 000m^3/L。其降温效率、湿帘阻力等特性与湿帘－风机降温设备相似。不同的是湿帘冷风机采用的是正压通风的方式，其设备投资费用较大。

（二）喷雾降温设备

喷雾降温设备由过滤器、储水箱、高压水泵、高压管路、高压喷头、卸压阀、自动控制箱等组成（图 10－4）。喷雾压力为 250～500kPa，雾粒直径 80～120μm。当舍温达 32℃时开始喷雾，喷 1～2min，停 15～20min，不断循环。当舍温 27℃时停止喷雾。如舍内相对湿度 70%时，可降温 2～5℃。广泛用于畜禽舍内喷雾降温、消毒防疫。其优点：一是应用范围广，不仅可以用于封闭式鸡舍，也可用于开放式鸡舍。二是在水源水箱中添加消毒药物后，可对鸡舍进行消毒。缺点是蒸发降温效果要低于湿帘—风机降温设备。

一般每栋鸡舍布置一套主机，主机的功率大小可根据鸡舍面积来确定。单台机组可适用于 200～4 000m^2 的范围。喷嘴喷出的雾长 3～5m，宽 1m。喷头的布置密度为封闭式鸡舍 1.5m/个；开放式鸡舍 1.0m/个。

喷雾降温设备的工作原理是将普通的水经过过滤设备处理后，利用高压水泵加压（压力可达 250～500kPa），从特制的喷嘴喷出产生 80～120μm 的自然颗粒，雾化至整个空间。这些微小的人造颗粒能够长时间漂浮、悬浮在空气中，通过这种超细水滴形成的水雾吸收空气中热量，产生蒸发冷却的效应，可在 3～5min 内降温 5～8℃，降温效果十分显著。

喷雾降温设备可根据需要设计安装自动控制温度、湿度和定时装置。当舍内温度上

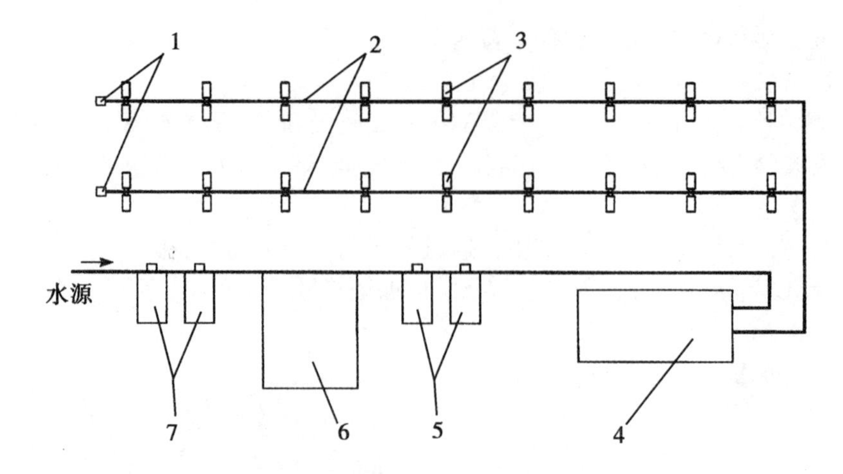

图 10－4 喷雾降温系统示意图

1－泄压阀；2－高压管路；3－高压喷头；4－高压水泵；5、7－过滤器；6－贮水箱

升时，温度传感器自动感应，自动控制装置开启水泵加压装置。开始自动喷雾，每喷 1.5～2.5min 后间歇 10～20min 再继续喷雾。当舍温下降到设定的最低温度时则自动停止；或者可以根据一天 24h 来设定某一时刻开始喷雾，到某一时刻停止。

二、加温设备种类及组成

对鸡舍加温方式有集中供暖和局部供暖两种。其设备有集中加温供暖设备和局部加温供暖设备两大类。

（一）集中加温供暖设备

集中加温供暖就是由一个集中的加温供暖设备对整个鸡舍进行全面供暖，使舍温达到适宜的温度。集中加温供暖根据热源不同，可分为热水式加温供暖和热风式加温供暖两种。

1. 热水式加温供暖设备

热水式加温供暖主要是将热水通过管道输送到舍内的散热器，也可在地面下铺设热水管道，利用热水将地面加热。其特点是节省能源，供热均匀，保持地面干燥，减少痢疾等疾病发生，利用地面高贮热能力，使温度保持较长的时间。但热水管地面加温的一次性投资比其他加温设备投资高 2～4 倍；地下管道损坏不易修复；加热所需的时间较长，对突然的温度变化调节能力差。常用于鸡舍供热和加热地板局部供热等。热水供热系统按水在系统内循环的动力可分为自然循环和机械循环两类。

（1）自然循环热水加温供暖设备　该设备主要由热水锅炉、管道、散热器和膨胀水箱等组成。按管道与散热器连接形式，又可分为单管式、双管式。单管式设备各层散热是串联的，热水按顺序地沿各层散热器流动并冷却，它用管较省，流量一致，但各层散热器的平均温度不同。双管式设备的各层散热器并联在供水管和回水管之间，每个散热器自己构成一回路，这样各散热器平均温度相同，但流量容易不均，需用闸阀进行控制。

①锅炉。锅炉主要由锅炉本体（汽锅、炉子、水位计、压力表和安全阀等）和锅炉辅机（风机、水泵等）组成。锅炉是一种利用燃料燃烧后释放的热能或工业生产中

的余热传递给容器内的水，使水达到所需要的温度（热水）或一定压力蒸汽的热力设备。用锅炉将水加热，然后用水泵加压，热水通过供热管道供给在舍内均匀安装的与温室采暖热负荷相适应的散热器，热水通过散热器来加热舍内的空气，提高舍内的温度，冷却了的热水回到锅炉再加热后重复上一个循环。

热水加温系统的优点是养殖舍内温度稳定、均匀，运行可靠，经济性好。缺点是系统复杂，设备多，造价高，设备一次性投资较大。它是养殖舍内目前最常用的加温方式，一般都采用小型低压热水锅炉（$P \leq 2.5MPa$、$D < 20t/h$），燃料可选择燃油、燃气或煤，比较经济。

②散热器。散热器是安装在供热地点的放热设备，它的功能是当热水从锅炉通过管道输入散热器中时，散热器即以对流和辐射的方式将热量传递给周围空气，以补充舍内的热损失，保持舍内要求的温度，以达到供热的目的。散热器常见的有光管型、圆翼型和柱型等。光管型散热器由钢管焊成，它制造简单，但散热面积小，相同效果的散热器消耗金属量大。圆翼型散热器由圆管外面圆形翼片制成，其散热面积比光管大6~10倍，所以能节省材料，为温室专用的散热器，具有使用寿命长、散热面积大的优点，应用比较广泛。柱型散热器由铸铁铸成带散热肋的柱状，其散热面积介于光管型和圆翼型之间，形状较美观，常用于民用建筑。

③膨胀水箱。膨胀水箱用来容纳或补充系统中水的膨胀或漏失，稳定设备中的水压，排除设备中的空气等。对于低温热水加温设备，一般都采用与大气相通的开式膨胀水箱，它一般都设有膨胀管、补水管和溢水管。膨胀水管常为竖管，与设备相通。补水管与补水箱相连，补水箱由浮子阀控制水位。溢水管位于膨胀水箱的上部，当膨胀水管中的水过多时，水即通过溢流管排出。

（2）机械循环热水加温供暖设备　该设备在自然循环式设备的回水管路中加设水泵，使水在整个设备内强制性循环。它适用于管路长的大中型加温供暖设备。

2. 热风式加温供暖设备

热风式加温供暖是利用热空气（热风）通过管道直接输送到舍内。热风式加温供暖系统由热源、空气换热器、风机、管道和出风口等组成。工作时，空气通过热源被加热，再由风机通过管道送入舍内。常用于幼鸡舍。它的优点是温度分布比较均匀，热惰性小，可与冬季通风相结合，避免了冬季冷风对鸡的危害，在为舍内提供热量的同时，也提供了新鲜空气，降低了能源消耗，易于实现温度调节，设备投资少。缺点是：不适宜远距离输送，运行费用和耗电量要高于热水采暖系统。

按热源和换热设备的不同，热风式加温供暖设备可分热风炉式、蒸汽（或热水）加热式和电热式。在我国养殖业中广泛使用的是热风炉式加温设备。

（1）热风炉式加温供暖设备　该设备主要包括热风炉炉体、离心风机、电控柜、有孔风管等4个部分（图10-5）。根据对空气加热形式可分直接加热式和间接加热式，按燃料形式可分燃煤、燃油和燃气3种形式，按加煤方式分为手烧、机烧两种。其中燃煤热风炉结构最简单，操作方便，一次性投资小，应用最广，但烟气的污染也最重，其他两种燃料的热风炉仅适用于燃料产地及有条件的地方。养殖舍加温用燃煤热风炉大多为手烧、燃煤、间接式。

①热风炉炉体。实际上是一种气——气热交换器。它是以空气为介质，采用间接加

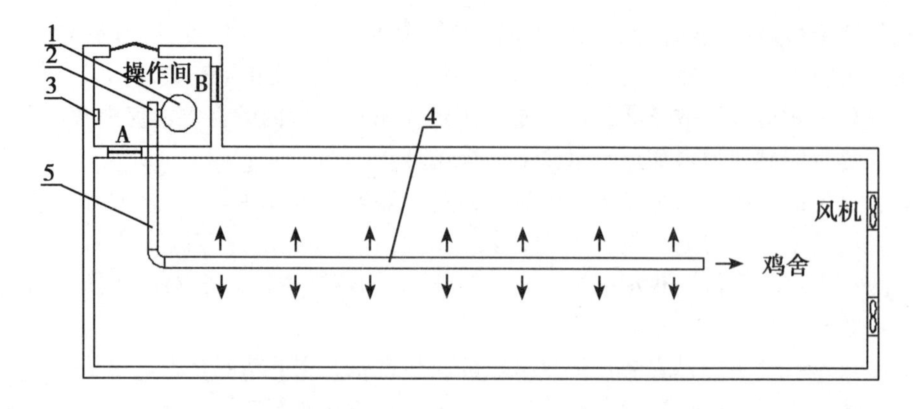

图 10－5　热风炉加温设备示意图

1－热风炉；2－离心风机；3－电控柜；4－有孔风管；5－连接风管

热的燃料换热装置。目前有卧式与立式两种形式，但工作原理基本相同。

②离心风机。其功能是用来向舍内输送热风。风机进风口与热风炉的热风出口直接对接，风机出风口则与送风管路相连，通过送风管路将热风输送入舍内。

③电控柜。电控柜中包括两套温度显示系统，其中一套温度显示系统的温度传感器设置在热风炉的热风出口处，控制风机启动和关停。另一套温度显示系统的温度传感器设置在舍内，将舍内不同点的温度在电控柜内显示出来，并在高于或低于限定温度时自动报警，提醒操作者采取措施。

④有孔风管。有孔风管用以将热风炉产生的热风引向舍内并均匀扩散。该管是一条长度约为供暖长度 2/3 的圆管，每隔 1m 左右开一个排风口，管的末端敞开，多余热风全部从末端排出。有孔风管可用镀锌薄钢板卷制，也可用帆布缝制或塑料薄膜粘接。

工作时，热风炉燃料点燃进入正常燃烧后，热量辐射到炉壁上，经过耐火材料和钢板的传热，将热量传到风道和热交换室中，冷空气通过鼓风机经过炉体中的风道预热后进入热交换室进行热交换后成为热空气（热风），热空气经出风口再由送风管道送入舍内。舍内的送风管道上开有一系列的小孔，热空气从这些小孔中以射流的形式吹入舍内，并与舍内的空气迅速混合，产生流动，从而整个舍内被加热。

热风炉式加温可实现单纯加温、加温加通风和单独通风 3 种运行模式。

①单纯加温（内循环运行）。当不要求换气、只要求加热时，可将热风炉操作间与室外的通风口关闭，而将舍内与热风炉工作间之间的通风口打开，使舍内的温热空气再次进入热风炉内加热，通过有孔风管进入舍内，这样热风是在舍与热风炉操作间循环，故称内循环，可迅速提高舍内温度，又节省燃煤。

②加温加通风（外循环运行）。既需要加温保持舍内温度，又需要舍内通风换气，这时可将舍内与热风炉操作间之间的通风窗口关闭，打开热风炉操作间与室外的通风窗口，启动热风炉向舍内送热风，并同时启动舍另一端的风机以增加换气量，这样可在不降低舍内温度的前题下，对舍内进行通风换气。

③单独通风。在热风炉不生火的情况下，启动热风炉离心风机，将室外的新鲜空气通过离心风机、有孔风管进入舍内，与舍内的空气混合后，经舍另一端的风机排出舍

外，达到彻底通风的目的。

（2）蒸汽（或热水）加热式加温设备　一般可设在鸡舍的中部。它由气流窗、气流室、散热器、风机和风管等组成（图 10－6）。散热器是有散热片的成排管子，锅炉供应的蒸汽或热水通过管内。室外的新鲜空气通过可调节的气流窗被风机的吸力吸入舍内，再由此经过过滤器进入散热器受到加热，最后被风机吸入并沿暖管进入鸡舍内。

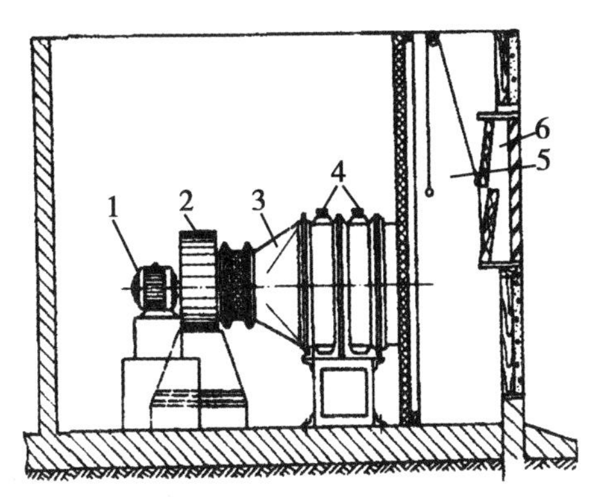

图 10－6　蒸汽（或热水）加温式供暖设备结构图

1－电动机；2－风机；3－吸气管；4－散热器；5－气流室；6－气流窗

除了上述自行选择装配的蒸汽（或热水）加热器式热风供热系以外，还有用蒸汽或热水加热的暖风机。它由散热器、风机和电动机等组成。散热器是一排有散热片的管子，由锅炉供应的蒸汽或热水在管内通过，空气由风机吹过散热器，在通过后被加热，然后进入舍内。

（3）电热式热风加温设备　与蒸汽（或热水）加热式类似，是用电热式空气加热器代替蒸汽（或热水）式空气加热器。电加热器的制作很简单，只要在风道中安上电热管即可，所以设备成本较低，并且很适于进行自动控制。但它的耗电量大，运行费用高，限制了它的应用。

（二）局部加温设备

局部采暖是利用采暖设备对养鸡舍的局部进行加热而使该局部地区达到适宜鸡生长的温度。局部采暖常用的设备有远红外线辐射板加热器、电热保温板、红外线灯等。

1. 远红外线辐射板加热器

远红外线辐射板加热器由加热器、辐射板和调温控制开关三部分组成。其功率为 230W，使用电压 220V。调温控制开关分为高低两挡，位于低档时功率为 115W。

远红外线辐射板加热器的工作原理是：辐射板在通过电流后产生远红外线，并在加热器架上的反射板作用下，使远红外线集中辐射于雏鸡区，当它被雏鸡体表面吸收后，直接为其加热。其最大优点是热效率非常高。此外，雏鸡经过远红外线辐射后还能促进增重和增强对各种疾病的抵抗能力。

2. 电热保温板

电热保温板是一种局部加热设备。它是将电热元件——电热丝埋在玻璃钢板内，利用电热丝加热玻璃钢板，使其表面保持一定的温度。电热保温板的功率为110W，电压220V。有高低两挡控温开关，以适应不同日龄雏鸡对温度的要求，其最高表面温度可达到38℃。电热保温板具有良好的绝缘性和耐腐蚀性，且具有不积水，易清洗，抗老化的优点。

3. 红外线灯

红外线灯的工作原理与远红外线辐射板加热器大致相同。它是在灯泡壁上涂有能够产生红外线的材料，灯丝发出的热量辐射到灯泡壁上后，向外发射红外线。红外线灯与远红外辐射板加热器相比，它产生的红外线能穿透皮层，促进新陈代谢，还能够发出微弱的红光，在夜间雏鸡可以很容易入睡休息。红外线灯的主要缺点是价格高，使用寿命较短。

常用的红外线灯结构及接线方式与白炽灯基本相同，差别在于它的抛物面状的灯泡顶部敷设铝膜，以使红外线辐射流集中照射于雏鸡区。

4. 电热育雏伞

保温伞使用要点有电热保温伞和燃气保温伞两种，以电热保温伞居多，其功率为1.2kW/个，控温范围为0～50℃，控温精度为±2℃，每个保温伞可育雏500只。适用于大、中、小鸡场的网上和平地散养育雏，一般在室温15℃以上就能育雏。

（1）电热育雏伞的使用法

①将伞倒置、把伞节对正套入铁管、并用力沿管推移，伞逐渐张开。当伞节已过铁管通孔位置时，用销钉插入。

②将加热板均匀分挂到伞内挂钩上。加热板离地面高度为25～30cm。然后把每块加热板的电源插头，插入伞内电源插座内。

③将伞的电源插头插入220V电源，把控温器上的钮子开关拨向上方，转动控温器刻度盘红色发光管，应有“亮”和“不亮”的变化（控温低于0℃时常“亮”）。慢慢地转动刻度盘从不亮到刚跳到发光管“亮”时，发光管下面三角箭头指向的刻度盘读数，即为当时的伞内中心下面感温头的温度值。发光管亮表示通电加热，当到伞温度升至刻度盘指示值时，发光管自动熄灭不亮，加热就停止。当伞内温度下降到设定值时，发光管再次点亮发热，周而复始，保存伞内恒温。

（2）育雏温度的确定　由于热源的下方和伞心约有6～12℃。控温器的设定值只代表伞中心下方感温头位置的气温，因此，育雏时温度值的设定，最好根据伞内鸡的表现而定，整个育雏阶段应经常注意观察雏鸡行为，雏鸡行为是环境温度正确与否的最好指征，见表10－1。

表10－1　电热育雏伞下雏鸡的分布与表现情况

状态	分布情况	雏鸡表现	处理方法
温度适宜		雏鸡均匀分布，叫声清脆、活动自如	

续表

状态	分布情况	雏鸡表现	处理方法
温度过高		雏鸡没有叫声，张嘴喘气，头和翅膀下垂，远离育雏伞	1. 调低保温伞温度 2. 增加保温伞高度
温度过低		雏鸡在育雏伞下扎堆，发出悲鸣的叫声，雏鸡不愿活动	1. 提高温度 2. 降低保温伞高度 3. 缩小围栏
有贼风或过堂风		雏鸡仅在伞下及围栏某一部分活动，其他部分无鸡	控制贼风

随着鸡龄的增加，育雏温度的设定值，应按规定逐步降低。

（3）电热育雏伞使用注意事项

①随着鸡的生长，鸡的呼吸量随之增加，应注意伞内通风换气，可用木夹来调节透气孔的大小。

②育雏时，严禁将饮水器放入伞内，防止伞内湿度过大，影响雏鸡的生长。

③电热育雏伞装有电子控温器。当鸡舍消毒冲洗时，应把伞顶的控温器用塑料袋套好保护，以免受潮或药物腐蚀。

④电热育雏伞不用时，可折叠或悬空吊挂收藏。

（三）畜禽舍加温的选用与节能技术

1. 畜禽室加温的选用

温室的热源不论是热风炉还是热水炉，从燃烧方式上分为燃油式、燃气式、燃煤式3种。其中，燃气式的设备装置最简单，造价最低，但在气源上没有保证，不可强求。燃油式的设备也比较简单，操作容易，自动化控制程度高，现有一些小型的燃油锅炉，完全实现电脑控制。燃油式设备造价也比较低，占地面积比较小，土建投资也低。但燃油设备的运行费用比较高，相同的热值比燃煤费用高3倍。燃煤式的设备最复杂，操作比较复杂，需要锅炉工人责任心强，精心操作。燃煤式设备费用最高，因为占地面积大，土建费用比较高，但设备运行费用是3种设备中最低的。

一般在南方地区，采暖时间短，热负荷低，采用燃油式的设备比较好，加温方式采用热水或热风方式都可以，最好采用热风式。在北方地区冬季加温时间长，采用燃煤热水锅炉比较保险，虽然一次投资比较大，但可以节约运行费用，长期计算还是合适的。

2. 畜禽舍加温节能技术

（1）畜禽舍的热量散失主要途径

①通过玻璃等围护结构传导散热。

②向天空的辐射散热。

③通风散热。

④空气渗透散热。

⑤地中传热。

其中，第②项耗热量很小，可忽略不计。第①项占总的散热损失的70%～80%。第③、④项合计占总的散热损失的10%～20%，第⑤项占总的散热损失的5%～10%。

（2）温室节能就是要减少温室的散热量　减少玻璃温室热损失的有效办法是装设保温幕，保温幕可以有效地降低夜间的热损耗。在满足作物光照的前提下，最好安装双层透光材料。双层透光材料与单层透光材料比较，其耗热量减少50%，而透光率仅减少10%～20%。较好的方法是其中一层是可收放的，采光时收起，便不会影响透光率；保温时候放下以实现保温。另外采用防寒沟，填上保温材料减少地中传热量也十分有效。

三、鸡舍的采光

鸡舍的光照根据光源分为自然光照和人工照明。自然光照节电，但光照强度和光照时间有明显的季节性，一天中也在不断变化，难以控制，舍内光照度也不均匀。为了补充自然光照时间及光照度的不足，自然采光鸡舍也应有人工照明设备。密闭式鸡舍则必须设置人工照明，其光照强度和时间可根据鸡要求或工作需要加以严格控制。

（一）自然采光

自然光照取决于通过鸡舍敞开部分或窗户透入的太阳直射光和散射光的量，而进入舍内的光量与鸡舍朝向、舍外情况、窗户面积、入射角与透光角、玻璃的透光性能、舍内反光面、舍内设置与布局等诸多因素有关。采光设计的任务就是通过合理设计采光窗的位置、形状、数量和面积，保证鸡舍的自然光照要求，并尽量使光照度分布均匀。

（二）人工照明

一般以白炽灯和荧光灯作光源，不仅用于密闭式鸡舍，也用于自然采光鸡舍作补充光照。

1. 影响鸡禽舍照明的因素

影响因素有光源、灯的高度、灯的分布、灯罩、灯泡质量与清洁度。

（1）光源　家鸡一般可以看见波长为400～700nm的光线，所以用白炽灯或荧光灯皆可。荧光灯耗电量比白炽灯少，而且光线比较柔和，不刺激眼睛，但设备投资较高，而且在一定温度下（21.0～26.7℃）光照效率最高，温度太低时不易启亮。一般白炽灯泡大约有49%的光为可利用数值

（2）灯的高度　灯的高度直接影响地面的光照度。灯越高，地面的照度就越小，一般灯具的高度为2.0～2.4m。

（3）灯的分布　为使舍内的照度比较均匀，应适当降低每个灯的功率，而增加舍内的总装灯数。灯泡与灯泡之间的距离，应为灯泡高度的1.5倍。舍内如果装设两排以上灯泡，应交错排列；靠墙的灯泡，同墙的距离应为灯泡间距的一半。灯泡不可使用软线吊挂，以防被风吹动而使鸡禽受惊。

（4）灯罩　使用灯罩可使光照度增加50%。一般应采用平形或伞形灯罩。不加灯罩的灯泡所发出的光线约有30%被墙、顶棚、各种设备等吸收。

（5）灯泡质量与清洁度　灯泡质量差要减少光照度30%，脏灯泡发出的光约比干净灯泡减少1/3。

2. 选择灯具的步骤

（1）选择灯具种类　根据鸡舍光照要求（表4－2、表4－4、表4－5）和1m² 地面设1W 光源提供的光照度，计算禽舍所需光源总功率，再根据各种灯具特性确定灯具种类。

光源总瓦数＝禽舍适宜光照度/1m² 地面设1W 光源提供的光照度×禽舍总面积

（2）确定灯具数量　灯具的行距按大约3m 布置，或按工作的照明要求布置灯具，各排灯具平行或交叉排列，布置方案确定以后即可算出所需灯具盏数。

（3）计算每盏灯具瓦数　根据总功率和灯具盏数，算出每盏灯具功率。

四、鸡舍光照管理原则

1. 蛋鸡光照管理程序的原则

（1）育雏期前1周或转群后几天可以保持较长时间的光照，以便鸡熟悉环境、及时饮水和吃料，然后将光照时间逐渐减少到最低水平。

（2）育成期每天光照时间应保持恒定或逐渐减少，切勿增加，以免造成光照刺激使鸡早熟。

（3）产蛋期每天光照时间逐渐增加到一定小时数后保持恒定，切勿减少。

2. 肉鸡光照管理程序的原则

肉鸡光照管理程序的原则要求是随鸡只周龄增加逐渐由强变弱。0～14日龄2.7～3.0W/m²（即每20m² 用60W 灯泡1个），15～28日龄1.3～1.5W/m²（即每15m² 用25W 的灯泡1个），29日龄至出栏0.70～0.75W/m²（即每20m² 用15W 灯泡1个）。

五、鸡孵化工艺流程

1. 孵化工艺流程

鸡孵化工艺流程见图10－7所示，孵化场必须严格遵守孵化工艺流程单向，运行不得逆转和交叉。

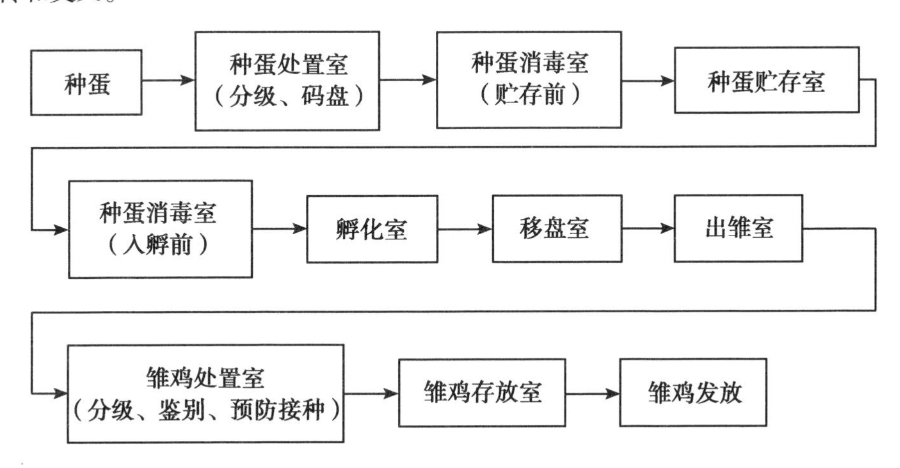

图10－7　孵化工艺流程图

孵化场一切生产活动以孵化厅为中心，孵化厅内设有孵化室、出雏室、捡雏室、存雏发雏室、移盘室、种蛋库、熏蒸室、更衣室、清洗消毒间、纸盒库房、卫生间、餐厅等。

2. 鸡孵化参数要求

调节温度、湿度、通风和翻蛋是孵化机的四个主要功能，如果其中一项出现差错，轻者影响孵化、出雏率，重者造成种蛋全部损失。

（1）高温影响　孵化期间出现高温，胚胎发育增快，孵化期缩短，胚胎死亡率增加，初生雏鸡质量下降。

（2）低温影响　孵化温度偏低，将延长种蛋的孵化时间，胚胎发育迟缓，气室大，相应死亡率增加，初生雏鸡质量下降。

（3）高湿影响　湿度过高时，影响蛋内水分的正常蒸发，种蛋气室小，尿囊合拢迟缓，雏鸡腹大，脐部愈合不良。

（4）低湿影响　湿度过低时，蛋内水分蒸发过快，死亡率增大，内脏出现充血，啄壳时，壳干燥，易引起胚胎和壳膜粘连，也引起雏鸡脱水。

（5）风门的位置　决定吸入新鲜空气的多少，风门的大小关系到出雏率及健雏率。

（6）翻蛋功能　主要是改变胚胎的位置，避免胚胎长期受一个方向的作用力，防止胚胎粘连，促进羊膜运动，使胚胎受热均匀。

表 10－2 中所列鸡孵化参数设定值适用于孵化厅室温为 20～27℃的变温孵化（室温或高或低可适当增减）；恒温孵化时，温度可设定为 37. 80℃（室温同上），风门位置和湿度参考表 10－2；翻蛋定时为 2h。

表 10－2　鸡孵化参数表

孵化天数	1～2	3～6	7～12	13～15	16～18	出雏
温度设定	38. 00	37. 90	37. 80	37. 70	37. 60	37. 20
湿度设定	50%～60% RH					65%～70% RH
风门位置	0	0 或 1	1 或 2	1 或 2	3	3 或 4

六、鸡孵化设备组成与调整

1. 箱体式孵化机

图 10－8　箱体式孵化机内貌

该机型主要结构包括：主机（风扇系统、翻蛋系统、风冷或水冷系统、加湿系统、风门系统）、箱体（顶板、侧板、后板、门板及型材）、控制系统（主控电路板、电源板、继电器板和强电控制电路及等，挂在主机前面板上）、蛋车或出雏车（含蛋盘、出雏筐）。图 10－8 为箱体式孵化机内貌，图 10－9 为箱体式孵化机结构。配套的出雏机与孵化机主要区别是出雏鸡没有翻蛋系统，蛋车和蛋盘改换为出雏车和出雏筐。

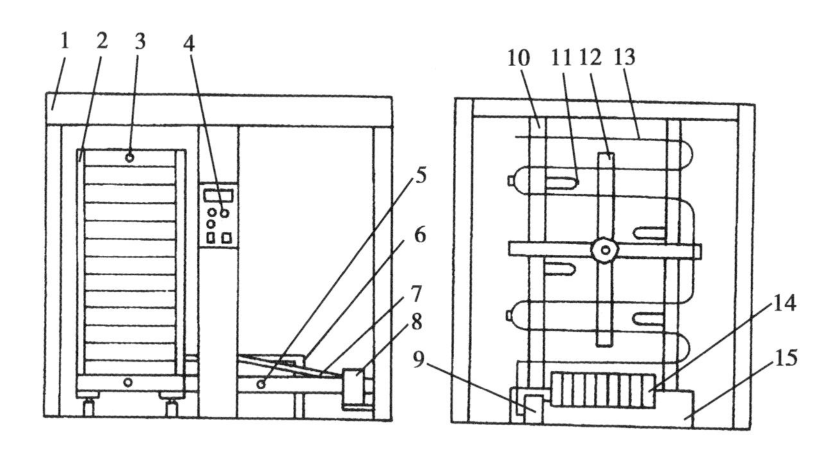

图 10－9　箱体式孵化结机构

1－箱体；2－蛋车；3－销钉；4－控制面板；5－销孔；6－摆杆机构；
7－曲柄连杆机构；8－减速机；9－泵；10－支架；11－加热器；
12－大风扇；13－冷却器；14－加湿器；15－水箱

2. 巷道式孵化机

巷道式孵化机主要包括控制系统、箱体、风扇系统、加湿系统、翻蛋系统、密封系统，还可增加加热系统（适合较大规模的孵化场）和水冷系统（适合炎热地区），以及配套的蛋车、蛋盘。图 10－10 为孵化设备配套的蛋车、蛋盘和出雏机配套的出雏车和出雏筐，同样适用于箱体式孵化机。

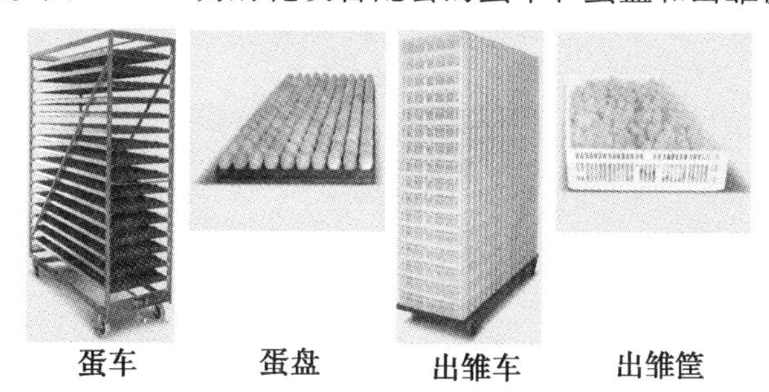

图 10－10　孵化设备配套蛋车、蛋盘、出雏车和出雏筐外观

3. 设备的调整方法

（1）温、湿度校准　如果发现孵化机显示的温度和湿度的测量值与标准温、湿度计测得的值相差有差异，这时可以通过调节电位器使机器显示的温、湿度测量值与标准温、湿度计测得的一致。见图 10－11，主板上接线端子 1X1 有两个电位器分别标以“T0”和“H0”，它们分别用来校准机器显示的温、湿度测量值。

①温度校准。箱体内推入装满蛋盘的蛋车（出雏机推入装满出雏筐的出雏车），蛋车处于水平状态。打开机器，使风门处于“0”位，待箱体内的温度升到设定值（37.8℃），湿度达到 53%～60% RH 后，稳定 4～8h。根据门表（标准温度计）的显示值，打开电控柜，卸下屏蔽盒，调整控制板上的 T0 电位器（用平螺丝刀顺时针拧是降低温度，逆时针拧是升高温度），使得 T 显示＝T 门表 ±0.1℃。每隔 0.5h 校正一次，

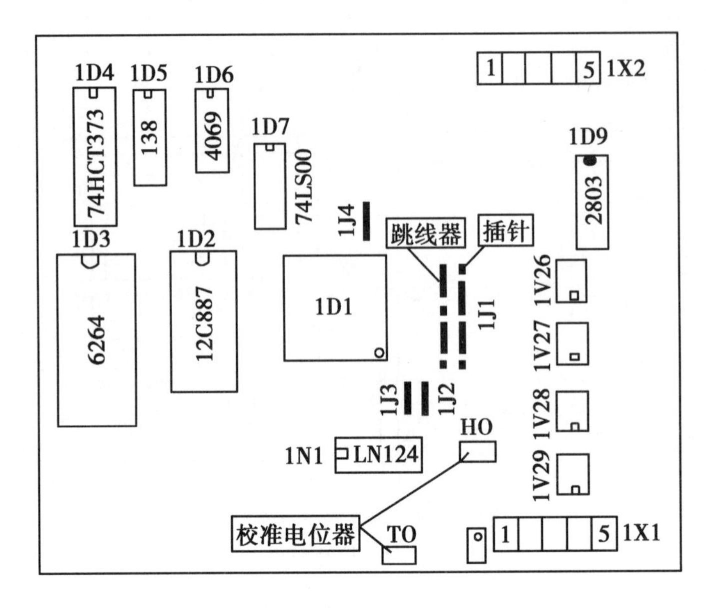

图 10－11　主板上主要器件位置

一般校正三次即可，切忌不可图省事一次调到位。温差调节完毕后，必须仔细观察 2～4h，确定准确无误后，方可进入正常工作状态。

②湿度校准。挂水银干湿表于箱体内，推入装满蛋盘的蛋车（出雏机推入装满出雏筐的出雏车），蛋车处于水平状态，打开机器，使风门处于“0”位。开机升温到设定值并稳定 4～8h 后，根据干湿表的干温、湿温差值查表得机器内的相对湿度，调节 H0 电位器，使得 H 显示 = H 湿度计 ±2% RH。

（2）大风扇皮带调整及运转检测

①大风扇皮带张紧的调整。大风扇皮带张紧要适当。安装人员装调完机器之后，皮带的张紧程度都已经调整合适。但是机器运行一段时间之后大风扇皮带会变松，这时可通过风扇电机安装板上的皮带张紧调节螺钉来调整使之张紧合适（只能少量调节，调节量大时必需通过移动电机安装板来实现，见图 10－12）。

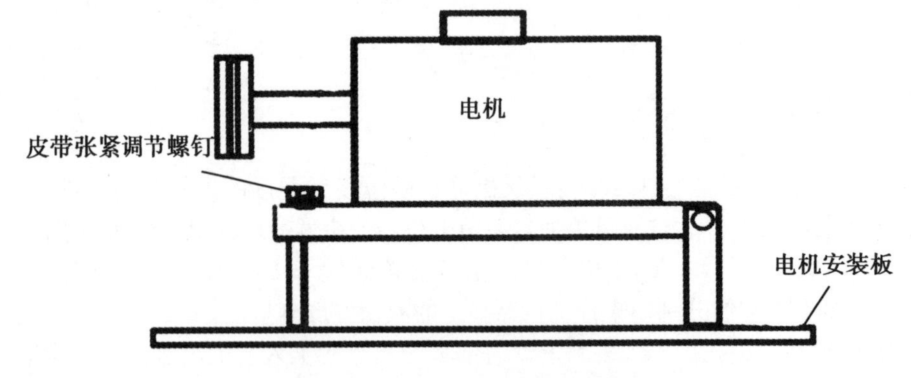

图 10－12　电机皮带张紧调整图

②风扇运转检测。孵化机箱体内风扇轴的下方有一检测部件，轴上有一磁铁，它们组成了检测风扇运转检测系统，当风扇停转时这个检测系统会发出风扇停转信号到

主板。

（3）操作者面对电机轴伸出方向为测试方向，各电机正确转向为：

①大风扇电机，顺时针方向。

②翻蛋电机，逆时针方向。

③加湿电机，顺时针方向。

④风冷电机，顺时针方向。

⑤风门电机，根据控制需要可顺、逆时针方向。

注：如果电机转向不对，调换三相电机接线端子上的任两根线即可改正。当维修了孵化机供电线路后一定要检查电机转向，严禁反向运转。

（4）交流稳压电源接法　电控柜内接线端子 X1.32 为未稳压交流电（220VAC），接到交流稳压电源入端上；交流稳压电源输出线接到 X1.33 上；交流稳压电源中线接到 X1.4 或 X1.5 上即可，配交流稳压电源后，X1.32 和 X1.33 两点间短接线要去掉。

（5）翻蛋系统　翻蛋是由后下部的电机经减速机构和后侧的蜗杆驱动蜗轮，而后经曲柄推动滑动杆来回摆动使蛋盘托架左右翻动的。翻蛋系统结构见图 10－13。

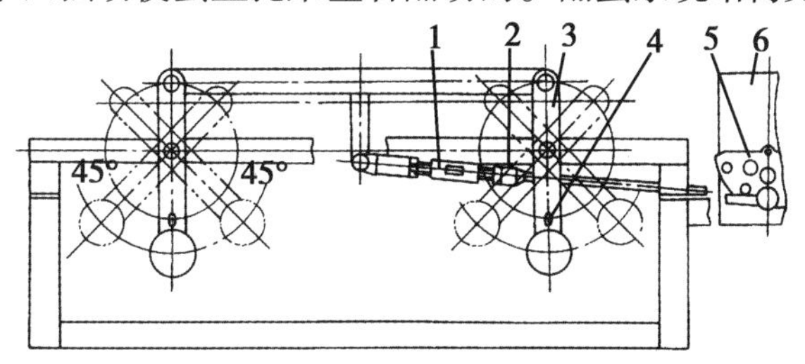

图 10－13　翻蛋系统结构

1－调节螺杆；2－连杆；3－摆杆；
4－摆杆长孔；5－曲柄；6－减速箱

（6）加湿系统　加湿水盆水位应能自动控制离盆口 20mm 左右的距离，水位过高易溢出，过低湿度不易达到，水位控制可通过调整浮块杆弯曲度实现。加湿水盆底下连了一个洗衣机排水管，用于清理水盆和甩水盘时将加湿水盆内的水排空。要经常清理加湿水盆和甩水盘，并尽可能使用清洁的软水以提高加湿系统的使用寿命。

（7）风门系统　风门由两部分组成，分别在中顶板和中后板上由一根钢丝绳相连。孵化机的通风换气量是通过风门来控制的。风门设定值是对通风量的限定，它应能保证孵化过程所需最小换气量，风门位置随种蛋多少变化和孵化前后期而变化。孵化过程中必须注意调整风门设定位置并观察风门是否真实处于正确位置，同时检查风门传动机构是否灵活、风门的两部分开口是否一样宽。如发现问题应及时调整；各个转动及滑动机构要定期加注黄油。

七、孵化机控制面板介绍

目前，市场主流孵化设备为箱体式孵化机和巷道式孵化机，这里以一种国产箱体式孵化机为例介绍。

孵化机控制面板位于电控柜的中下部，电控柜左下角是蜂鸣器。控制面板分为 3 个区域，见图 10－14，左上部是液晶显示块，用于显示温度、湿度、风门、翻蛋次数和翻蛋周期的测量值及设定值等信息；液晶显示块的右上方是 4 个 LED 指示灯，其中，两个绿色的分别用于指示加热和加湿动作，另外两个红色的用于大风扇故障和其他故障时作报警指示；液晶显示块的正下方有七个触摸式操作按键，通过它们可以完成设定孵化参数、修改机器状态和手动翻蛋等功能。右下方 3 个船形开关，分别是大风扇、照明和电源控制开关。它们的作用如下。

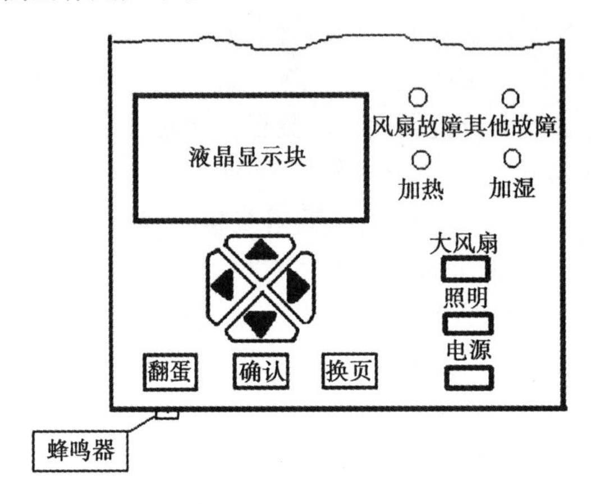

图 10－14　孵化机控制面板

1. 控制开关

（1）“电源”开关　“电源”开关打开时，机器才能工作；“电源”开关关闭时，机器虽然不能工作，但电控柜内有些强电器件和端子已经带有 380V 高压电，操作时注意安全，以防触电！

（2）“大风扇”开关　“大风扇”开关也称“启动开关”，开启时风扇旋转，整个控制系统有电，进行加热、加湿和冷却等；“大风扇”开关关闭时，风扇停转，“风扇故障”指示灯亮，有蜂鸣器报警，同时停止加热、加湿和冷却。

（3）“照明”开关。

2. 液晶显示块

液晶显示块是显示信息的主要窗口，它分为 3 页，每一页在右下角有序号标注，且每一页有四行。各页之间通过“换页”键可以转换，当一页的信息多余四行时采用滚动屏幕的方式，可以用“▲”和“▼”键进行屏幕上下滚动，以看到其余信息。

开机显示见图 10－15，为插入页，介绍了机器品牌、类型及版本号，几秒钟之后自动转换到第 1 页。

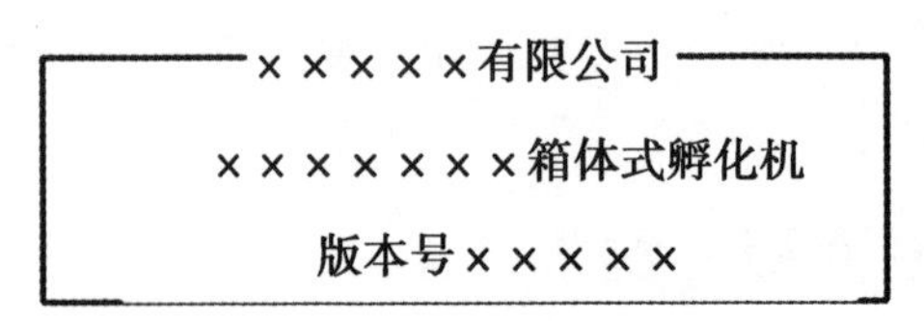

图 10－15　开机显示状态

第 1 页见图 10－16，为机器通常显示状态，用于显示温度、湿度、风门及翻蛋的

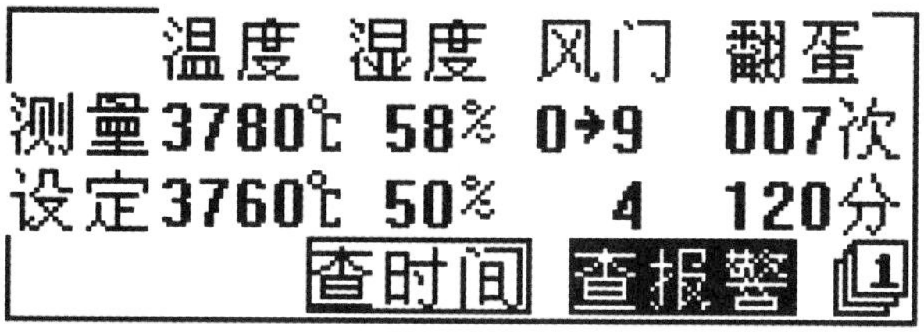

图 10－16　机器通常显示状态（第 1 页）

测量和设定值等数据信息，该页面还有两个“软按键”——查时间和查报警，前者用来查看当前时间和孵化时间，后者用来查看机器报警信息。当机器无故障时，“查报警”键不显示；当机器出现故障时，自动弹出“查报警”键。

第 2 页见图 10－17，用来进行机器设定值的调整，主要是温度、湿度、风门 3 个孵化参数设定值的调整。

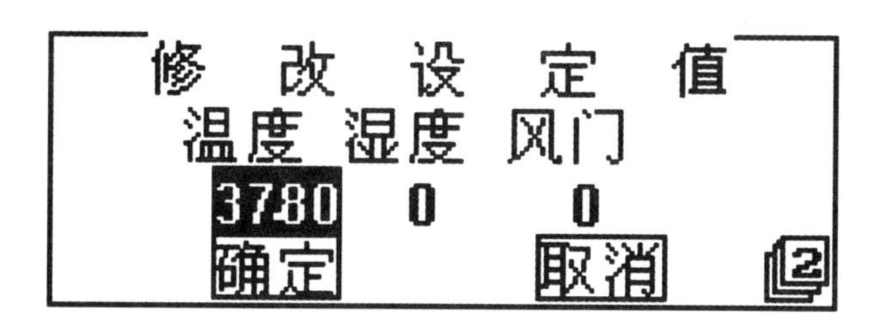

图 10－17　设定孵化参数时的显示（第 2 页）

第 3 页见图 10－12，用来进行机器状态的调整。机器状态的调整共有 15 项（表 10－3），一页内显示不下，可通过“▲”和“▼”键查看和修改机器状态。图 10－18 中加黑栏为滚动条，按“▲”和“▼”键就可以看到该滚动条上下移动。

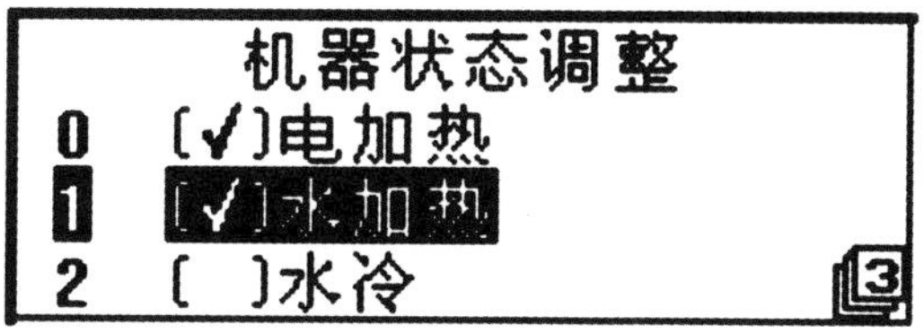

图 10－18　机器状态调整显示（第 3 页）

表 10－3　机器状态一览表

序号	机器状态	状态说明
0	[ ] 电加热	选择是否采用电加热
1	[ ] 水加热	选择是否采用水加热
2	[ ] 水冷	选择是否采用水冷
3	设置冷却点	设置水冷点和风冷点
4	设置装蛋量	设置实际孵化的种蛋数量

续表

序号	机器状态	状态说明
5	[ ] 多组变温	选择是否采用变温孵化
6	[ ] 温湿联控	选择是否采用温湿联控
7	改孵化时间	修改孵化时间
8	改系统时间	设定和修改系统当前时间
9	改翻蛋周期	设置定时翻蛋周期
10	[ ] 口令保护	选择是否采取口令保护
11	更改口令	更改口令
12	显示历史温度	查看孵化过程中历史温度记录
13	操作记录	查看工作人员的操作时间
14	高级设定	机器型号及版本的设定（此项供安装维修人员使用）

3. 工作指示灯

该机型共有 4 个 LED 工作指示灯，其意义在面板上有标示，下面 2 个绿色的 LED 分别用于指示加热和加湿动作，它们点亮时分别表示控制板发出了加热和加湿控制信号；上面 2 个红色 LED 是报警指示灯，当大风扇故障指示灯点亮时，表示大风扇停转（关掉了，保护了或皮带断了）；当其他故障指示灯点亮时，表示机器出现某种故障，包括“高温”、“低温”、“翻蛋”、“风门”和“超高温”等，它们信息及其含义见表 10－4。

表 10－4　报警信息及其含义

报警信息	含 义
大风扇故障	大风扇不转
高温	测量温度比设定温度高 0. 50℃以上
低温	测量温度比设定温度低 1. 0℃以下（刚开机温度还没升上去时除外）
翻蛋故障	定时自动翻蛋时翻蛋不能到位，或手动翻蛋开关没有在中间位置
风门故障	风门回不到“0”位，或到“0”位置检测不到
超高温	导电表导通

4. 按键

按键是操作者控制机器工作的主要途径，面板上共有 7 个按键，分上下两部分，各按键的功能见表 10－5。

表 10－5　工作按键功能

工作按键	功能
翻蛋	手动调整蛋托位置（在倾斜或水平）

续表

工作按键	功能
确认	对某一信息或操作的确认
换页	切换液晶各显示页
▲	修改参数时将选定位加 1，当一页内信息多于四行时将光标上移一行
▼	修改参数时将选定位减 1，当一页内信息多于四行时将光标下移一行
◀	左移光标
▶	右移光标

八、集蛋设备组成和中央输蛋线的类型及集蛋带的技术要求

1. 集蛋设备组成

集蛋设备一般有升降集蛋机、纵向集蛋带、软蛋去除装置、计数器、中央输蛋线等组成。

2. 中央输蛋线的类型

大型蛋鸡场每天生产数十万枚甚至数百万枚鸡蛋，输送量巨大，鸡蛋又具有易碎的特性，因此从众多鸡舍到同一分级车间运输采用中央输蛋线，全程自动化输送。中央输蛋线分为架空式和地下通道式两种。采用架空式，中央输蛋线需要不断地上下坡，跨越道路，占用大量地上空间，需要有防风、防雨、防雪、防冻措施，造价高。采用地下通道式，中央输蛋线基本保持水平状态输送，只有到分级车间才出地面，基本不占用地上空间，而且其恒温特性能有效地防止严冬酷暑时节气温、雨雪冰雹对鸡蛋的质量造成影响，比走高空运输优势更大。见图 10－19。

图 10－19　地下通道中央输蛋线

3. 集蛋带技术要求

集蛋带是集蛋设备中用材最多的部件，集蛋带要求质地柔软，表面粗糙，延伸率小。集蛋带宽度：鸡笼集蛋带宽为 95～110mm，总集蛋带宽为 220～250mm。集蛋带的移动速度很低，一般为 0.8～1m/min。要求在集蛋过程中的破蛋率低于 1%。

九、高压清洗机种类及组成

高压清洗机也称高压水射流清洗机、高压水枪。其功用是用通过动力装置使高压柱塞泵产生高压水，经喷嘴喷出变成具有冲刷力的高压水射流来冲洗鸡舍地面及物体表面，将污垢剥离，冲走，达到清洗物体表面的目的。

按动力可分为电机驱动高压清洗机、汽油机驱动高压清洗机等。按出水温度可分为

冷水高压清洗机和热水高压清洗机两大类。两者区别在于热水清洗机里加了一个加热装置，一般会利用燃烧缸把水加热，迅速冲洗净大量冷水不容易冲洗的污垢，提高了清洁效率，但该机价格偏高，且运行成本高。

冷水高压清洗机主要由电动机、进水阀、水泵、出水阀、管路、高压水枪、清洗剂吸嘴、高压水管、电源线、温控开关、电源开关等组成。热水高压清洗机在冷水高压清洗机的基础上增加了加热器、喷油嘴、点火电极总成、油箱、燃油滤清器、油泵、风机等，见图 10－20。

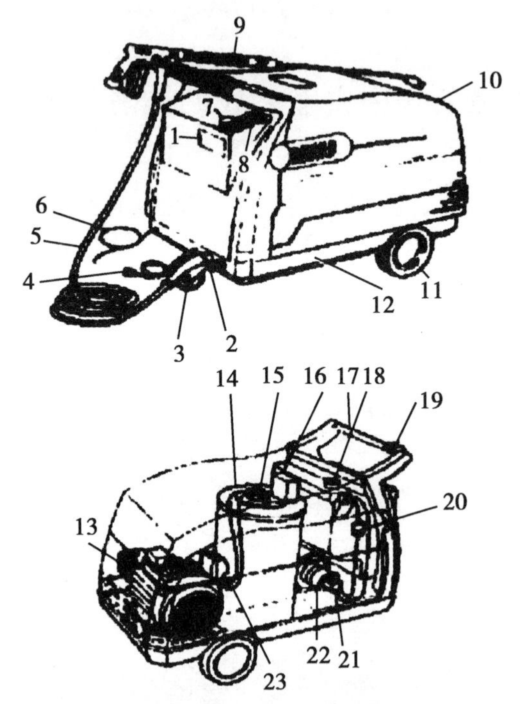

图 10－20　高压清洗机结构示意图

1－商标；2－进水口；3－后轮；4－清洗剂吸嘴；5－高压水管；
6－电源线；7－温控开关；8－电源开关；9－高压水枪；10－护罩；
11－前轮；12－底盘；13－电机、高压泵总成；14－加热器；
15－喷油嘴、点火电极总成；16－烟囱；17－车扶手；18－油箱；
19－枪托；20－燃油滤清器；21－油泵；22－风机；23－高压点火线圈

操作技能

一、操作湿帘风机降温设备进行作业

1. 风机的操作

（1）检查机具技术状态符合要求后，参照操作通风设备的方法启动电动机。

（2）风机开启时，鸡养殖内所有门窗必须保持关闭状态，同一养殖舍部分风机运转时，其余风机百叶窗应处于关闭状态，防止空气流短路。

（3）作业时要检查养殖舍内前、中、后 3 个点的温度差，利用机械式通风和进风口的调节使温度一致。

（4）风机停机时，严禁使用外力开启百叶窗，以避免破坏百叶窗的密合性。

（5）作业注意事项

①风机在转动时严禁将身体任何部位和物件伸入百叶窗或防护网，严禁无防护网运行。

②在运行过程中如发现有风机振动、风量变小、噪音变大、电机有“嗡嗡”的异常声响、电机过热、轴承温升过高等异常情况，应立即机，待检修排除故障后重新试机，以免由于小的故障导致风机的严重损坏。

③当突然断电时应关闭鸡禽舍总电源，以防来电后设备自行启动，立即开启鸡禽舍应急窗（侧墙通风窗）防止鸡禽群被闷死，并迅速通知养殖场专职供电人员，尽快开动自备发电机供电。

2. 湿帘系统的操作

（1）当养殖舍外环境温度低于27℃时，一般采用风机进行通风降温，湿帘系统不开；当超过27℃时，启用湿帘系统。

（2）如启动湿帘风机降温时，应先关闭所有鸡禽舍门窗和屋顶、侧墙的通风窗。

（3）水量调节。供水应使湿帘均匀湿透，每平方米湿帘顶层面积供水量为60L/min，如果在干燥高温地区，供水量要增加10%～20%。从感官上看，所有湿帘纸应均匀浸湿，有细细的水流沿着湿帘纸波纹往下流，不应有未被湿透的干条纹，内外表面也不应有集中水流。通过调节供水管路上溢流阀门的开口大小控制水量。

（4）水质控制。湿帘使用的水应该是井水或者自来水，不可使用未经处理的地表水，以防止湿帘滋生藻类。湿帘降温原理为水分蒸发吸收空气中热量，当启动湿帘系统时，水被蒸发掉，而其中的杂质及来自空气中的尘土杂物被留下来，导致在水中浓度越来越高，会在湿帘表面形成水垢，故要经常放掉一部分水，补充一些新鲜水，将新鲜水引入供水管道之前要过滤。

（5）系统每次使用结束后，水泵应比风机提前10～30min关闭，使湿帘水分蒸发晾干，以免湿帘上生长水苔。

（6）系统停止运行后，检查水槽中积水是否排空，避免湿帘底部长期浸在水中。

（7）注意事项：

①水泵不要直接放在水箱（或水池）底部。当水箱（或水池）缺水或水位高度不够时，严禁启动水泵，否则会造成水泵空转发热而烧坏水泵。注意控制水温最高不要高于15℃。

②不要频繁启动或长时间运行湿帘。

③检查湿帘状况，特别要注意其表面结垢及藻类滋生情况。

④保证循环用水，注意水温最高不要高于15℃。

⑤当舍外空气相对湿度大于85%时，湿帘效果会较差，此时应停止使用湿帘降温。

⑥湿帘的开启最好连接在温度控制仪上。用温度和时间同时控制，尽量不用人工开关，以防温度不均匀。

二、操作喷雾降温设备进行作业

1. 根据舍内温度情况设置恒温器的温度和定时器开、关时间。

2. 启动高压水泵。

3. 打开水高压管路阀门和开关。

4. 打开电磁开关。

5. 观察高压喷头喷雾情况，必要时进行维修。

6. 检查高压输水管道是否有渗漏，有则停止供水后排除。

7. 观察自动控制装置的灵敏度和可靠性，发现异常及时停电维修。

三、操作热风炉进行作业

1. 烘炉

热风炉烘炉前，应对热风炉设备及所有电器进行检查，确认无异常现象时，方可点火运行。炉排上堆放干木柴，点火燃烧，时间一般持续4h左右，燃烧时适当加添干木柴。

2. 点火

当达到烘炉要求后，在木柴上加少量的煤，煤燃烧起来后，再将其红火逐渐向周围拨弄，直到整个炉条上布满煤火，方可加大布煤量。燃煤热风炉点火与送风可同时运行或点火后立即开动风机送风，但送风不得晚于点火后5min。

燃气热风炉必须先开动送风机，后点火。

3. 热风炉点火后，应先小火燃烧，待热风炉炉胆全部预热后再强燃烧，相应送风量自始至终应该满负荷运行。

4. 加煤燃烧的要领：应做到“三勤”、“四快”。“三勤”为：勤添煤、勤拨火、勤捅火。“四快”为：开闭炉门快，但动作轻；加煤快，要匀散；拨火动作快，不准出现窜冷风口；出渣快，不得碰坏炉内耐火材料。

5. 正常运行中，加煤时，布煤要均匀，煤层厚度在100～150mm，根据煤种不同确定煤层厚度。热风炉正常运行时应检查炉箅上燃烧情况，要求是：火床平，火焰实而均匀，颜色呈淡黄色，没有窜冷风的火口，从烟囱冒出的烟呈淡灰色。通过调整清灰门开启的大小来调节炉膛的供风量，从而调整热风炉的燃烧程度。

热风炉正常运行时，燃烧室的最高燃烧温度应保持在900～1 000℃，供风温度不得大于350℃，短时内（2～3min）不得大于400℃。当风温高于350℃时，应立即调小燃烧温度调整热风炉进风口大小，待送风温度正常后，恢复到正常运行状态。

6. 要及时清理炉膛下面炉渣，防止闷炉。

7. 使用一段时间后，如果炉火不旺，可能是烟灰堵塞管路，可打开检修口清理后再使用。

8. 风机的启动与关停：

（1）风机启动前，先检查送风管路风门调节手柄是否处于关闭位置，启动约半分钟后，方可逐渐打开到正常位置。

（2）停止送热风时，应先闷火或熄火后继续送风，待风温度降至100℃以下时停止送风。

风机有手动和自动两种控制方法：①手动时只需将开关拨到“手动”位置，风机即运转，不用时拨到中间位置。②自动控制时，将开关都拨到“自动”位置，当热风炉出口处温度过高时，则启动离心风机及时将热量排出，降低热风炉内的温度，当热风炉的热风出口温度降下来时，离心风机则自动停机。

9. 停炉熄火时，要先让炉内燃料燃尽或将燃料掏出，直到炉温低于炉温设定下限值时，才可以关闭离心风机，在此之前不得切断电源或强制停机。

10. 供暖结束时，关闭清灰门，打开炉门，将燃料燃尽或加煤粉均匀封盖火床压火，待炉膛内温度降低后（当出风口传感器显示温度低于55℃时）停止风机运行，以免炉膛内温度过高烧损设备。

11. 作业中经常观察压力表、温度计的读数等。检查热风炉出风口热风温度，检查烟囱排烟是否正常。

12. 每班做好作业记录。

13. 作业注意事项

（1）操作间应有足够的操作空间，不应堆放杂物，尤其易燃物品；保持清洁卫生，保证进入舍内的热空气的清洁。

（2）烟囱高度要足够，在烟囱上口和防雨帽之间要铺设金属网，防止火星窜出发生火灾。

（3）热风炉运行中突然停电时，应立即将出风口传感器拔出，并将炉火封住，用煤粉压火，打开炉门，关闭清灰门。

（4）热风炉运行时必须有专人看管，如果出现停电、设备故障等情况时必须及时处理，以防止设备受到损坏。短时间离岗时要封炉。

（5）热风出口温度不得高于设备铭牌标示的最高使用温度，当温度过高时应及时关闭清灰门，以降低炉膛温度。

（6）热风炉运行时热风出口不得有漏烟现象发生，若发现有漏烟现象，应采取措施消除后再继续运行。

（7）避免无风强烧，高温时，不得停止风机。

（8）经常检查舍内鸡只表现是否正常、舍内通风是否良好。尤其是在冬季气温低的情况下，操作者往往只注意保暖而忽视了正常的通风。通风良好时，鸡只活泼好动，舍内无异味，如果发现养殖鸡无病打蔫、呼吸微喘、异味很浓、灰尘弥漫，说明舍内通风极度不良，有害气体氨、硫化氢、一氧化碳等超标，应立即加强通风，这时应关闭清灰门，打开炉门。

（9）采用热风炉加温的养鸡舍，鸡入舍前24h，舍内温度必须达到所规定的要求。

（10）检查养鸡舍内温度及均匀分布情况，查验温度计上的温度和实际要求的温度是否吻合。

（11）检查养鸡舍门窗关闭情况，热风炉运行时必须做到关闭所有养鸡舍门窗和屋顶、侧墙通风口。

四、操作光照控制器进行光照定时设置

光照控制器显示屏见图10－21。

操作光照控制器进行定时设置。操作方法为：按住“时钟”，同时按“时、分、星期”键可调校时钟、星期，操作步骤见表10－6。

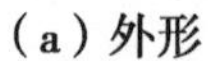

（a）外形

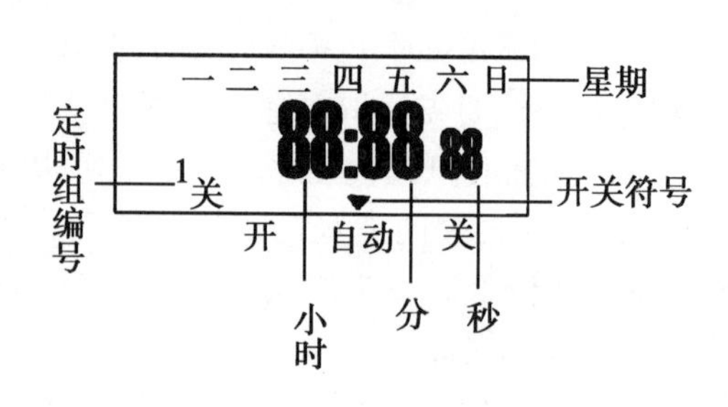

（b）显示屏

图 10－21　光照控制器

光照控制器技术参数（不同机型有所不同）

额定电压：220V/50Hz；时控范围：1min～168h（7 天）；设定次数：每天 10 组编程控制

控制周期：可日控或周控循环（可实现每天不同定时设置）。

表 10－6　定时设置操作步骤

序号	按键操作	设定项目
1	按“定时”	进入第 1 组定时开的设定（显示开）
2	按“星期、时、分”	设定开启时间（星期、时、分）
3	按“定时”	进入第 1 组定时关的设定（显示关）
4	按“星期、时、分”	设定关的时间（星期、时、分）
5	重复“1、2、3、4”步骤	可设定 2～10 组开关的时间
6	重复按“定时”	检查各组开关时间和星期是否与要求的一样，如果不正确，还应重复步骤 2、4
7	按“自动/手动”	根据当前时钟时间在设定的自控时间里处于开或关，确定开关符号从“开”调到“自动”或从“关”调到“自动”
8	按“时钟”	结束时间设定进入时钟显示状态

注意事项：

1. 调整时间要注意分清 12h 和 24h 制，然后设定定时开灯和关灯时间程序。

2. 光照控制器要由专人来调试，以免多人调试把程序弄乱或光敏调试不当而影响鸡舍的正常光照。

五、设定箱体式孵化机孵化参数和状态

1. 孵化参数设定

以一种国产箱体式孵化机为例。该型机器需要设定的孵化参数有 3 个：温度、湿度和风门位置（设定孵化参数在液晶第 2 页）。设定的温度和湿度就是需要机器箱体内保持的温、湿度，风门位置是为了保证换气量而需要的最小风门开口。风门共有 10 个位

置，在显示时用 0 ~9 共 10 个数表示，它们与实际风门开口大小的对应关系如表 10 －7 所示。风门位置从 0 ~9 对应机器换气量从小到大，应根据所入孵的种蛋多少、孵化的前后期、出雏以及环境条件等情况适当调整，通常蛋少则风门设定位置较小，蛋多则较大，孵化前期风门设定位置较小，后期较大，出雏时较大，应根据具体情况灵活掌握。

表 10 －7　风门位置与风门开口大小的对应关系

风门位置	0	1	2	3	4	5	6	7	8	9
风门开口大小（mm）	约 5	约 20	约 32	约 44	约 56	约 68	约 80	约 92	约 104	约 115

（1）设定温度参数操作　在该孵化机控制面板上，用“换页”键将屏幕切换到第 2 页，此时光标在温度值上面，见图 10 －22。

按控制面板上“▲”或“▼”键，光标则变到温度值的某一位上，见图 10 －22，再按“▲”、“▼”、“◀”或“▶”键就可将温度值设定为所要的值，修改完成后将光标移到“确定”上，再按控制面板上“确认”键就可以保存设定值。修改设定值只能逐位进行。

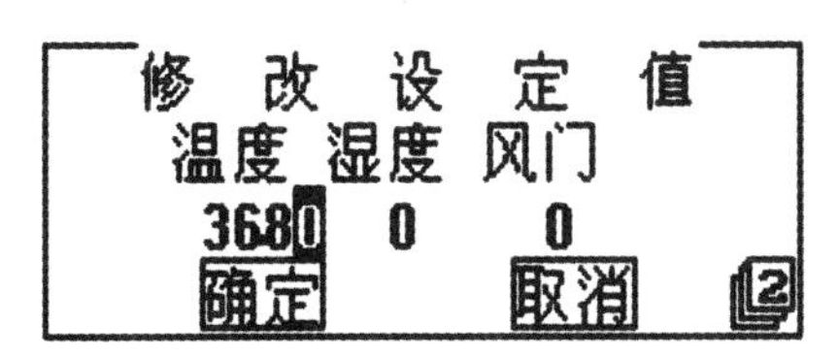

图 10 －22　修改温度值时显示

（2）设定湿度参数的操作　用“换页”键将屏幕切换到第 2 页，此时光标在温度值上面。按“▶”键将光标移到湿度值上面，见图 10 －23，按“▲”或“▼”键，光标则变到湿度的某一位上，再按“▲”、“▼”、“▶”或“◀”键就可将湿度值设定为所要的值，修改完成后将光标移到“确定”上，再按控制面板上“确认”键就可以保存设定值。

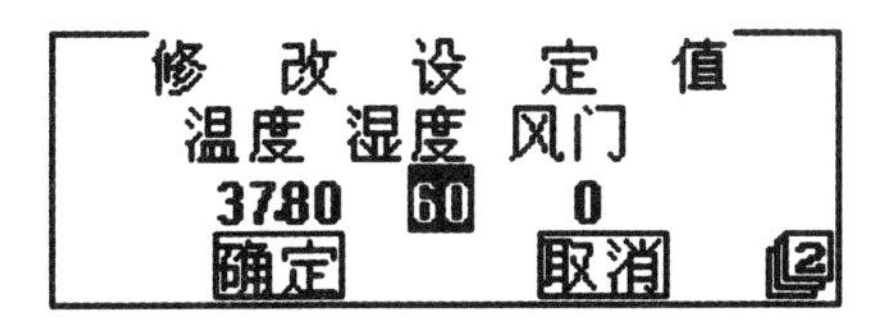

图 10 －23　设定湿度值时显示

（3）设定风门参数的操作　用“换页”键将屏幕切换到第 2 页，此时光标在温度值上面。按“▶”键将光标移到风门值上面，见图 10 －24，按“▲”或“▼”键就可将风门值设定为所要的值，修改完成后将光标移到“确定”上，再按控制面板上“确认”键就可以保存设定值。风门设定值范围为：0 ~9。

（4）注意事项　如果在按照以上所说的步骤设定孵化参数时出现了停电现象，那么正在设定的孵化参数有可能没有被机器记住，所以在供电恢复以后，应该重新核对一

图 10－24　设定风门参数显示

下孵化参数是否正确。如果孵化过程中停电或关机再开机时，也要重新核对一下孵化参数是否正确。

2. 机器状态设定

机器状态总共有 15 项（表 10－3），在液晶第 3 页进行设定。

（1）选定电加热功能　此项用来选定是否采用电加热功能。将光标移到图 10－18 中第 1 行（［ ］电加热）然后按“确认”键，括号中出现“√”号，表示采用电加热功能。

（2）选定水加热功能　此项用来选定是否采用水加热功能。将光标移到图 10－18 中第 2 行（［ ］水加热）然后按“确认”键，括号中出现“√”号，表示采用水加热功能。操作者可以根据自己的实际需要灵活选用任何一种加热方式，甚至可以同时使用。注意：如果机器配有水加热功能，当机器不用时一定要把紫铜管中的水放干净，防止冬天被冻裂。

（3）选定水冷功能的　此项用来选择是否采用水冷功能。将光标移到图 10－18 中第 3 行（［ ］水冷）然后按“确认”键，括号中出现“√”号，表示采用水冷功能。水冷系统与水加热系统共用一套设施，区别在于往机器内部送的是冷水还是热水，所以水加热和水冷功能不能同时使用，只能选择其一。

（4）设定冷却点　此项用来设定风冷点和水冷点。将光标移到图 10－18 中第 4 行（设置冷却点），然后按“确认”键，面板显示见图 10－25。箱体式孵化机风冷点和水冷点可由操作者自行设定。出厂时缺省值，风冷点为 0.12℃，可设范围为 0.05 ~ 0.25℃；水冷点为 0.05℃，可设范围为 0.04 ~ 0.25℃。

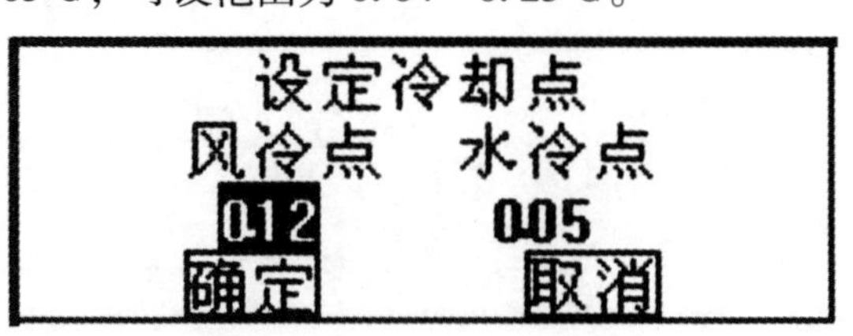

图 10－25　设定风冷点和水冷点

（5）设置装蛋量　装蛋量是指实际装入的种蛋数目，其值必须小于机器的容蛋量（容蛋量是指机器的额定装蛋量）。将控制面板上光标移到液晶第 3 页第 5 行，按“确认”键，则弹出窗口见图 10－26，输入所装入的种蛋数目，然后按“确认”键即可。

（6）设置多组变温孵化　此项用来设置是否采用变温孵化。将光标移到液晶第 3 页第 6 行（［ ］多组变温）然后按“确认”键，括号中出现“√”号，表示采用多组变温孵化，此时按“换页”键将屏幕切换到液晶第 2 页，见图 10－27，然后就可以设

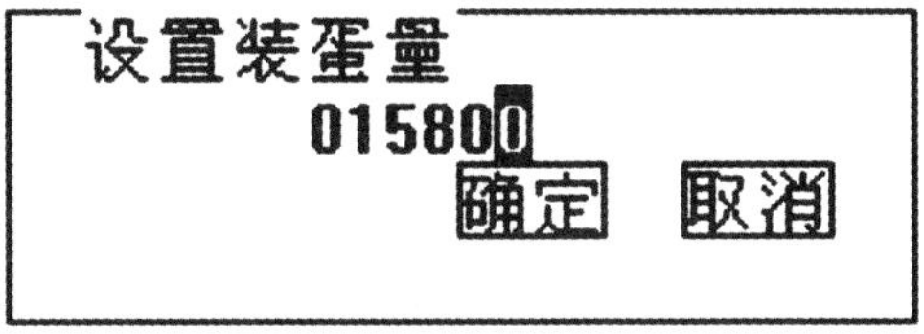

设置装蛋量
015800
确定 取消

图 10－26　设置装蛋量时显示

定变温孵化参数。

设置多组变温(共5组)
温度 湿度 风门 用时
0 37.80 00 0 00天00时
2

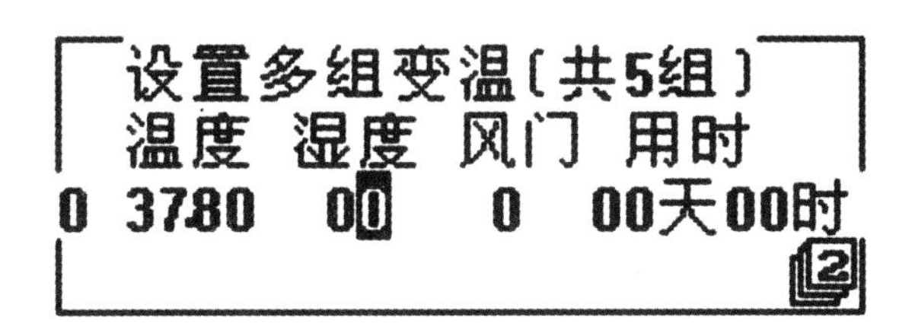

图 10－27　多组变温参数设置

（7）温湿联控选择　此项用来选择加湿方式。选择此项时表示当加湿工作在温度低于设定值0.1℃时则自动加湿停止工作，不选择此项时表示温度高低不对加湿产生任何影响。

（8）修改孵化时间　此项设定入孵时间。将光标移到液晶第 3 页第 8 行，按“确认”键，则弹出窗口，见图 10－28，输入孵化时间（刚入孵时输入 00 日 00 小时），然后按“确认”键即可。机器会自动每小时对“孵化时间”增加 1h。

改孵化时间?
10日13小时
确定 取消

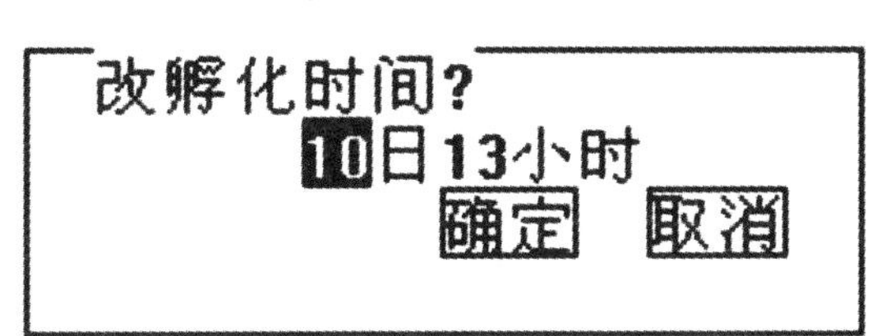

图 10－28　设定孵化时间

（9）修改系统时间　此项用来修改系统当前时钟，类似电子表对时，见图 10－29。此值会影响机器的时间控制，应注意保持其正确。当系统断电时电子表仍可正确计时。当改变系统时间后要重新设置“孵化时间”。

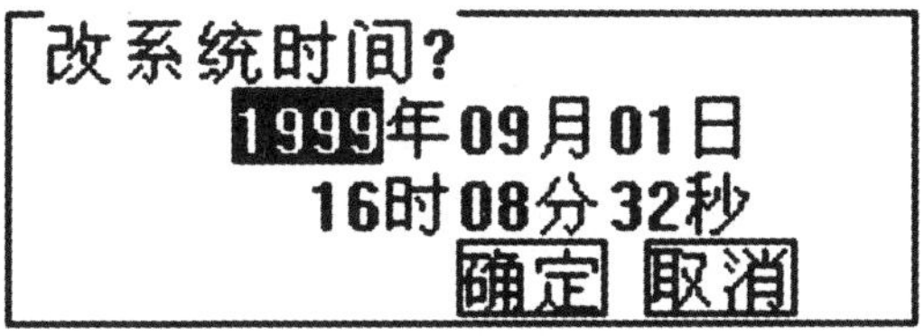

改系统时间?
1999年09月01日
16时08分32秒
确定 取消

图 10－29　设定系统时间

（10）设定翻蛋周期　此项用来设定自动定时翻蛋时间，见图 10－30，输入定时翻蛋时间后按“确认”键即可，其值会自动显示在液晶显示页的第 1 页。

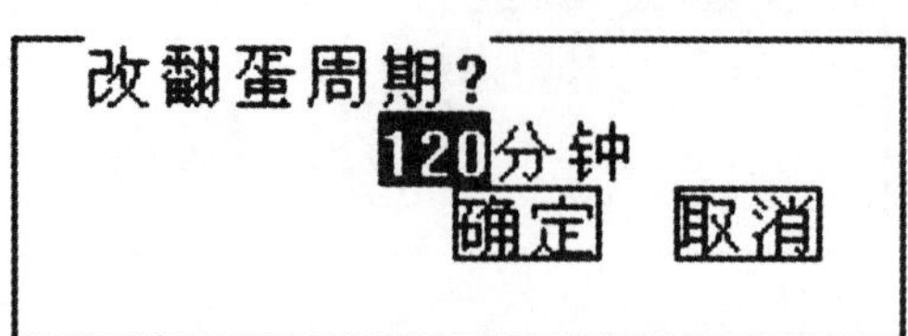

图 10－30　设定翻蛋周期

（11）选择是否进行口令保护　口令保护功能是一项安全措施。如果选择此项，修改孵化参数、机器状态时需要先输入密码才能进行。每次从不允许到允许口令保护后，默认的口令是六个“确认”键，这时操作者就可以使用“更改口令”功能将口令改为操作者所需要的设定值。

（12）更改口令　此项用来设定及更改机器密码，将光标移到液晶第 3 页第 12 行，按“确认”键，则弹出窗口见图 10－31，然后按提示输入操作者口令，再按“确认”键即可（口令为六位密码）。

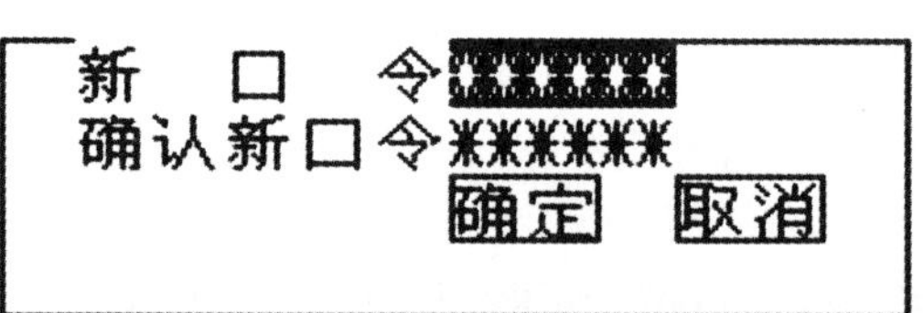

图 10－31　设定和更改口令

（13）查看历史温度记录　如果操作者想查看孵化过程中的温度记录，只须将光标移到液晶第 3 页第 13 行，按“确认”键弹出见图 10－32 页面，再按“▲”或“▼”键即可查看。

编号	日期	温度
000	04月01日00:00	3780
001	04月01日02:00	3780
002	04月01日04:00	3780

图 10－32　历史温度记录显示

（14）操作记录　翻到液晶第 3 页，移动光标到“操作记录”菜单，按回车键进入查询页面，显示操作序号和时间及日期，按最近日期排列。见图 10－33。

编号	日期
000	6月12日10:20
001	6月12日11:20
002	6月12日12:20

图 10－33　操作记录显示

（15）高级设定　高级设定供安装维修人员使用，操作者无须修改它。其显示见图10－34。

设置容蛋量19200
重写出厂设置
设定本机地址000
设定机器版本00010000

图10－34　高级设定显示窗

六、操作鸡孵化机进行孵化作业

1. 上蛋、预温

（1）上蛋时，将优良的种蛋大头向上小心地码放在蛋盘上，而后将蛋盘平放入蛋盘托架，注意蛋盘不要超出蛋盘托架。

（2）预温：为了获得良好的孵化效果，可将装满种蛋的蛋车置于23～26℃环境温度下预温12h左右（随种蛋储存时间长短而增减），冬夏季节可适当增减时间。注意预温时要控制好环境湿度，不能让种蛋“出汗”，因为“出汗”会促使细菌繁殖及侵入蛋内。

2. 入孵

孵化机正常运行8～12h后就可上蛋入孵。

（1）按动“翻蛋”开关，调整翻蛋机构使其翻到水平位置，关掉大风扇。

（2）等待翻蛋滑动杆上的椭圆孔和长固定杆上的椭圆定位孔保持在一条垂直线上（也即翻到水平位置）后，正确推入蛋车并装上锁定销。

（3）按动“翻蛋”开关调整翻蛋机构使其翻到倾斜位置，翻动过程中观察有无异常情况。关好孵化机门并检查密封状况。

（4）检查温度、湿度及风门设定值是否符合要求。

（5）对于容蛋量19 200枚以下的箱体式孵化机最好采用“整进整出”的入孵方式。也可根据入孵量的大小分批入孵，但要合理搭配种蛋、调整蛋车位置，使不同胚龄的种蛋都有良好的发育环境。

对于容蛋量25 200枚以上的箱体式孵化机应采用分批入孵方式。图10－35是57600型机器分批入孵方式，对38400、33600、25200容蛋量的机器可以参考此方式进行。注意：没有上蛋的蛋车位要始终用装满蛋盘的蛋车填充，否则会影响孵化机内温度场。

（6）孵化机完成孵化过程后，对孵化机内外进行全面的清洗，将加湿水盆中的存水放净，清洗水盆和加湿蒸发盘。清洗消毒完成后开机升温烘干机器备用。

3. 转蛋（落盘）、出雏

（1）转蛋前的准备工作：清洗消毒出雏筐、出雏车和出雏机，开机升温。出雏机工作8～12h后，准备好工作台、蛋盘车以及照蛋器具。

（2）种蛋孵化至18～19天，转入出雏机中继续孵化至出雏，种蛋在孵化20.5天时，开始大批啄壳出雏，见有30%以上出壳时，开始捡出羽毛已基本干燥的雏鸡，并捡出蛋壳。

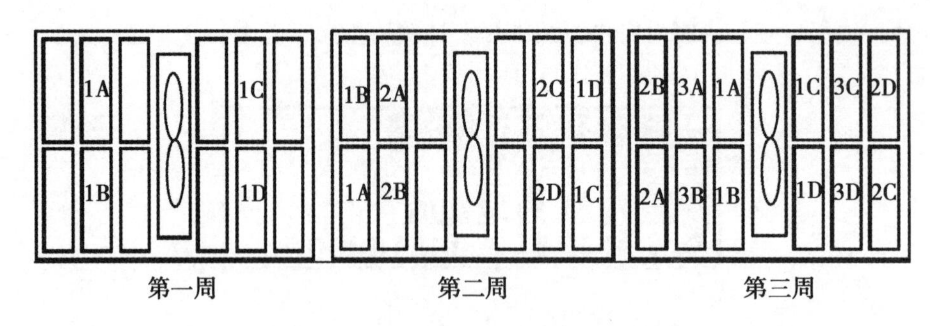

图 10－35　57600 容蛋量机器分批入孵方式

（3）转蛋（落盘）注意事项

①转蛋过程中操作者动作平缓、配合默契保证在尽量短的时间内完成。每转完一车后将最上层出雏筐盖上网盖，推入机箱内关好机门，转蛋过程中间不能关闭风扇。

②检查温度、湿度、风门位置设定得是否合适，风门显示值是否实际相符。注意只要出雏机中有带蛋的出雏车就一定要打开大风扇。

③种蛋由孵化机转到出雏机时最好见图 10－36 变换位置（供参考），这是因为孵化过程中胚胎发育会有细微的差别，转蛋时如此变换位置将会有利于出雏。

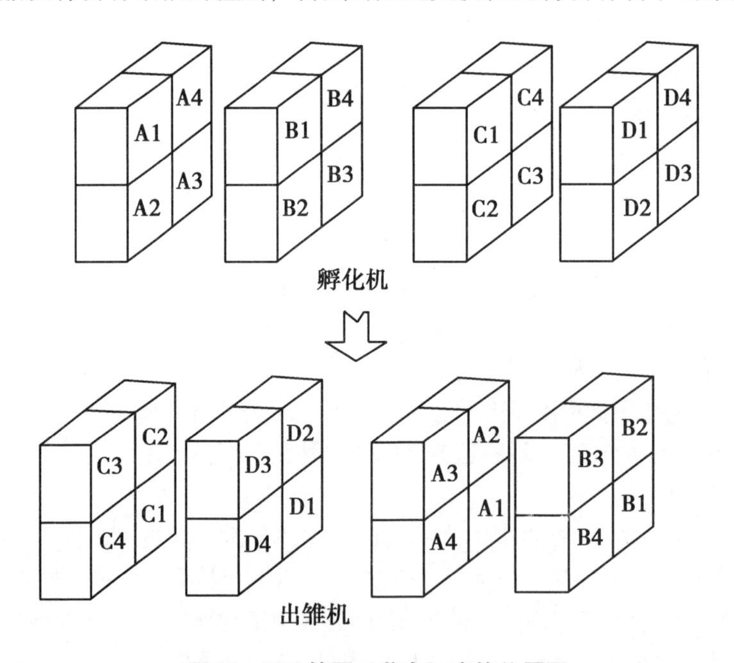

图 10－36　转蛋（落盘）变换位置图

④出雏结束后，要对出雏机内外进行彻底清洗，将加湿水盆中的余水放净后冲刷干净，清洗水盆和加湿蒸发盘，待清洗消毒完成后，开机升温烘干机器备用。

4. 孵化过程中注意事项

（1）孵化设备运行过程中要注意观察机器工作状态，每 1～2h 观察一次，并作好记录；发现异常情况及时处理。尤其注意门表温度和机器显示温度的差值有无较大的差异，若有差异要及时按要求校准。

（2）要经常检查风门设定位置是否合适，显示值和实际位置是否一致。

（3）观察记录翻蛋情况，蛋盘是否在左右两个倾斜位置上交替（时间间隔为翻蛋定时时间）。

（4）蛋车推入、拉出时必须要求蛋盘在水平位置进行，否则易将蛋车推入翻蛋机构滑动杆的下方，这样在翻蛋时会卡坏蛋车，甚至会出现蛋车倒下、种蛋破损的恶劣后果。

（5）孵化过程中如果遇到停电时，应将机器的“总电源”开关关闭，等到来电后再打开机器正常工作（在自备发电机和电力线路之间换电时也应如此）；同时将孵化机门打开，以免在机器风扇停转情况下造成机内局部温度过高和缺氧，从而影响种蛋的发育。

（6）机器使用一段时间后，或停机一段时间再开启，机器的温、湿度有可能发生改变，这时要重新校正机器的温、湿度，以免影响孵化效果。在对机器进行温、湿度校正时要认真仔细，确保机器屏显温、湿度与机器内温度计和湿度计的测量值保持一致。

（7）孵化开始后24～96h期间（即种蛋呼吸量最大的时期）和雏鸡正在啄壳期间，严禁用福尔马林熏蒸消毒。

（8）电控柜门应关好上锁，以防绒毛或异物进入。电控柜内两相电源插座仅供照蛋和照明用。

（9）每孵化一批或出雏一批后，要对孵化机或出雏机进行彻底冲洗并消毒一次。然后检查机械部分有无松动、卡碰现象，检查减速器内润滑油情况，并清除电器设备上的灰尘、绒毛等脏物。通电试运转一段时间，调好温度和湿度后入孵下一批。

（10）孵化设备出现不正常工作状态后要及时维修，修不好时立即与设备供应商联系，不允许带故障长时间工作。

（11）由于孵化盘、出雏筐是塑料制品，在使用、清洗和存放孵化盘、出雏筐的过程中，严禁摔打、碰撞、日光暴晒，以免孵化盘、出雏筐老化和损坏。

七、操作集蛋设备进行集蛋作业

启动顺序为：先启动中央输蛋线，再启动升降集蛋机，最后启动纵向集蛋带。关闭顺序为：先关闭中央输蛋线，再关闭升降集蛋机，最后关闭纵向集蛋带。

操作注意事项：

1. 在检查鸡群或进行其他操作时，可以站在踏脚轨道上，严禁踩踏鸡笼，以防网片开焊和笼体变形损坏，如果站在踏脚轨道上不够高，偶尔可以借用食槽的支撑，但是要注意正确的踩踏方法。两脚要分立在有挂钩支撑的食槽连接处两边，否则有可能踏坏食槽及挂钩。

2. 集蛋时要将破蛋、砂皮蛋、软蛋、特大蛋、特小蛋单独存放，不能作为鲜蛋销售，可用于蛋品加工。鸡蛋装蛋盘时要求鲜蛋大头向上，以防蛋黄黏结在蛋壳上。

3. 鸡蛋收集完毕后立即用福尔马林熏蒸消毒，随后送蛋库保存。鸡蛋保存时间在10天以内，贮存温度为18℃，相对湿度为80%～90%。超过10天以上，贮存冷库温度为－1～0℃，相对湿度保持在80%～90%。

八、操作高压清洗机进行作业

1. 连接水源。使用供水软管连接设备与水源（水龙头），打开进水口。

2. 从支架上将全部高压水管拉下来，将设备开关调到“I”，此时，指示灯会变绿。

3. 释放手喷枪锁和枪杆，扳动手喷枪的扳机。

4. 通过旋转压力流量控制开关，调整操作水压与流速，使用高压束状以射流形式冲去鸡舍墙壁、地面和设备表面污物。

（1）调整操作水压与流速时，最好是在距离清洗区域 1 ~ 2m 远的地方启动设备，采用一个大的扇形喷射角范围，并根据具体情况相应地调整喷射距离和喷射角度，左右移动喷枪杆来回几次并检查表面是否干净。如果需要加强清洗，将喷枪杆移动靠近表面（30 ~ 50cm），这将得到一个更好的清洗效果，并且不会损坏正在清洗的表面。

（2）当使用清洁剂时，从物体的底部开始喷射逐渐达到物体顶点。在冲洗前暂停 5 ~ 10min，让清洁剂在物体上停留下来并开始消散，分解掉所有的污物。但不能让清洁剂在物体上停留时间太长以至于在表面上变干。冲洗时，从物体顶部开始冲洗逐渐往下到物体底部，直到整个表面没有清洁剂和条纹印。

（3）鸡进舍之前、出栏后必须对舍和设备进行清洗和消毒，冲洗鸡舍时按照先上后下、先里后外的顺序，保证冲洗效果和工作效率，同时还可以节约成本。冲洗的具体顺序为：顶棚、笼架、食槽、进风口、墙壁、地面、粪沟，防止已经冲洗好的区域被再度污染。墙角、粪沟等角落是冲洗的重点，避免形成“死角”。

5. 操作中途中断时，将手喷枪的扳机释放，设备关闭，再次释放扳机时，设备将再次启动。

6. 清洗结束时，将清洁剂计量阀调到“0”，并将设备启动持续 1min，用水流清除机器内残留的清洁剂。

7. 关闭设备时，将设备开关调到“0”，将电源插头拔出，关闭进水管，扳动扳机，直到设备没有压力，将手喷枪上的安全装置朝前推锁上，以防止误启动。

8. 设备长距离移动时，抓住手推柄朝前推拉。

9. 设备保存时，将手喷枪安置在支架上，卷起高压软管，将高压软管卷到软管轴上，压下曲柄把手将软管轴上锁，将连接电缆卷到电缆支架上。

10. 当设备在寒冷环境下使用时，必须增加防冻措施。具体做法是：将喷枪（喷头）拆下，将出水管道插进供水水箱，开机打循环，使防冻剂在设备管路内循环。

如果泵或软管中的水已经结冰，泵机组必须在设备除冰后将喷枪（喷头）拆下，使低压水流经设备以确保设备中无冰渣后，方可重新起动。

11. 注意事项

（1）操作人员进入养殖区时必须穿戴好防护用品，并淋浴消毒、更换工作服、戴口罩。

（2）清洗机不应与自来水管路直接连接，若需短暂连接必须配专用止回阀。

（3）要求清洗后无任何杂物。

（4）禁止对着人喷水。

（5）不要用喷射的水直接清洗机器本身，否则高压的水会损坏机器零部件。

第十一章　设施养鸡装备故障诊断与排除

相关知识

一、湿帘风机降温设备工作原理

湿帘降温设备的工作原理是利用“水蒸发吸收热量”的原理，实现降温的目的。水泵将水池中的水经过上水管送至喷水管中，喷水管的许多孔口朝上的喷水小孔（孔径为3～4mm，孔距为75mm）把水喷向反水板，从反水板上流下的水再经过疏水湿帘（厚度约50mm）的散开作用，使水均匀地淋湿整个降温湿帘，并在其波纹状的纤维表面形成水膜。此时安装在侧墙的轴流风机向舍外排风，使舍内形成负压区，舍外新鲜空气穿过湿帘被“吸入”舍内。当流动的空气通过湿帘的时候，湿帘表面水膜中的水会吸收空气中的热量后蒸发，带走大量的潜热，使空气降温增湿后进入舍内。从湿帘流下的水经过湿帘底部的集水槽和回水管又流回到水池中。

二、循环热水加温供暖设备工作原理

在热水加温设备中，锅炉和散热器之间由供水管相连。当系统充满水后，水在锅炉中受热，温度升高，密度减小；而在散热器散热的水温度降低，密度增大。这样被锅炉加热的水不断上升，经散热器冷却的水又流回（或经水泵抽回）锅炉被重新加热，形成了循环。

三、蒸汽加温供暖设备工作原理

蒸汽加温设备是以水蒸气作为载热介质，水蒸气由锅炉产生，通过管道，进入散热器凝结成水，同时放出热量；凝结的水靠重力或者加上机械力回入锅炉加热。该设备分为低压和高压两种。低压蒸汽加温设备的压力为20～70kPa。高压蒸汽加温设备的压力和温度较高，高温散热器常装进鸡舍热空气加温设备里，作为空气加热的热源。

四、热风加温供暖设备工作原理

工作时，空气通过热源被加热，再由风机将热风通过管道送入舍内。

五、光照控制器的类型

光照控制器的类型有DF－24型可编程序定时控制器、KG－316型微电脑时控开关和渐开渐灭型灯光控制器3种。

1. DF－24型可编程序定时控制器

该控制器利用交流同步电动机进行定时控制，最小控制时段为15min，形式为插头插座式，控制功率为2.5kW。其特点是价格便宜，但时间显示不直观，定时时间不准确。可用于密闭式鸡舍控制灯光。

2. KG－316型微电脑时控开关

该开关用电脑芯片进行定时控制，可编程，每天能6开6关（或8开8关等），时间数字显示（时、分、秒），也可控制每周的哪一天或哪几天进行控制，最小控制时段为1min，可用于密闭式鸡舍控制灯光定时控制，控制功率6kW。

3. 渐开渐灭型灯光控制器

该控制器用电脑芯片进行定时控制，又有光敏探头作光敏控制，用可控硅进行渐开渐灭输出控制。在定时的时间范围内，由光敏进行控制，适合于半开放式鸡舍的灯光控制，控制功率为4kW。但它只能用白炽灯泡，不能用日光灯和节能灯。开灯时电压逐渐升高，关灯时电压逐渐降低，这一过程约持续20～30min。只要设定好早晨开灯时间和晚上关灯时间，调整好光敏钮，就可根据自然光照情况自动控制。

六、孵化机的自动控制功能

孵化机有一套微电脑自动控制系统，能按操作者的意图完成对孵化机箱体内温、湿度、换气的控制，并且提供了自动定时记录箱体内温度并打印输出、“群控”等方便现代化孵化场管理的功能。

1. 自动加热控制

孵化机在模糊控制的基础上采用智能化技术来控制加热，因此其加热控制具有更高的智能性，它会根据环境温度、机器散热、孵化进程等情况自动调整加热功率，使孵化机控制温度紧紧跟随设定值。

2. 自动加湿控制

孵化机采用间歇加湿方式来控制加湿，这样减小了加湿对箱体内温度场的影响。另外为了保证温度能很快升至设定值，在开机升温过程中不加湿。当温度达到设定值以后才可以加湿，通过机器状态调整页中（3［ ］温湿联控）栏可以选择在加湿过程中如果温度比设定值低0.1℃则停止加湿和加湿不受温度影响两种加湿方式。

3. 自动冷却控制

孵化机配备了风冷装置，也可选配水冷装置。

风冷装置由装在孵化机中后板风门盒内的风扇和控制电路组成。当箱体内的温度超过设定值0.07℃左右或温度上升速度很快时，控制系统会据需要自动地按多级间歇方式风冷一段时间（此时间是模糊控制系统根据箱体内的温度超过设定值多少和温度上升快慢计算出来的）；与此同时风门自动开向大，温度降下来后立即关掉风冷电机。所谓的间歇风冷方式是指风冷电机开一定时间停一定时间，需要风冷时间越长则风冷电机开的时间越长停的时间越短，直到风冷电机一直开着不停，这样既达到了冷却的效果又减小了对箱体内温度场的影响。

对炎热地区最好选择水冷装置，当水温低于15℃ 时水冷效果才明显，且要求水质较为纯净。

水冷控制也采用多级间歇的方式（水冷电磁阀不是一直开着的，而是开开停停的），孵化机控制温度超过设定温度时间越长电磁阀打开的时间越长，与风冷情况基本相同。

4. 风门自动控制

风门控制按设定位置和自动调整两种方式分别控制。首先控制系统的风门由操作者根据孵化阶段其设定位置，这个位置应保证换气量充足。而后控制系统会根据箱体内温度值与设定值的关系而自动向大开风门或向设定位置关风门，它在保证换气量（风门位置不小于设定值）和不超温的情况下尽可能关小，以节约用电；同时也保证温度场均匀稳定。当孵化机箱体内的温度频繁超过设定值较高时，控制系统会自动地将风门逐步地开向大，直到最大位置。

5. 自动定时翻蛋

本机器有自动定时翻蛋功能，且定时翻蛋时间在机器状态调整页中（9 改翻蛋周期）一栏可任意设定（机器出厂时设定为2h）。开机后机器自动翻蛋一次，到倾斜位置停止。之后每隔一个翻蛋周期自动从一个倾斜方向翻到另一个倾斜方向。

6. 手动翻蛋操作

在电控柜内的支架上有个拨动开关用于手动翻蛋。在自动定时翻蛋功能工作正常时此开关应处于中间位置，否则会影响自动定时翻蛋的正常工作。当自动定时翻蛋功能失效时可以用此开关进行手动翻蛋操作。先将继电器板上 2 ×3.5 点上的线去掉（去掉的接头要妥善处理以免短路引起故障）而后将此开关拨向上，则蛋托旋转到倾斜后自动停止。将此开关拨向下，则蛋托旋转到水平后自动停止，由此实现手动翻蛋功能。手动翻蛋过程中将开关拨到中间位置时电机立即停转。

7. 自动报警

当报警条件出现时，相应的报警指示灯会自动点亮，同时第 1 页弹出“查报警”，且蜂鸣器鸣叫，此时按面板上“确认”键就可以看到有关报警信息，再按面板上“确认”键就可以消除报警声音。

消除蜂鸣声不影响报警指示灯和其他部分，并且当出现新的报警时蜂鸣器还照常可以发出蜂鸣声，（“超高温”报警时消除蜂鸣声功能不起作用）。对于大风扇停转报警，消除声报警 1min 后还会发出声音报警。

七、孵化机的第二套控制系统（导电表的保护和应急控制系统）

为了保证孵化过程的安全，孵化机还配备了第二套控制系统——导电表的保护和应急控制系统（导电表位置在电控柜背后箱体内）。

1. 导电表的两个功能

在第一套系统工作时（即自动控制系统工作时），导电表也同时监视着箱体内的温度；如果第一套系统由于故障而控制失误使箱体内温度超过一定值，导电表就会切断加热电源，将风门开到最大位置风冷电机强制风冷，来防止胚胎高温致死；同时产生“超高温”报警信息且蜂鸣器发出报警声，提醒操作者注意。这是导电表的保护功能。

一般情况下，机器不采用应急导电表控温，而是用第一套控制系统。一旦机器因为某种原因第一套温度控制出了故障无法正常孵化，可用导电表应急控温，这是导电表的应急控制功能。

2. 设定导电表的保护功能

第一套控制系统正常工作时，第二套系统（导电表）也在监视着箱体内的温度，所以必须在开始孵化前将导电表的温度设定好，否则自动控制系统工作不正常。设定的方法为：旋动导电表尾部的旋钮（锁紧螺母要先旋松），使导电表中的指针指向所需的温度值（当导电表测得温度到达这一值时导电表接通就会发出报警，并切断加热电源）。一般调整在比设定值高 0.7℃左右（孵鸡时可调为 38.50℃）。

3. 第二套控制系统的使用

当第一套控制系统控温出现故障时，可以使用第二套控温系统控温，只要进行如下操作：先将机器关掉，而后将导电表温度调到所需要的孵化温度，打开电控柜，在电控柜的中下部有一个一端带红点的应急开关，将这个开关拨到红点压下状态（这个带红点的开关是选择使用哪一套控制系统的开关，当红点压下时表示使用第二套控制系统，当红点翘起时表示使用第一套控制系统），拔掉继电器板上的 40 芯扁平电缆插头，最后打开机器即可正常孵化。孵化过程中风门会逐渐地开到最大位置。

因为第一套系统控制效果更好，所以在第一套控制系统正常时应优先使用该系统。

八、集蛋设备工作过程

大型蛋鸡场集蛋设备的基本组成有升降集蛋机、纵向集蛋带、软蛋去除装置、计数器、中央输蛋线等，中小型蛋鸡场可不设中央输蛋线，在中央升降集蛋机将鸡蛋直接装箱，如图 11－1 所示。

图 11－1　集蛋设备

图 11－2　软蛋去除装置

每列鸡笼一端设置一台升降集蛋机，每层鸡笼的底网前部都有一条循环运动的纵向集蛋带，在运动中把鸡蛋送到升降集蛋机上，然后送到中央输蛋线上，再由中央输蛋线送入鸡蛋分级车间进行分级包装。在送入中央输蛋线的同时，鸡蛋通过数蛋器，使每列两边的鸡蛋数量显示在数蛋器读数器中，最终得出每天的产蛋量。

因为鸡蛋的收集和输送过程是靠鸡蛋的平移移动和滚动来实现，软蛋由于其皮软而不能滚动，所以，在纵向集蛋带的出口与升降集蛋机过渡联接处常常发生堆积，这样就会阻止正常的鸡蛋顺利通过。在鸡蛋进入升降集蛋机之前，设置有软蛋去除装置，该装置将从纵向集蛋带输送过来的软蛋、破蛋在进入升降集蛋机之前把它去除。如图 11－2 所示。

九、高压清洗机工作过程

高压清洗机工作过程，以 CQD—10 型为例（图 11－3），该机由单相电容异步电机、机座、联轴套、进水阀、柱塞泵、出水阀、管路、手喷枪等组成。工作时，电动机驱动三柱塞泵的偏心轴，使三柱塞往复运动。当柱塞后退时，出水单向阀关闭，柱塞缸内形成真空，进水单向阀打开，水通过单向阀被吸入缸内；当柱塞前进时，进水单向阀关闭，缸内水的压力增高，打开出水阀，压力水进入蓄能管路，通过单向阀门到高压胶管内（即手喷枪阀的后腔），打开手喷枪阀扳机（开关），高压水通过喷嘴射出，进行清洗工作。通过更换不同形状的喷嘴，可以获得水滴大小不一的高压水流。偏心轴每转动一周，三个柱塞各完成一次吸、排水过程。CQD—10 型高压清洗机的工作压力为 6 ~ 7MPa，配套单相电机功率为 1.3kW，流量为 9.83L/min。

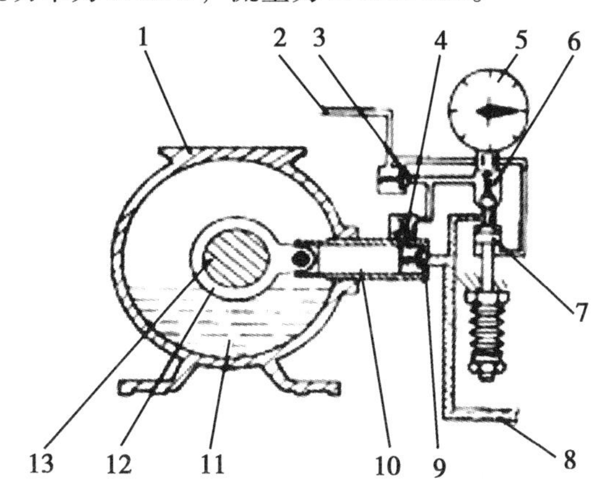

图 11 –3　CQD –10 型高压清洗机工作原理图

1 – 偏心轴箱；2 – 出水管接枪阀；3 – 单向阀；4 – 出水单向阀；
5 – 压力表；6 – 单向阀；7 – 卸荷阀；8 – 进水管；9 – 进水单向阀；
10 – 柱塞；11 – 油；12 – 连杆；13 – 偏心轴

高压清洗机的进水管与盛消毒液的容器相连，还可进行鸡禽舍的消毒。

十、电动机的构造原理

设施养鸡常用的电动机有三相异步电动机和单相异步电动机。三相异步电动机由定子、转子及支承保护部件 3 部分组成，如图 11 –4 所示。单相比三相电机另增加了启动部分（启动线圈或电容）。

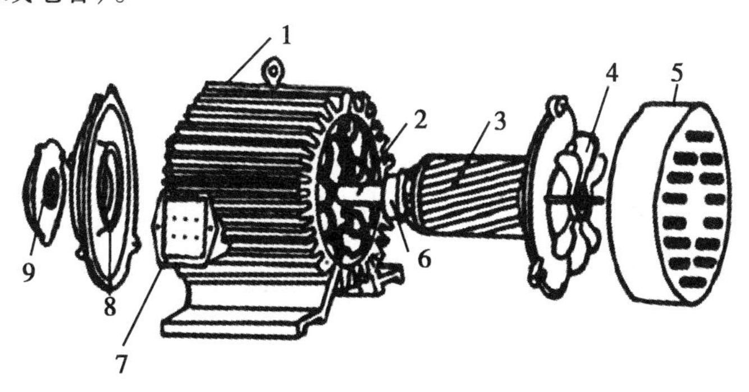

图 11 –4　三相异步电动机示意图

1 – 定子；2 – 转轴；3 – 转子；4 – 风扇；5 – 罩壳；
6 – 轴承；7 – 接线盒；8 – 端盖；9 – 轴承盖

（一）三相异步电动机的构造

1. 定子部分

定子是电动机的固定部分，主要由定子铁芯、三相定子绕组、机座等组成。机座是电动机的外壳和支架，其作用是固定和保护定子铁芯、定子绕组和支承端盖，一般为铸铁铸成。为了增加散热面积，封闭型 Y 系列、小机座的外壳表面有散热筋。机座壳体内装有定子铁芯，铁芯是电动机磁路的一部分，由内圆冲有线槽的硅钢片叠压而成，用以嵌放定子绕组。三相定子绕组，是电动机的电路部分，通入三相交流电便会产生旋转磁场，中小型电动机一般用高强度漆包线绕制，三相绕组共有 6 个出线端，接在机座的接线盒中，每相绕组的首端和末端分别用 D1、D2、D3 和 D4、D5、D6 标记（或用 A、B、C 和 X、Y、Z 标记），防止接线错误。

2. 转子部分

转子是电动机的转动部分，其功用是在定子旋转磁场的作用下，产生一个转矩而旋转，带动机械工作。三相异步电动机的转子按其型式不同分为笼型和绕线型两种。笼型三相异步电动机结构简单，用于一般机器及设备上。绕线型三相异步电动机用于电源容量不足以启动笼型电动机及要求启动电流小、启动转矩高的场合。

（1）笼型转子　由转轴、转子铁芯、转子导体和风扇等组成。笼型转子绕组与定子绕组不同，每个转子槽内只嵌放一根铜条或铝条，在铁芯两端槽口处，由两个铜或铝的端圆环分别把每个槽内的铜条或铝条连接起来，构成一个短接的导电回路。如果去掉转子铁芯只看短接的导体就像一个鼠笼，所以称为笼型转子。目前国产中小型的笼型异步电动机，大都是在转子铁芯槽中，用铝液一次浇铸成笼型转子并铸出叶片作为冷却用的风扇。转轴一般用一中碳钢制成，其作用是支撑转子，传递转动力矩。转轴的伸出端安装有皮带轮，非伸出端用于安装风扇。

（2）绕线型转子　绕线式转子铁芯上绕有与定子相似的三相绕组，对称地放在转子铁芯槽中，3 个绕组的末端连在一起，呈星形连接。3 个绕组的首端分别接到固定在转子轴上的 3 个铜滑环上，滑环与滑环、滑环与转轴之间都相互绝缘，再经与滑环摩擦接触的 3 个电刷与三相变阻器连接。

3. 支承保护部件

支承保护部件包括端盖、轴承、轴承盖、风扇、风扇罩、吊环、接线盒、铭牌等。

（二）三相异步电动机的工作原理

三相异步电动机是利用旋转磁场和电磁感应原理工作的。电流可以产生磁场，当三相异步电动机的定子绕组中通入三相交流电（相位差 120 度），三相定子绕组流过三相对称电流产生三相磁动势（定子旋转磁动势），并产生一个旋转磁场，该磁场以同步转速沿定子和转子内圆空间作顺时针方向旋转。

操作技能

一、湿帘风机降温设备常见故障诊断与排除（表 11－1）

风机常见故障诊断与排除见表 7－5，湿帘常见故障诊断与排除见表 11－1。

表 11－1　湿帘风机降温设备常见故障诊断与排除

故障名称	故障现象	故障原因	排除方法
风机振动	风机振动	1. 扇叶运输、装卸、安装过程中，叶片变形 2. 轴承座固定螺栓松动，风机安装不稳定 3. 轴承损坏 4. 扇叶表面结垢过多且不均匀而不平衡	1. 调整扇叶，使之在同一个运动轨迹上 2. 紧固轴承座固定螺栓 3. 更换轴承 4. 清除扇叶表面杂物
百叶窗开启角度不到位	百叶窗开启角度不够	1. 皮带过松 2. 百叶窗窗叶上积尘过多 3. 进风口面积过小	1. 调整皮带松紧度 2. 清除百叶窗窗叶上积尘 3. 增大进风口面积，保证进风口面积为鸡禽舍排风口面积的 2 倍以上
扇叶与集风器有摩擦声	扇叶与集风器剐蹭	1. 机壳变形 2. 扇叶与集风器间隙不均匀 3. 轴承损坏 4. 扇叶轴不水平	1. 调整机壳，保证机壳形状 2 调整轴承座下垫片数量 3. 更换损坏的轴承 4. 调整不同轴承座下垫片数量
通电后电机不转动	通电后电机不转动，无异响，也无异味和冒烟	1. 电源未通（至少两相未通） 2. 熔丝熔断（至少两相熔断） 3. 过流继电器调得过小 4. 控制设备接线错误	1. 检查电源回路开关，熔丝、接线盒处是否有断点，予以修复 2. 检查熔丝型号、熔断原因，换新熔丝 3. 调节继电器设定值与电机配合 4. 改正接线
	通电后电机不转，有嗡嗡声	1. 定、转子绕组有断相或电源一相失电 2. 电源电压过低	1. 立即切断电源，查明断点予以修复 2. 测量电源电压，设法改善
电机轴承有异响	电机轴承部位有杂音	电机轴承缺油或损坏	对电机轴承进行加油或更换
电机发热	电机异常发热	受潮进水	拆开电机晾干后重新安装
皮带打滑	皮带跳动或滑下	1. 皮带磨损 2. 皮带被拉长松弛 3. 两皮带轮不在同一平面内轮槽错位	1. 更换皮带 2. 更换皮带 3. 调整皮带轮

续表

故障名称	故障现象	故障原因	排除方法
湿帘纸垫干湿不均	湿帘纸垫干湿不均	1. 喷水管堵塞 2. 喷水管位置不正确 3. 疏水湿帘没有装 4. 供水量不足	1. 打开末端管塞，冲洗喷水管 2. 喷水管出水孔调整为朝上 3. 检查疏水湿帘是否安装 4. 冲洗洗水池、水泵进水口、过滤器等，清除供水循环系统中的脏物；调节溢流阀门控制水量或更换较大功率水泵、较大口径供水管
湿帘纸垫水滴飞溅	水滴溅离湿帘纸垫	1. 供水量过大 2. 湿帘边缘破损或出现飞边，都会引起水滴飞溅 3. 湿帘安装倾斜 4. 喷水管中喷出的水没有喷到反射盖板上	1. 调节溢流阀门控制水量或更换较小功率水泵 2. 检查并修复湿帘破损边缘和飞边 3. 调整湿帘使之竖直 4. 喷水管出水孔调整为朝上
水槽溢水和漏水	水槽溢水	1. 检查供水量过大 2. 水槽出水口堵塞 3. 水槽不水平	1. 减小供水量 2. 清理水槽出水口杂物 3. 进行调整，保证水槽等高
	水槽接缝处漏水	1. 水槽变形导致接缝处开裂 2. 水槽密封胶老化	1. 在停止供水后，调整水槽，涂抹密封胶 2. 重新涂抹密封胶
降温效果差	降温效果不明显	1. 湿帘横向下水管道下水口向下安装 2. 湿帘横向水管道不平 3. 湿帘堵塞 4. 湿帘纸拼接处安装不紧密 5. 水循环系统不密闭，粉尘较大且夏季苍蝇较多，容易造成水源污染，进而堵塞水循环系统	1. 重新安装，使横向下水管道下水口向上安装 2. 校正横向水管道在同一轴线 3. 清洁湿帘 4. 修复湿帘纸拼接处使其安装紧密 5. 尽量用密封管道连接，加强过滤，清除污物，清洁水源

二、喷雾降温设备常见故障诊断与排除（表 11 –2）

表 11 –2 喷雾降温设备常见故障诊断与排除

故障名称	故障现象	故障原因	排除方法
不喷水	喷头不喷水	1. 水箱无水或水少无高压 2. 滤网、管路或喷头堵塞 3. 阀门或开关未打开 4. 温控器或定时器损坏 5. 电磁阀损坏 6. 高压水泵损坏 7. 高压喷头损坏	1. 水箱加水，提高水压 2. 清除滤网、管路或喷头的堵塞 3. 打开阀门或开关 4. 更换温控器或定时器 5. 更换电磁阀 6. 检修高压水泵 7. 检修或更换高压喷头

续表

故障名称	故障现象	故障原因	排除方法
管路漏水	管路渗漏水	1. 管接头松动 2. 接头密封件老化或损坏 3. 阀门或开关未关严 4. 管路或接头老化	1. 增加密封胶布，重新拧紧 2. 更换密封件 3. 关紧阀门或开关 4. 更换损坏的管路或接头

三、热风炉常见故障诊断与排除（表 11－3）

表 11－3　热风炉常见故障诊断与排除

故障名称	故障现象	故障原因	排除方法
炉火不旺	正常加温，炉火不旺	1. 煤质量太差 2. 加热管周围积碳和灰尘多、烟囱堵塞 3. 温控调节器设置不合理，影响燃烧 4. 除灰室和炉箅上灰渣多，影响通风 5. 烟囱直径、高度与要求不符	1. 更换发热量高的低结焦煤块、无烟煤块 2. 清理加热管的积碳和灰尘，清理烟囱积碳和灰尘 3. 按说明书介绍方法设置加温温度，调节风门进风量 4. 清理炉箅上、灰室内灰渣，保持良好通风 5. 按热风炉型号设置要求安装烟囱
开始热而后来逐渐不热	正常加温，热风不热或开始热而后来逐渐不热	1. 热风炉换热面积灰过多，影响换热效果 2. 烟囱三通下部积灰太多，堵塞烟囱炉火不旺 3. 选用热风炉与实际取暖面积不匹配	1. 清除换热面上的积灰，煤灰多的需要每日清理一次烟囱积灰 2. 按上述第一项分析与排除 3. 根据实际需要选择热风炉
炉内温度突然过高	系统停止状态突然炉内温度过高，舍内温度不高	1. 清灰门没关严 2. 房间保温效果差或养殖舍过高，热损失太多	1. 关严清灰门 2. 处理保温设置
封不住火	封火效果不好	1. 温控调节器设置不合适 2. 清渣门、灰室门、加煤门关闭不严	1. 调节温控仪表 2. 关闭清渣门、灰室门、加煤门
炉门口冒烟	炉门口冒烟	1. 清灰时，打开清灰门后未关闭 2. 清理换热室、灰室、烟囱积灰时，因开启上、下清灰门，降低了烟囱抽力 3. 加煤盖密封不严	1. 清完灰后及时关闭清灰门，方可正常使用 2. 清理原因所述位置积灰时，关闭助燃风机 3. 更换加煤盖密封条，保证密封效果
热风中混有烟气	热风中混有烟气	换热室被烧穿	停机，专业人员修复

四、光照控制器常见故障诊断与排除（表 11－4）

表 11－4　鸡舍光照控制器的故障诊断与排除

故障名称	故障现象	故障原因	排除方法
显示屏显示失灵	若显示屏显示变弱或不显示时	电池电力不足	更换电池（电池在接线端子盖下面，拧下固定螺丝，掀开盖后即可更换）
设定内容消失	更换电池后，原设定内容消失	设定失效	重新设定

五、孵化机常见故障诊断与排除（表 11－5）

表 11－5　孵化机故障诊断与排除

故障名称	故障现象	故障原因	排除方法
温度控制失灵	高温：高温显示灯亮，显示温度超出设定值 0.5℃，门表指示温度也超出设定值	1. 加热固态继电器击穿，或应急继电器吸合 2. 风门位置不对 3. 冷却系统工作不正常 4. 环境温度超过 32℃且在孵化后期	1. 检修或更换继电器 2. 调整风门位置 3. 检修冷却系统 4. 环境温度较高时应尽量降低温度，或采用水冷却
	低温：低温显示灯亮，显示温度低于设定值 1℃，门表指示温度也低	1. 加热系统出现故障 2. 风门系统出现故障 3. 机门与箱体密封不严 4. 有水冷的机器水冷电磁阀损坏	1. 检修加热系统故障 2. 检修风门系统故障 3. 密封漏气部位 4. 更换电磁阀或关闭供水龙头
	加热故障：加热显示灯亮，但不加热	1. 固态继电器损坏，切断加热电源 2. 交流接触器损坏 3. 加热炉损坏 4. 风扇系统故障	1. 检修或更换固态继电器 2. 更换交流接触器 3. 检修或更换加热炉 4. 检修风扇系统故障
	加热故障：加热显示灯不亮，也不加热	1. 设定值不对 2. 主板上 LN2803 损坏 3. 控制芯片损坏	1. 调好设定值 2. 更换 ULN2803 3. 更换控制芯片
	超高温显示灯亮，蜂鸣器报警	1. 导电表保护点间隙不对 2. 导电表损坏	1. 检查导电表调节的保护点间隙是否合适，如不合适调节合适 2. 更换导电表

续表

故障名称	故障现象	故障原因	排除方法
风扇不转	风扇故障显示灯亮，蜂鸣器报警，风扇电机不转，不加热。温湿度显示正常	1. 可能是断路保护器保护了 2. 大风扇交流接触器损坏 3. 大风扇电机损坏 4. 皮带断	1. 检查电源是否偏相或者电压低，并设法使之正常 2. 检查、更换大风扇交流接触器 3. 检查、更换大风扇电机 4. 更换皮带
风门运动失灵	风门故障指示灯亮，蜂鸣器响；开机时风门显示不能显示“0”而是“－”且风门不向设定值运动（设定值是非“0”值）	1. 风门电机坏或风门启动电容坏，风门机构不动 2. 风门“0”位置限位行程开关接触不好或损坏	1. 检查判断风门电机和启动电容是否已坏，是则更换 2. 打开风门机构的盖板检查风门限位拔片及“0”位置限位开关是否正常，不正常则更换
温、湿度显示失灵	温、湿度显示值不正常，（如显示全0且不变，或显示最大值不变）	1. 电源板上的＋9v保险丝管烧断 2. ＋9v、－9v电源不对 3. 温、湿度探头故障	1. 检查电源板上的保险丝是否正常，如坏则更换 2. ＋9v和－9v稳压块输入输出是否正常，发现有损坏则更换 3. 更换温、湿度探头
加湿电机不转	加湿电机不转（翻蛋、进风类似检查）或一直转	1. 加湿继电器（k10）损坏 2. cpu板（主板）没发控制信号 3. 电机已坏 4. 翻蛋电机不转时也可能是蛋车没有推到位	1. 检查k10继电器是否损坏 2. 检查后若是主板没发控制信号则更换主板上的ULN2803芯片 3. 若电机三相供电正常则是电机损坏，更换电机 4. 蛋车推到位
翻蛋机构失灵	翻蛋故障报警、翻蛋机构老是在水平或倾斜位置停	1. 可能是翻蛋检测开关损坏 2. 可能是电控柜内的手动翻蛋开关不在中间位置	1. 行程开关损坏会引起自动翻蛋故障，若损坏则更换 2. 手动翻蛋开关若拨到了水平位置则翻蛋机构老在水平停，若拨到了倾斜位置则翻蛋机构老在倾斜停，此开关不用时要打到中间位置
显示面板变暗和风扇运转不受控	显示面板全暗，风扇运转不受控	1. 保险丝管FU1损坏 2. 外接交流稳压电源损坏	1. 更换保险管 2. 修理交流稳压源
小继电器都不动作	显示正常但所有的小继电器都不动作	1. 电源板上的＋12V保险丝管烧坏 2. ＋12V稳压块（CW7812）损坏 3. 电源变压器损坏	1. 更换＋12V保险丝管 2. 更换 ＋12V稳压块 3. 更换电源变压器

六、集蛋设备常见故障诊断与排除（表 11－6）

表 11－6　集蛋设备故障诊断及排除

故障名称	故障现象	故障原因	排除方法
集蛋带运行异常	集蛋带跑偏	车尾回带轴偏	调节车尾回带轴支座，调整方式为相反方向（如：集蛋带往左偏应调节右边）
	集蛋带打滑	集蛋带松弛	压紧张紧胶辊，调整集蛋带张紧拉簧，张紧集蛋带
主机异响	主机有异响	1. 轴承缺油、损坏 2. 导蛋槽接触摩擦运转辊 3. 链条松动	1. 加润滑脂、更换 2. 调整导蛋槽位置 3. 调整张紧链轮

七、高压清洗机常见故障诊断与排除（表 11－7）

表 11－7　高压清洗机常见故障诊断与排除

故障名称	故障现象	故障原因	排除方法
指示灯报警	指示灯持续显示红色	设备电源出现问题	拔出插头，找专业人士修理
水压不足	水枪压力低或没有压力	1. 进水过滤器堵塞 2. 供水量不足 3. 管路系统内有空气和杂物 4. 喷嘴孔堵塞或磨损 5. 泵内水封损坏	1. 清洁过滤器 2. 确保水龙头、清洗机供水阀门全开和水管无堵塞 3. 排出管路系统里的空气和杂物 4. 拆下喷嘴，清洁堵塞孔或更换喷嘴 5. 更换水封
水枪出水少或水流分散	机器正常运转时，水枪不出水或者水射流不规则、分散	1. 管路系统内有空气和杂物 2. 喷嘴孔堵塞 3. 水泵流量阀未打开或损坏	1. 拆下喷嘴，启动机器用水排出系统里的空气和杂物 2. 拆下喷嘴，清洁堵塞孔 3. 打开水泵流量阀或更换
水压不稳	压力表在最大和最小之间抖动，压力不稳定	1. 进水过滤器堵塞 2. 喷嘴孔堵塞 3. 在管路系统内的杂物或空气	1. 清洁过滤器 2. 拆下喷嘴，清洁堵塞孔 3. 拆下喷嘴，启动系统用水排出杂物和空气
运行中有异响	运行中出现尖叫声	1. 电机轴承缺油或损坏 2. 高压水泵吸入了空气 3. 流量阀弹簧损坏	1. 在电机的注油孔注入普通黄油或更换轴承 2. 排除水泵内空气 3. 更换流量阀弹簧
水泵底部滴油	高压水泵底部滴油	泵内油封损坏	及时更换

续表

故障名称	故障现象	故障原因	排除方法
润滑油变质	曲轴箱润滑油变浑浊或乳白色	高压水泵内油封密封不严或已经损坏	更换油封和润滑
清洗机跳动	高压管出现剧烈震动	阀工作紊乱	重新加压

八、三相异步电动机常见故障诊断与排除（表 11－8）

表 11－8　三相异步电动机常见故障诊断与排除

故障名称	故障现象	故障原因	排除方法
接通电源后电机不转或启动困难	电动机不能启动且无声	1. 保险丝断 2. 电源无电 3. 启动器掉闸	1. 更换符合要求的保险丝 2. 检查电源，接通符合要求的电源 3. 合上启动器
	电动机不能启动且有“嗡嗡”声	1. 缺一相电（电源缺一相电、保险丝或定子绕组烧断一相） 2. 定子与转子之间的空气间隙不正常，定子与转子相碰 3. 轴承损坏 4. 被带动机械卡住	1. 检查线路上熔断丝某相是否断开，若有断开应接通 2. 重新装配电机，保证同轴度达到要求 3. 更换轴承 4. 检查机械部分，空载时运转应自如，无阻滞现象
	电动机转速慢	1. 电源电压低 2. 错将三角形接线接成星形 3. 定子线圈短路 4. 转子的短路环笼条断裂或开焊 5. 电动机过负荷 6. 配电导线太细或太长	1. 升高配电压 2. 按说明书要求正确接线 3. 检查排除定子线圈短路 4. 修复转子短路环笼条 5. 降低负荷 6. 配符合要求的导线
	电动机启动时保险丝熔断	1. 定子线圈一相反接 2. 定子线圈短路或接地 3. 轴承损坏 4. 被带动机械卡住 5. 传动皮带太紧 6. 启动时误操作	1. 正确接线 2. 检查排除定子线圈短路 3. 更换轴承 4. 检查排除被带动机械卡住物 5. 调整传动皮带的张紧度 6. 正确操作启动

续表

故障名称	故障现象	故障原因	排除方法
噪声大	运转时，发出刺耳“嚓嚓”声、“嗞嗞”声或吼声	1. 定子与转子相擦 2. 缺相运行 3. 轴承严重缺油或损坏 4. 风叶与罩壳相擦 5. 定子绕组首、末端接错 6. 紧固螺丝松动 7. 联轴器安装不正	1. 重新装配电机使之达到同轴度要求 2. 检查排除缺相 3. 轴承加油润滑或更换轴承 4. 应校正风扇叶片和重新安装罩壳 5. 检查改正绕组首、末端接线 6. 拧紧各部螺丝 7. 校正联轴器位置对中
	轴承内有响声	1. 轴承过度磨损 2. 轴承损坏	更换轴承
	电机运行时有爆炸声	1. 线圈接地（暂时的） 2. 线圈短路（暂时的）	1. 检查排除线圈接地 2. 检查排除线圈短路
	电机无负荷时定子发热和发出隆隆声响	1. 电源电压过高，电源电压与规定的不符 2. 定子绕组连接有误	1. 调整电压，使其达到额定值 2. 正确对定子绕组接线
振动大	运转时，机器会跳动	1. 紧固螺栓松动 2. 轴弯或有裂纹造成气隙不均 3. 单相运转 4. 混入杂物 5. 不平衡运转 6. 校正不好，与联轴器中心不一致等	1. 拧紧紧固螺栓 2. 校轴或换轴，重新装配电机，保证同轴度并清除杂物 3. 用电笔或万用表分别检查相断路情况，找出原因加以排除 4. 清除杂物 5. 检查清洁风扇叶片等，做好静平衡试验 6. 校正联轴器位置对中
温度升高	运转时，电机外壳温度高，且电流未超过额定值	1. 环境温度过高（超过40℃） 2. 电机冷却风道阻塞 3. 电机油泥、灰尘太多影响散热 4. 电动机风扇坏或装反 5. 缺相运行	1. 环境超过40℃停机，到温度降低后操作 2. 清除冷却风道障碍物。 3. 清除电机黏附的油泥、灰尘等 4. 查或更换风扇，正确安装风扇 5. 用电笔或万用表分别检查相断路情况，找出原因加以排除

续表

故障名称	故障现象	故障原因	排除方法
温度升高	运转时，电机外壳温度高但电流增大	1. 过负荷或被驱动机械有故障、引起过载 2. 电源电压过高或过低 3. 三相电压不平衡相差太大 4. 定子绕组相间或匝间短路 5. 定子线圈内部连接有误（误将三角形接成星形，定子绕组电压降低3倍；或星形接成三角形，定子绕组电压升高3倍） 6. 启动过于频繁	1. 降低负荷 2. 调整电压，使其达到额定值 3. 调整三相电压平衡 4. 用双臂电桥测量各绕组电阻值，找出短路原因加以排除 5. 检查后按说明书要求接成星形或三角形 6. 不过于频繁启动或间隔一定时间再启动
	轴承过热	1. 润滑油过多或过少 2. 润滑油过脏或变质 3. 轴承损坏或搁置太久 4. 轴弯或定子与转子不同心 5. 电机端盖松动	1. 润滑油加至规定量 2. 更换符合要求的润滑油 3. 更换轴承 4. 校正转子轴和定子的同轴度 5. 拧紧端盖螺栓
转速低和功率不足	电机空负荷时运转正常，满载时转速和功率都降低	1. 电源电压太低，电源电压与规定不符 2. 定子绕组连接有误	1. 调整电压，使其达到额定值 2. 正确连接定子绕组线

第十二章　设施养鸡装备技术维护

相关知识

一、技术维护的原则

虽然设施养鸡装备种类多，其技术性能指标各异，但对总体技术状态的综合性能要求是一样的，其基本保养原则如下。

1. 技术性能指标良好

指机器各机构、系统、装置的综合性能指标，如功率、转速、油耗、温度、声音、烟色和严密性等符合使用的技术要求。

2. 各部位的调整、配合间隙正常

指农业机械各部位调整部位、各部的配合间隙、压力及弹力等应符合使用的技术要求。

3. 润滑周到适当

指所用润滑油料应符合规定，黏度适宜，各种机油、齿轮油的润滑油室中的油面不应过高或过低。油不变质，不稀释、不脏污。用黄油润滑的部位，黄油要干净，能畅通且注入量要适当。

4. 各部紧固要牢靠

指机器各连接部位的固定螺栓、螺母、插销等应紧固牢靠，扭紧力矩应适当，不松动，不脱落。

5. 应保证四不漏、五净、一完好

指垫片、油封、水封、导线及相对运动的精密偶件等都应该保持严密，做到不漏气、不漏油、不漏水、不漏电；机器各系统、各部位内部和外部均应干净，无尘土、油泥、杂物、堵塞等现象，做到机器净、油净、水净、气净和操作人员衣着整洁干净；机器各工作部件齐全有效，做到整机技术状态完好。

6. 随车工具齐全

指机器上必需的工具、用具和拭布棉纱等应配备齐全。

二、技术维护的保养周期和内容

机械的定期保养是在机器工作一定时间间隔之后进行的保养，是在班保养基础上进行的。高一号保养周期是它的低号保养周期的整数倍。

保养周期是指两次同号保养的时间间隔。保养周期的计量方法有两种：即工作时间法（h）和主燃油消耗量法（kg）。

用工作时间（h）作为保养周期的计量单位时，统计方便，容易执行，也是其他保养周期计量的基础。它的缺点是不能真实地反映拖拉机等机械的客观负荷程度。因为机器零部件的磨损程度不仅与工作时间有关，也同机器的负荷程度有关。例如在相同时间内，耕地引起的磨损比耙地严重得多，如以工作时间计算保养周期，在耕地时的保养就显得不够及时，而耙地时就显得过于频繁。

以主燃油消耗量（kg）作为保养周期，能够比较客观地反映机器的磨损程度和需要保养的程度。因为，负荷越大，单位时间内燃油消耗量越多，机器磨损量越多，保养次数越勤，保养的时间间隔就应越短。同时，又把机器空行和发动机空转的因素包括在内，再结合油料管理制度改进，就比较容易保证定期保养的进行。所以应提倡推广以主燃油消耗量计算保养周期。

三、光照控制器的安装要求

控制器要安装在干燥、清洁、无腐蚀性气体和无强烈振动的工作间内，最好不要安装在鸡舍内，如因条件限制必须安装在鸡舍内，经调试好后，在仪器外面套上透明塑料袋，以防潮气和粉尘进入仪器内。阳光不要直射控制器，以延长其使用寿命。有光敏探头的控制器，要将光敏探头安放在窗外或屋沿下固定，感受室外自然光，但光敏探头不能晃动、受潮。

四、孵化机的维护与保养要求

1. 供电系统

首先要保证机器供电正常，供电电压稳定，电压过高或过低都会对机器造成不良影响。并且应保证机器零线和地线一定要可靠连接。维修保养设备前必须断开电源，并在电源开关处挂上“检查和维修保养中”的标牌，以防止他人误开电源。必须给每台机器加装漏电保护器，如果机器漏电，漏电保护器能及时跳闸，便于及时和维修，以免对机器造成损坏。

2. 保持环境干燥

孵化机机械部分是由钢铁、铝合金及保温材料组成，其电器部分是由电路板、继电器及电机构成。在湿度高、通风不良情况下，易引起箱体生锈、电路板短路，因而在孵化过程中，要保持环境干燥，地上无积水，通风好，这样既能保证机器电器性能工作正常，也能延长机器使用寿命。

3. 电机

电机是孵化的执行部分，其电机有大风扇电机、翻蛋电机、加湿电机、风门电机及冷却电机。要定期检查电机的运行状态，发现其转速或声音不正常要及时更换轴承或电机。如果在使用中电机烧坏会引起机器其他部分损坏，从而造成维修成本增加并且影响机器正常使用。在机器运转过程中严禁电机反转，在冲洗机器时应注意防止水进入电机引起电机损坏。

4. 减速器

孵化机的减速器有翻蛋减速器和加湿减速器。要定期给减速器更换机油，一般3～6个月一次。如发现减速器运转声音异常或运转阻力大，甚至卡死，要及时更换减速器齿轮或蜗杆，以免由于减速器运转阻力过大使电机不堪负载而损坏。

5. 大风扇

大风扇是孵化机中极为重要的一部分，主要作用是把箱体内的温湿度搅拌均匀，为机器种蛋的发育提供适宜的温湿度条件。大风扇皮带的松紧能影响大风扇的转速，调节大风扇电机底座的位置可以调节皮带的松紧度，使大风扇运转平稳。如发现皮带分层开叉应立即更换。固定大风扇两端的万向轴承要定期加黄油，如发现风扇运转不平稳且噪音大应立即停机检查，如万向轴承与轴之间因磨损造成间隙大，应立即更换万向轴承，以免风扇带病工作过长造成风扇轴、皮带及电机损坏。

6. 加湿系统

要注意控湿装置的水箱（盘）内不能断水，感受元件的纱布与水盒内要经常换水，纱布被脏物污染后要洗净后重装。对于无自动控湿装置的孵化机，要定时往水盘内加温水并根据不同孵化期对湿度的要求，调整水盘的数量，以确保胚胎发育对湿度的要求。

要定期对加湿滚筒、加湿水盘进行清洗，以免脏物堆积过多、时间过长清洗不干净，影响加湿盘水分的蒸发，从而影响机器对湿度的控制。为了保证加湿正常，要正确调整浮球阀水位，使水盘内水位距盘口 20mm 左右。在滚筒支架的尼龙轴套内要经常涂黄油，以保证滚筒转动灵活。在机器停用时把水盘中的积水放完，保持机器干燥。

7. 翻蛋系统

按手动翻蛋键，看翻蛋系统是否正常运转，然后将翻蛋键置于自动位置。要注意翻蛋角度是否达到要求，定时是否准确，最好使所有的孵化机翻蛋方向一致，以便于管理。

蜗轮、蜗杆、曲柄及滑动杆转动部分在使用过程中一定要定期检查并加注黄油，要定期检查翻蛋减速器内的润滑脂，如有泄露要及时加满。在箱体外后侧的正中，有两个翻蛋检测开关也要注意清洁，以防油污侵蚀。

蛋车上的水平锁定机构用于从翻蛋机构水平位置拖出蛋车时自动锁定蛋盘托架，防止打破种蛋。此机构应运动灵活，要向此处及活动轮轴等要定期添加润滑油。如发现因翻蛋位置不正确而引起翻蛋报警，就要调整机器后板翻蛋行程开关的位置，使其翻蛋正常运行。

空气压缩机和水加压系统每季度要维护保养 1 次，每周放 1 次压缩空气过滤器的积水，空压机油要求每运转 500h 更换 1 次。

8. 风门系统

使用中随时注意观察机门上温度计指示的温度，如有不正常现象要及时检查控温系统，排除故障。随着胚龄的增长应适当开启进气口和排气口，后期应全部打开，以保证胚胎正常发育对氧气的需要，但前期不应开启过大，以免加温较慢，浪费电能。

风门位置的大小关系到出雏率及健雏率，在孵化过程中一定要经常检查风门位置是否正常，风门传动机构是否灵活。发现问题应及时调整，各转动及滑动机构要定期加黄油。如出现风门故障报警，一般是风门电容或风门电机损坏。

9. 温、湿度探头

温、湿度传感器组件放于箱体左上顶部正中位置，是机器进行温、湿度控制的传感器，测量精确，灵敏度高，一定要保护好。在冲洗消毒时一定要注意不要将消毒液或高压水柱冲到探头上，以免损坏。长期使用后的温、湿度探头表面污染较严重，要定期用软毛刷进行清理，湿度探头保护罩可以拧下后用酒精清洗晾干后再用。

10. 箱体

注意保持箱板表面干净，及时擦除箱板表面的水和脏物。每次箱体清洗后，要及时开机升温烘干。避免表面由于划伤、碰撞而导致表面受损。

11. 蛋车（出雏车保养内容相同）

每次孵化后，应对蛋车传动机构进行清洗，然后开机烘干，对蜗轮、蜗杆传动曲拐、滑动杆、轮子、锁定弹簧等各活动部位进行加油保养，每年进行 1 次喷漆防锈处理。

五、判别电容好坏的方法

电容是帮助电动机启动的主要元器件。判别电容好坏的方法是：将电容的两根线头分别插入电源插座，将两根线头取出，进行接触，如出现火花，说明电容放电，可正常使用。

六、判断电动机缺相运行的方法

1. 转子左右摆动，有较大嗡嗡声。

2. 缺相的电流表无指示，其他两相电流升高。

3. 电动机转速降低，电流增大，电动机发热，升温快。此时应立即停机检修，否则易发生事故。

操作技能

一、湿帘风机降温设备的技术维护

1. 保养维护设备时要断开电源，并在电源开关处挂上“检查和维修保养中”的标牌，以防止他人误开电源。

2. 若湿帘在安装后能被鸡禽触及，一般用网孔不大于 15mm × 15mm 的铁丝网隔开，且铁丝网距离湿帘至少 200mm。

3. 定期清除风机内部的灰尘，特别是叶轮上的灰尘、污垢等杂质，以防止锈蚀和失衡。

4. 及时清洗、修理或更换风机百叶窗和防护网，清除蜘蛛网。

5. 每周检查一次皮带松紧度及磨损情况。

6. 轴承每月注射黄油一次。

7. 在水箱（或水池）上加盖密封，保持水源清洁，水的酸碱度 pH 值在 6 ~ 9，电导率小于 1 000μΩ。加盖既可防止脏物丢入，还可避免阳光直射，减少藻类滋生。

8. 每周清洗水箱（水池）及循环系统一次，每周检查一次管路有无渗漏和破损。

9. 每两周清洗一次网式过滤器，清洗后，拧紧过滤器顶盖，防止漏水，发现损坏应及时修复。

10. 定期清理湿帘表面。湿帘安装时是一块一块拼接而成的，必要时可从框架内取下来清理。

（1）湿帘表面积尘清洗的办法　最好用大量的清水冲洗，但要用常压水流而不能用高压水枪，否则会冲坏湿帘；也可用喷雾器将洗涤剂喷洒在湿帘表面，浸泡片刻，然后用常压水流冲洗，这样容易将污垢冲掉。但要注意选择洗涤剂产品，尤其是不能用含有氯的洗涤剂。

（2）湿帘表面水垢和藻类物清理方法　在彻底晾干湿帘后，用软毛刷上下轻刷，避免横刷（可先刷一部分，检验一下该湿帘是否经得起刷），然后只启动供水系统用常压水流冲洗。

11. 日常维护后必须检查上水阀门和电源是否复原。

12. 若风机长期不用应封存在干燥环境下，严防电机绝缘受损。在易锈金属部件上涂以防锈油脂，防止生锈。

13. 湿帘长时间不使用时，应用塑料膜或帆布整体覆盖外侧，防止树叶、灰尘等杂物进入湿帘纸空隙内，同时利于舍内保温；可加装防鼠网或在湿帘下部喷洒灭鼠药防止鼠害。

14. 风机首次使用时、电机故障排除后、入库保存重新安装后必须进行点动试运转，保证扇叶旋转方向应与标示箭头方向一致，如有反转情况交换任意两根线位进行调整。正反转调整好后重新开启风机观察运行有无异常，任何的异响、噪音过大，震动都是风机存在问题。

15. 水泵停止使用后，要放尽水泵和管路内的剩水，并清洗干净；对底阀、弯管等铸铁件应当用钢丝刷把铁锈刷净，涂上防锈漆后再涂油漆，待干燥后再放入干燥的机房或贮存室通风保存；若用皮带传动的，皮带卸下后用温水清洗擦干后挂在干燥且没有阳光直接照射的地方；检查或更换滚珠轴承，对不需要更换的可用汽油或煤油将轴承清洗干净，涂上黄油，重新装好；螺钉螺栓用刷洗干净后涂上机油或黄油，以免锈蚀或丢失。

二、喷雾降温设备的技术维护

1. 定期清洁过滤网、传感器等。

2. 定期保养电动机和高压水泵。

3. 定期检修高压喷头。

4. 定期保养减压阀、恒温器、定时器、电磁开关等自动控制装置，并检查其灵敏度和可靠性。

三、热风炉的技术维护

1. 热风炉运行时要经常检查炉膛内是否有烧损部位，如发现有烧损部位应停炉修复后再用。

2. 经常检查热风中是否有烟气，若有烟气应立即停炉检修，修复后方可使用。

3. 定期检查、润滑风机轴承。

4. 定期清洁进、出风口。

5. 每季清洗燃烧机。方法是：拆下过滤器的滤网，用清洁的毛刷在柴油中清洁干净，轻轻拉出火焰探测器，擦净上面的油垢和积碳。

6. 每年检修采暖管道、闸阀和散热设备等。

7. 定期校正压力表、温度计、流量计等。

8. 每年保养水泵和风机等。

9. 热风炉停炉保养。

热风炉停炉一般有三种情况：暂时停炉、紧急停炉和正常停炉。

（1）暂时停炉：短休、夜间或需热风炉短时间停止供热时，可采用压火的办法来解决。操作步骤是：先关闭清灰门，待热风出口温度低于55℃时再停风机。当短休结束或需热设备继续供热时，可以以最快的速度恢复正常运行。

（2）紧急停炉：运行中如果发生突然停电或热风炉发生意外故障需检修时，应紧急停炉，否则会造成设备损坏。操作步骤是：关闭电源，关闭清灰门，打开炉门，快速清理炉内燃料，让热量自由散发，严禁往炉内泼水降温。将掏出的未燃尽燃料用沙子覆盖或用水浇灭，确认燃料完全熄灭后方可离开，以防止发生火灾。

（3）正常停炉：作业结束或需长时间检修而有计划进行的停炉。

10. 热风炉长期搁置不用时要做好防水、防潮措施。将热风炉的进出风口和烟囱口封严，关严炉门、清灰门和清渣口。炉内铺放上生石灰、煤灰等干燥剂，保持炉内干燥，使用场所湿度不得大于85%，防止电绝缘下降和金属表面锈蚀。

11. 热风炉长期搁置以后再使用时，要对热风炉进行全面检查。查看电器部分是否工作正常，炉膛内耐火材料和炉条是否有脱落、损坏等现象，将炉内杂物清理干净，确定热风炉各部分正常后方可使用。

四、光照控制器的技术维护

1. 擦拭干净粘落在灯泡和灯罩上的灰尘和小昆虫，以保持足够亮度，一般每周要擦一次灯泡坏灯泡及时更换。

2. 控制器使用一段时间（2～3月）后，要检查电源线的接线情况、时钟的时间、定时的程序、光敏的灵敏度、电池的好坏、手动开关的好坏等情况，必要时进行调整或更换，擦除光敏探头上的灰尘，勿使控制器沾染油或进水。

3. 实际使用中鸡舍灯的总功率最好小于控制器所标定功率的70%。

4. 定期检查灯具线路，保证鸡舍光照均匀，不留死角。

五、孵化机的技术维护

1. 孵化机每周维护

（1）检查水盘水位。水盘底面应当是相对干燥的。如果水盘水位超过2/3，就应检查喷头是否漏水、加湿水压是否过低、水盆排水管是否堵塞，并及时排水。

（2）检查门的密封情况

所有的门密封条都处应于良好的状态，如果出现撕裂或脱落等损坏应予更换。

（3）检查风门运转情况。

（4）排尽压缩空气过滤器积水。检查气路二联体上压缩空气潮湿过滤器是否自动排水。

（5）排出压缩机容器内积水。打开压缩机压力罐下的一放水旋塞，把水排空。

（6）清洁箱体。用半干抹布擦拭机箱及电控柜外部；出雏机每批出雏后清洗加湿水盆和蒸发盘并清理机器顶部的绒毛。

2. 孵化机每月维护内容

（1）检查风扇、加湿、翻蛋机构是否完好。

（2）检查加热功能。

（3）检查超高温报警功能。

（4）检查翻蛋功能是否正常。

（5）彻底清洗消毒设备。

（6）每批孵化后清洗机器、加湿水盆及加湿蒸发盘。

（7）检查停电报警装置。电池是否还有电，必要时更换。

3. 孵化机每三个月维护

（1）清洁探头。

（2）校准温、湿度。

（3）向风扇轴承加注黄油。

（4）用油清洗翻蛋蜗轮后加黄油润滑。

（5）向风门机构的丝杠及滑动配合部位加注黄油。

（6）更换加湿、翻蛋减速器机油。

（7）全面检查各系统的控制功能。

4. 孵化机长时间不用时的保养

在孵化机搁置长时间不用前，开机升温烘干机器，并将加湿水盆中的水放净并烘干，洗净各个运转部位涂抹后用黄油保护以防生锈。每个月开机升温烘干运转机器一次。

六、集蛋设备的技术维护

1. 观察集蛋机运行情况，防止有不明物（死鸡，笼门等）卡住集蛋机，以及集蛋带过长卡死在压带轮上。

2. 检查集蛋机输送带的松紧程度。必要时通过集蛋机顶部集蛋带张紧螺栓进行调整。

3. 集蛋带出现跑偏或脱离轨道，应调节车尾回带轴支座，调整方式为相反方向。

4. 每6个月向减速机加油一次，定期检查各运转部位，发现轴承缺油及时加注。

5. 定期向各部位链条链轮加润滑油。

注意事项：

1. 集蛋工作台上严禁放置杂物，以免损坏蛋爪。

2. 在维修过程中，应将零部件和工具摆放到位，严禁将零部件和工具等遗留在集蛋带上，确保集蛋带运行安全可靠。

3. 维修层叠式鸡笼集蛋设备时，严禁踩踏鸡笼、食槽，以防网片开焊和笼体、食槽变形损坏。

七、高压清洗机的技术维护

1. 维修和保养前必须拔掉电源插头。作业前，必须检查所有电器盒、接头、旋钮、电缆和仪器、仪表有无损坏，确保开关和保护装置动作灵敏可靠。

2. 过滤器要求定期清洁。清洁步骤为：释放设备内部压力，将外盖上的螺钉卸下来，将外盖打开，使用干净的水或高压空气清洁过滤器，最后将设备重新装好。

3. 定期检查皮带松紧度和所有保护装置安全可靠、无损坏。

4. 检查拖车的支承、连接和轮（胎）等，保持其完好移动。

5. 在第一次使用 50h 后，必须换油，之后每 100h 或至少 1 年换油一次。步骤为：将外盖上的螺钉卸下来，将外盖打开，将电机外盖上前排油塞拔下来，将旧机油排到一个合适的容器中，将油塞重新塞回去，缓慢的注入新的机油，要避免机油中混有气泡。机油量按产品说明书要求注入。

6. 每三个月对高压清洗机作一次季度检修，主要检修对象包括——检查工作油的污染度和特性值是否良好，如不正常，更换新油；检查高压喷嘴有无附着物或损伤，并作检修或更换处理；清洗和更换各种过滤器；检查软管有否发生松弛或鼓起等各种隐患；检修各种阀、接头及喷枪等零部件。

7. 每年度检修一次，主要检修对象包括——油冷却器的污染状况；油箱内表面的锈蚀状况；更换通气元件；高压缸内面的损伤状况；工作油的劣化程度；单向阀阀心与阀座的接触面的状态；高压水泵的活塞漏油状况；活塞杆的磨损和损伤状况等。

8. 定期维护加热装置。清除喷油嘴积碳，检修风机、油泵，清洗或更换滤芯器等。

9. 冬季存放时应放在不易结冰的场所，如不能保证，宜将清洁剂箱清空，将设备的水排空。

第四部分　设施养鸡装备操作工——高级技能

第十三章　设施养鸡装备作业准备

相关知识

一、鸡场消毒必要性及消毒程序

鸡场消毒十分必要，家禽养殖具有高密度集中饲养，生长空间狭小，密闭性强等特点，还具有生产性能高，代谢旺盛，耗氧量高等生理特点，这些因素往往会导致舍内空气污浊，清新度差，含氧量低，尤其在家禽换羽期间代谢的皮屑、绒毛、羽毛等导致舍内空气质量更差。排泄粪便后污染环境卫生，如果不及时通风换气或者消毒，空气中的尘埃随家禽呼吸采食进入消化道或呼吸道而破坏家禽黏膜的完整性为病原打开了第一道屏障，进一步引发家禽疾病。

鸡场消毒是指用物理的、化学的和生物的方法清除或杀灭鸡禽体表及其生存环境和相关物品中的病原微生物的过程。消毒的目的是切断病原微生物传播途径，预防和控制传染病的传播和蔓延。

鸡场消毒包括鸡舍外消毒和鸡舍内环境的消毒。鸡舍外的消毒是对鸡舍周围、场区内的消毒。鸡舍内环境的消毒主要分为空舍消毒和带鸡消毒，此外还有人员消毒、饮水消毒、运动场和运输车辆的消毒等，这几种消毒方法可分别切断不同病源的传播途径，相互不能代替。

1. 空舍消毒

空舍消毒是针对“全进全出”饲养工艺饲养期结束后的鸡舍和新舍，每次鸡群转出（如从雏鸡舍出雏到育成鸡舍，育成鸡舍转出到成鸡舍等）或肉鸡群出栏后，都要对舍内及设备和用具进行一次彻底的消毒后，才能转入新鸡群。目的是清除鸡舍及设备上的病原微生物，切断各种病原微生物的传播链，以确保上一群鸡不对下一群鸡造成健康和生产性能上的垂直影响。对连续使用的鸡舍每年至少在春秋两季各进行一次彻底的消毒。

空舍消毒的消毒程序是“一喷雾消毒，二清扫，三冲洗，四消毒，五空舍”。

2. 带鸡消毒

带鸡禽消毒是指在鸡饲养期内，定期用一定浓度的消毒药液对鸡舍内的一切物品及鸡体、空间进行喷雾消毒。带鸡消毒的对象包括鸡舍门窗、墙壁地面、舍内设备和鸡群。带鸡消毒可杀灭多种病原微生物，有效防止马立克氏病、法氏囊病、葡萄球菌病、大肠杆菌病以及鸡的各种呼吸道疾病的发生，创造良好的鸡舍环境；能有效抑制舍内氨气的产生，降低氨气浓度，净化空气；干燥时加湿、高温时降温。实践证明，带鸡消毒可以大地减轻疫病的发生。

带鸡消毒常用苯扎溴铵（新洁尔灭）、甲酚皂溶液（来苏儿）等对鸡体无害的消毒剂，采用喷雾的方法。消毒时应将喷雾器喷头高举空中，喷嘴向上喷出雾粒，雾粒可在空中缓缓下降，除与空气中的病原微生物接触外，还可与空气中尘埃结合，起到杀菌、除尘、净化空气、减少臭味的作用，在夏季并有降温的作用。要求雾粒直径应控制在80～120μm，雾粒过大则在空中下降速度太快，起不到消毒空气的作用；雾粒过细则易被鸡禽吸入肺泡，引起肺水肿、呼吸困难。

消毒剂的浓度必须按使用说明书的规定，不得任意加大或减少。喷雾药液用量可按每平方米空间5～25mL计算。带鸡消毒冬季每7～10天进行1次、春秋季每3～5天进行1次、夏季每1～2天进行1次，也可每天进行1次。

3. 感染鸡场消毒

对于已经发生一般性传染病的鸡场，应立即对病鸡进行隔离治疗，同时迅速确定病原微生物种类，选择适宜的消毒剂和消毒液的浓度，对整个鸡场进行彻底的消毒。做好严格的消毒工作是控制疫病流行、将损失降低到最低程度的关键。当发生禽流感等烈性传染病后，应立即报告上级畜禽主管部门对养殖场进行封锁和扑杀，并对全场进行彻底的消毒。疫情结束半年以后经批准方可进行新的养鸡生产。

鸡场发生一般性传染病后，对于已经死亡的鸡要在专门地点进行焚烧、深埋等无害化处理，对于发病的鸡要转到隔离舍进行治疗。

对发现有病的鸡舍按照下列程序进行消毒：

（1）用消毒液对整个鸡舍进行喷雾消毒。

（2）喷雾消毒作用一定时间后清除病鸡的排泄物，用专车将其送到指定地点进行无害化处理。

（3）冲洗：用5%氢氧化钠热消毒液冲洗地面、设备等。

（4）再次喷洒消毒液。对于因感染而空圈的鸡舍，还可用甲醛等进行熏蒸消毒。对于其他鸡舍和场区环境，应用特定的消毒液进行喷雾消毒。

4. 运动场消毒

鸡的运动场的消毒可按以下程序进行：清扫→冲洗→喷洒消毒→进畜禽前冲洗地面栏和食槽等设备。

鸡运动场喷雾消毒夏季每天1次，春秋季每2～3天进行1次，冬季每7天进行1次。鸡的运动场和鸡舍墙壁、天花板，每半年要用石灰乳粉刷1次。

5. 运鸡车辆的消毒

对于运输鸡车车辆，每次回场或使用完毕后，要在专门的地点对其进行清洗消毒，按照清除遗留粪便→5%浓度氢氧化钠消毒液冲洗干净→再次喷洒其他消毒药液→干燥一定时间→清水冲洗→暴晒5h以上→存放，以备下次使用的程序进行。

6. 四季灭鼠，夏季灭蚊蝇。鼠药每季度投放一次，需投对人、鸡无害的鼠药。在夏季来临之际在饲料库投放灭蚊蝇药物。

二、畜禽消毒剂选购和使用注意事项

1. 理想消毒药应具备的条件。

（1）杀菌效果好，低浓度时就能杀死微生物，作用迅速，对人及鸡只副作用小。

（2）性质稳定，无异味，易溶于水。

（3）对金属、木材、塑料制品等没有腐蚀作用。

（4）无易燃性和爆炸性。

2. 选购和使用消毒剂注意事项

（1）选择消毒剂应根据鸡禽的年龄、体质状况以及季节和传染病流行特点等因素，针对污染鸡禽舍的病原微生物的抵抗力、消毒对象特点，尽量选择高效低毒、使用简便、质量可靠、价格便宜、容易保存的消毒剂。

（2）选用消毒剂时应针对消毒对象，有的放矢，正确选择。一般病毒对碱、甲醛较敏感，而对酚类抵抗力强；大多数消毒剂对细菌有很好的杀灭作用，但对形成芽孢的杆菌和病毒作用却很小，而且病原体对不同的消毒剂的敏感性不同。

（3）选用消毒剂要注意外包装上的生产日期和保质期，必须在有效期内使用。消毒剂要保存在阴凉、干燥、避光的环境下，否则会造成消毒剂的吸潮、分解、失效。

（4）使用前应仔细阅读说明书，根据不同对象和目的，严格按照使用说明书规定的最佳浓度配制消毒液。一股情况下，浓度越大，消毒效果越好。

（5）实际使用时，尽量不要把不同种类的消毒剂混在一起使用，防止相颉颃的两种成份发生反应，削弱甚至失去消毒作用。

（6）消毒药液应现配现用，最好一次性将所需的消毒液全部兑好，并尽可能在短时间内一次用完。若配好的药液放置时间过长，会导致药液浓度降低或失效。

（7）不同病原体对不同消毒剂敏感程度不一样，对杀灭病原体所需时间也不同，一般消毒时间越长，消毒效果越好。喷洒消毒剂后，一般要求至少保持20min以上才可冲洗。

（8）消毒效果与用水温度相关。在一定范围内，消毒药的杀菌力与温度成正比，温度增高，杀菌效果增加，消毒液温度每提高10℃，杀菌能力约增加一倍，但是最高不能超过45℃。因此夏季消毒效果要比冬季要强。一般夏季用凉水，冬季用温水，水温一般控制在30～45℃。熏蒸等消毒方式，对湿度也有要求，一般要求相对湿度保持在65%～75%。

（9）免疫前、后1天和当天（共3天）不喷洒消毒剂，前、后2～3天和当天（共5～7天、不得饮用含消毒剂的水，否则会影响免疫效果。

（10）应经常更换不同的消毒剂，切忌长期使用单一消毒剂，以免产生抗药性。最好每月轮换一次。

（11）消毒器械使用完毕后要用清水进行清洗，以防消毒液对其造成腐蚀。

（12）消毒后剩余的消毒液以及清洗消毒器械的水要专门进行处理，不可随意泼洒，污染环境。

三、防疫消毒作业准备

1. 操作者穿戴好防护用品，进入养殖区时必须淋浴消毒，更换工作服，戴口罩。

2. 提前打扫养殖舍等环境，清洁设备，要求地面、墙壁、设备干净、卫生、无死角。

3. 喷雾消毒前应提前关闭养殖舍门窗，减少空气流动，提高养殖舍内的温度和湿度。

4. 根据鸡的日龄、体质状况以及季节和传染病流行等污染源的特点等因素，选择消毒剂和消毒机械。

5. 按照使用说明书要求在容器内规范配制好药液，不要在喷雾器内配制药液。

6. 配制可湿（溶）性粉剂消毒剂：

（1）根据给定条件配置浓度和药液量，正确计算可湿性粉剂用量和清水用量。

（2）配制消毒液。首先将计算出的清水量的一半倒入药液箱中，再用专用容器将可湿性粉剂加少量清水搅拌棒调成糊状，然后加一定清水稀释、搅拌并倒入药液箱中。最后将剩余的清水分2～3次冲洗量器和配药专用容器，并将冲洗水全部加入药液箱中，用搅拌棒搅拌均匀。盖好药液箱盖，清点工具，整理好现场。

7. 配制液态消毒剂　本项配制的步骤与上述步骤6基本相同，其不同之处在于配制母液。先用量杯量取所需消毒剂量，倒入配药桶中。再加入少许水，配制成母液，用木棒搅拌均匀，倒入药液箱中。

8. 检查消毒机械的技术状态并清洗机械。

9. 检查供水系统是否有水，舍内地面排水沟、排水口是否畅通。

10. 检查供电系统电压是否正常、线路绝缘及连接是否良好、保护开关灵敏有效。

11. 检查鸡舍内其他电器设备的开关是否断开，防止漏电事故发生。

四、鸡只的日排泄量估算

鸡只日排泄量的估算见表13－1。

表13－1　每只鸡日排泄量表

鸡种	鲜鸡粪产量（g）	含水率（%）	备注
产蛋鸡	130	80	
育成鸡	72	80	与饲养日龄成正相关
肉用种鸡	180	80	
商品肉鸡	105	80	与饲养日龄成正相关

没有经过发酵腐熟的新鲜鸡粪直接施入农田，会引起以下副作用：

1. 传染病虫害。粪便中含有大肠菌、线虫等病菌和害虫，直接使用会导致病虫害的传播、作物发病。

2. 发酵烧苗。不发酵的生粪等直接施到农田后，当发酵条件具备时，在微生物的活动下发酵，当发酵部位距根部较近且作物植株较小时，发酵产生的热量会影响作物生长，烧毁作物根系，严重时导致植株死亡。

3. 散发臭气。在分解过程中产生甲烷、氨等有害气体，使土壤和作物产生酸害和根系损伤。

4. 肥效缓慢。未发酵腐熟的有机肥料中养分多为有机态或缓效态，不能被作物直接吸收利用，只有分解转化成速效态才能被作物吸收利用，所以未熟化有机肥直接施用时使肥效减慢。

五、鸡禽粪便堆肥发酵应具备的基本条件

1. 碳氮比（C/N）

微生物在新陈代谢获得能量和合成细胞的过程中，需要消耗一定量的碳和氮，一般认为堆肥 C/N 比为 25 ~35 最佳，而鸡粪 C/N 比为 7. 9 ~10. 7，因此在堆肥前应掺入一定量的锯末、碎稻草、秸秆等辅料，同时起到降低水分和使粪便疏松利于通气的作用。锯末 C/N 比 500 左右，稻草为 C/N 比 50 左右，麦秸 C/N 比 60 左右。

2. 含水率

鸡粪堆肥发酵最合适的含水率为 50% ~60%。当含水率低于 30% 时，微生物分解过程就会受到抑制，当含水率高于 70% 以下时，通气性差，好氧微生物的活动会受到抑制，厌氧微生物的活动加强，产生臭气。表 13 -2 为按感官判断粪便含水率的示意图。

表 13 -2　用经验感官判断粪便含水率时的示意图

含水率	80%	50%	30%
示意图			
特征	太黏、黏手	可以捏成团，松手不散	太松散、捏不成团

3. 温度

堆肥最高温度 75℃左右，一般保持在 55 ~65℃，可通过调整通风量来控制温度。

4. 通风供氧

微生物的活动与氧含量密切相关，供氧量的多少影响堆肥速度和质量。堆肥中常用斗式装载机、发酵槽的搅拌机构等设备翻动来实现通风供氧，也可通过鼓风机实行强制通风。

5. 接种剂

接种剂又名鸡禽粪便发酵腐熟剂，其功能是加快粪便发酵速度，快速除臭、腐熟，把粪便变成高效、环保的有机肥。

六、粪便发酵腐熟度的判定方法

鸡禽粪经过充分发酵腐熟后，由粪便（生粪）转变为有机肥（熟粪），感官判定方法为：

1. 外观蓬松。发酵后物料颗粒变细变小，均匀，呈现疏松的团粒结构，手感松软，不再有黏性。

2. 无恶臭，略带肥沃土壤的泥腥味和发酵香味。

3. 不再吸引蚊蝇。

4. 颜色变黑，产品最终成为暗棕色或深褐色。

5. 温度自然降低。由于适合真菌的生长，堆肥中出现白色或灰白色菌丝。

6. 水分降到30%以下，堆肥体积减少1/3～1/2。

操作技能

一、背负式手动喷雾器作业前技术状态检查

1. 检查喷雾器的各部件安装是否牢固。

2. 检查各部位的橡胶垫圈是否完好。新皮碗在使用前应在机油或动物油（忌用植物油）中浸泡24h以上。

3. 检查开关、接头、喷头等连接处是否拧紧，运转是否灵活。

4. 检查配件连接是否正确。

5. 加清水试喷。

6. 检查药箱、管路等密封性，不漏水漏气。

7. 检查喷洒装置的密封和雾化等性能是否技术状态良好。

二、背负式机动弥雾喷粉机作业前技术状态检查

1. 按手动背负式喷雾机技术状态内容进行检查。

2. 检查汽油机汽油量、润滑油量、开关等技术状态是否良好。

3. 检查风机叶片是否变形、损坏，旋转时有无摩擦声。

4. 检查轴承是否损坏，旋转时有无异响。

5. 检查合格后加清水，启动汽油机进行试喷和调整。

三、常温烟雾机作业前技术状态检查

1. 按前述检查机电及线路等共性技术状态。

2. 按检查背负机动式喷雾器技术状态内容进行检查。

3. 检查空气压缩机的性能是否完好。

4. 检查三角支架的性能是否完好。

四、牵引式刮板清粪机作业前技术状态检查

1. 检查操作人员进入养殖区时是否更换工作服、工作帽、绝缘鞋等防护用品，并进行淋浴消毒。

2. 检查所有传动部件是否组装正确，有无松动。

3. 检查电源是否有可靠的接地保护线及漏电、触电保护器（空气开关）等保护设施。

4. 检查电源、电控柜指示灯是否正常和线路连接是否良好，是否有破损。

5. 检查行程开关有无机械性损坏，工作是否灵敏可靠。

6. 检查电动机、减速机等转向是否正确，运转时各部件无异常响声，如有应立即停机检查。

7. 检查驱动装置、钢丝绳、刮粪板等所有螺栓和紧固件是否锁紧牢固可靠。

8. 检查所有需要润滑部件是否加注润滑油。检查减速器的油位情况，从油镜中能否看到润滑油。

9. 检查联轴器对中性是否良好，误差不得大于所用联轴器的许用补偿。

10. 检查主动绳轮和被动绳轮绳轮槽是否对齐，牵引绳有无出槽重叠、绳轮槽内是否干净。检查转角轮是否保持水平位置，固定是否坚实稳固。检查牵引绳磨损程度、松紧程度、表面干净程度。点动检查牵引绳是否运转良好，无抖动现象。

11. 检查传动皮带松紧度是否合适，过松或过紧应调节。

12. 检查粪道是否有障碍物。粪沟内水泥地面无破损、坑洼现象、局部粪便清不净现象。冬季检查粪道内是否有结冰现象。

13. 检查刮粪板下端有无缺损，是否刮净粪沟。

14. 点动检查刮粪板是否起落灵活，与粪沟地面、粪沟两侧有无卡碰现象，检查底部刮粪橡胶条磨损情况。

15. 检查刮粪板回程时离地间隙符合设备要求，一般为 80 ~ 120mm。

五、传送带式清粪机作业前技术状态检查

1. 使用前先检查各传动部位（齿轮啮合吻合、链条松紧程度合适）；检查各紧固件是否牢固；检查各部位传感器、行程开关是否灵敏。

2. 检查设备与鸡笼固定是否牢固，运行状态是否正常。

3. 检查清粪带是否保持宽度方向水平、张紧度是否合适、有无跑偏现象。随时检查并调整清粪带的跑偏问题。

4. 检查端部清粪带是否被刮净。

六、螺旋式深槽发酵干燥设备作业前技术状态检查

1. 检查机电共性技术状态是否良好。

2. 检查压力表状态，确认液压系统技术状态是否正常。

3. 检查固定轨道的地脚螺栓是否牢固可靠；清除轨道上杂物。

4. 检查各系统所有传动机构运行是否正常，有无异响。检查发酵设备在轨道运行是否平稳，有无噪音，大车移动轮与轨道有无剐蹭、碰撞痕迹。

5. 检查电源线在滑轨上有无脱落现象。

6. 检查翻料螺旋磨损情况和叶片表面粪污粘结情况。

7. 检查纵向行走大车上轨道滑轮是否良好。

8. 检查发酵槽内粪便厚度是否均匀；检查长度方向上不同位置粪便腐熟程度。

9. 检查用于调节水分、秸秆等辅料是否准备足量。

10. 检查各零部件的装配是否良好，紧固件有无松动现象，如果发现机件松动，立即紧固。

11. 检查主传动系统中减速器的润滑油位情况，从油镜中能否看到润滑油。

12. 检查减速机固定是否牢固可靠，各转动部位的润滑状况，电源线是否有破损，轴承部位的温度是否过高。

13. 在执行允许的操作之前，观察周围是否有人和物。

14. 检查物料中有无砖块、石块等影响设备使用的杂物。

15. 检查出料端粪便腐熟度情况。粪便发酵不完全就达不到无害化处理的要求，不仅会直接影响作物种子发芽，甚至会烧苗。

七、鸡舍环境控制器作业前技术状态检查

1. 检查电源电压是否正常。打开控制器门，检查电源接线是否正确和牢固，内部接线、与各控制单元接线是否正确和牢固。

2. 清除控制器内电器元件上灰尘。用手动继电器检查控制继电器能否正常工作。长期不用后要校准各种测量值。

3. 观察液晶显示是否正常，根据鸡只饲养要求设定各项生产管理和环境控制参数。

4. 生产过程中观察鸡群表现以确定环境设定是否合适。

第十四章　设施养鸡装备作业实施

相关知识

一、消毒剂的选择和配制要点

1. 消毒剂的选择要求

根据鸡的日龄、体质状况以及季节和传染病流行特点等因素，针对污染鸡舍的病原微生物的抵抗力、消毒对象特点，尽量选择高效低毒、使用简便、质量可靠、价格便宜、容易保存的消毒剂，如0.02%百毒杀、0.1%新洁尔灭、0.3%～0.6%毒菌净、0.3%过氧乙酸等。

2. 消毒剂配制要点

（1）正确控制消毒用水的温度。

（2）消毒剂应现配现用，最好一次性将所需的消毒液全部对好，并1次用完。

（3）不同的消毒药物要交替使用，最好每月轮换一次，以防病原微生物产生耐药性。

二、设施养鸡消毒设备种类及组成

设施养鸡场常用的消毒设备种类较多，按动力可分为手动、机动和电动三大类。按药液喷出原理分为压力式、风送式和离心式喷雾机等。按喷洒雾滴直径的大小分：喷洒雾滴直径大于150μm的机械称喷雾机，雾滴直径为50～150μm的称为弥雾机，把雾滴直径为1～50μm的称为烟雾机或喷烟机。养殖场常用的消毒设备有紫外线消毒灯、火焰消毒器、背负手压式、背负机动式、电动式喷雾机等。

（一）紫外线消毒灯

该灯利用紫外线的杀菌作用进行杀菌消毒，是一种用能透过全部紫外线波段的石英玻璃作灯管的低压水银灯，灯管内充以水银和氩气。紫外线消毒灯的组成部分和接线方法与日光灯相同，只是灯管内壁不涂荧光粉。

电流通过灯丝时加热至850～950℃，水银受热后形成蒸汽，灯丝发射电子，电子在电场作用下获得加速而冲击水银原子，使其发生电离并向外辐射波长为253.7nm的紫外线。该波段紫外线的杀菌能力最强，可用于对水、空气、人员及衣物等的消毒灭菌。常用的规格有15W、20W、30W和40W，电压220V。一般安装在进场大门口的人员消毒室，生产区的消毒更衣室中等。被紫外线消毒灯照射5min左右即可将衣服上所携带的细菌和病毒等杀死，照射30min左右就可以将空气中的细菌杀死。

在使用紫外线消毒灯时应注意：

①使用时须先通电3～10min，等发光稳定后方可应用。

②不可使紫外线照射到眼睛上，以免造成伤害。

③装卸灯管时，避免用手直接接触灯管表面，以防石英被玷污而影响其透过紫外线

能力。

④应经常用蘸酒精的纱布或脱脂棉等擦拭灯管，以保持其表面洁净透明。

（二）火焰消毒器

火焰消毒器是一种利用燃料燃烧产生的高温火焰对畜禽舍及设备进行扫烧，杀灭各种细菌病毒的消毒设备。若先进行化学消毒，再用火焰消毒器扫烧，灭菌效率可达97%以上。消毒后设备和表面干燥。常用的火焰消毒器有燃油式和燃气式两种。

燃油式火焰消毒器由贮油罐、加压提手、供油管路、阀门、喷嘴和燃烧器等组成（见图14－1），以雾化的煤油作为燃料。工作时，反复按动提手向贮油罐打气，贮油罐充足气后打开阀门，贮油罐中的煤油经过油管从喷嘴中以雾状形式喷出，点燃喷嘴，通过燃烧器喷出火焰即可用于消毒。注意：燃料为煤油或柴油，严禁使用汽油或其他轻质易燃、易爆燃料。

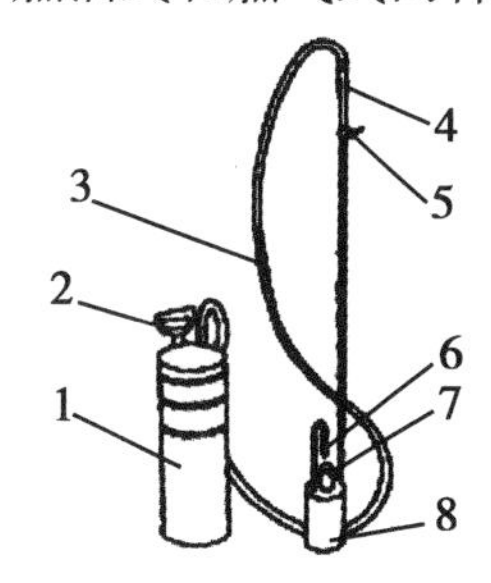

图14－1 燃油式火焰消毒器结构示意图

1－贮油罐；2－提手；3－油管；
4－手柄；5－阀门；6－喷嘴；
7－内筒；8－燃烧器

燃气式火焰消毒器由管接头、供气管路、开关、点火孔、喷气嘴和燃烧器等组成（见图14－2），以液化天然气或其他可燃气体作为燃料。工作时，将管接头接在液化气罐或沼气的阀门上，用明火对准点火孔，然后打开开关，即可通过燃烧器喷出火焰。用燃气式火焰消毒对环境的污染较轻。

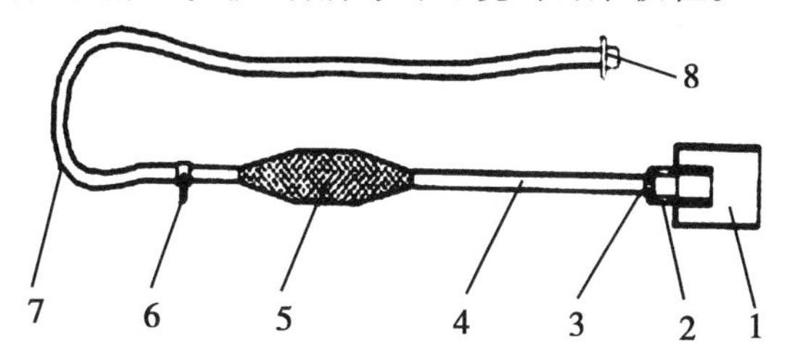

图14－2 燃气式火焰消毒器结构示意图

1－燃烧器；2－点火孔；3－喷气嘴；
4－金属供气管；5－手柄；6－开关；
7－橡胶供气管；8－管接头

使用注意事项：

①在使用前要撤除消毒场所的所有易燃易爆物，以免引起火灾。

②先用明火对准点火孔，然后才能打开开关，否则有可能发生燃气爆炸。

③避免撞击和挤压未冷却的盘管、燃烧器等部位，以防因发生永久性变形而使其性能变坏。

（三）背负式手动喷雾器

背负式手动喷雾器是利用压力能量雾化并喷送药液。该机一般由药液箱、压力泵（液泵或气泵）、空气室、调压安全阀、压力表、喷头、喷枪等喷洒部件组成。压力泵直接对药液加压的为液泵式，压力泵将空气压入药箱的为气泵式。以应用较多的工农－16型手动背负式喷雾机为例，见图14－3，该机是液泵式喷雾机，其结构主要由药液箱、活塞泵、空气室、胶管、喷杆、开关、喷头等组成。工作时，操作人员用背带将喷雾器背在身后，一手上下揿动摇杆，通过连杆机构作用，使活塞杆在泵筒内作往复运动，当活塞杆上行时，带动活塞皮碗由下向上运动，由皮碗和泵筒所组成的腔体容积不断增大，形成局部真空。这时，药液箱内的药液在液面和腔体内的压力差作用下，冲开进水球阀，沿着进水管路进泵筒，完成吸水过程。反之，皮碗下行时，泵筒内的药液开始被挤压，致使药液压力骤然增高，进水阀关闭、出水阀打开，药液通过出水阀进入空气室。空气室里的空气被压缩，对药液产生压力（可达 800MPa），空气室具有稳定压力的作用。另一手持喷杆，打开开关后，药液即在空气室空气压力作用下从喷头的喷孔中以细小雾滴喷出，对物体进行消毒。背负式手动喷雾器 1h 可喷洒 300 ~ 400m^2。该机优点是价格低、维修方便、配件价格低。缺点是效率低、劳动强度大；药液有跑、冒、漏、滴现象，操作人员身上容易被药液弄湿；维修率高。

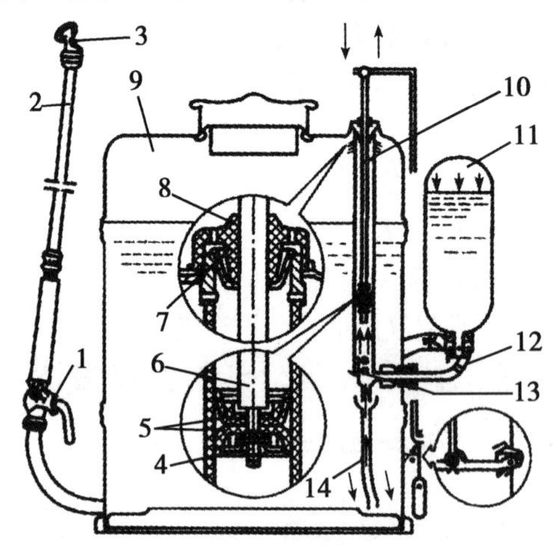

图 14－3　背负手动式喷雾机

1－开关；2－喷杆；3－喷头；4－固定螺母；5－皮碗；
6－活塞杆；7－毡圈；8－泵盖；9－药液箱；10－泵筒；
11－空气室；12－出液阀；13－进液阀；14－吸液管

（四）背负机动式弥雾喷粉机

该机是一种带有小动力机的高效能喷雾消毒机械。它有两种类型，一种是利用风机产生的调整气流的冲击作用将药液雾化，并由气流将雾滴运载到达目标，多用于小型喷雾机上；另一种是靠压力能将药液雾化，再由气流将雾滴运载到达目标，用于大型喷雾机上。现以应用较多的东方红－18 型背负式机动弥雾喷粉机为例。

该机由汽油发动机、离心式风机、弥雾喷粉部件、机架、药箱等组成。其风机为高压离心式风机，并采用了气压输液、气力喷雾（气力将雾滴雾化成直径为 100 ~ 150μm 的细滴）和气流输粉（高速气流使药粉形成直径为 6 ~ 10μm 的粉粒）的方法将药液或粉喷洒（撒）到物体上（见图 14－4）。它具有结构紧凑、操作灵活、适应性广、价格低、效率高和作业质量好等优点，可以进行喷雾、超低量喷雾、喷粉等作业。

（五）机动超低量喷雾机

在机动弥雾机上卸下通用式喷头换装上超低量喷雾喷头（齿盘组件），就成为超低

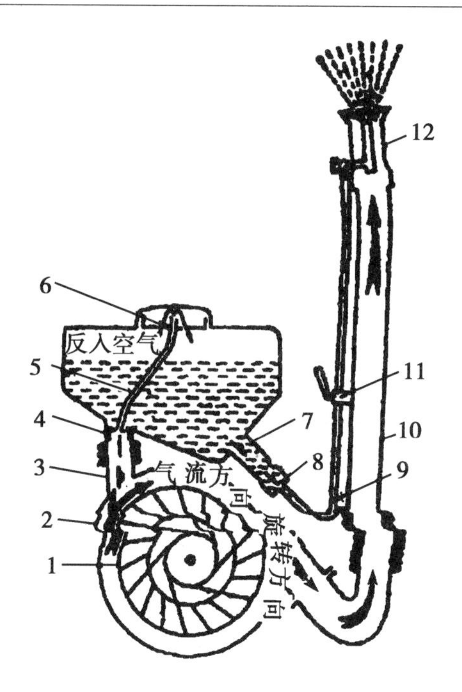

图 14 –4　背负式机动弥雾喷粉机喷雾工作原理示意图

1 – 叶轮组装；2 – 风机壳；3 – 出风筒；4 – 进气塞；5 – 进气管；6 – 过滤网组合；
7 – 粉门体；8 – 出水塞；9 – 输液管；10 – 喷管；11 – 开关；12 – 喷头

量喷雾机。他喷洒的是不加稀释的油剂药液。工作时，汽油机带动风机产生的高速气流，经喷管流到喷头后遇到分流锥，从喷口以环状喷出，喷出的高速气流驱动叶轮，使齿盘组件高速旋转，同时将药液由药箱经输液管进入空心轴，并从空心轴上的孔流出，进入前、后齿盘之间的缝隙，于是药液就在高速旋转的齿盘离心力作用下，沿齿盘外圆抛出，与空气撞击，破碎成细小的雾滴，这些小雾滴又被喷中内喷出的气流吹向远处，借自然风力飘移并靠自重沉降到物体表面。

（六）电动喷雾机

电动喷雾器由贮液桶、滤网、联接头、抽吸器（小型电动泵）、连接管、喷管、喷头等组成。电动泵及开关与电池盒连接。工作时，电力驱动电动泵往复运动给药液施压使其雾化。其优点是电动泵压力比手动活塞压力大，增大了喷洒距离和范围，且效率高（可达普通手摇喷雾器的 3 ~ 4 倍）、劳动强度低、使用方便、雾化效果好，省时、省力、省药。缺点：电瓶的容电量决定了喷雾器连续作业时间的长短，品牌多型号各异。如 3WD – 4 型电动喷雾机的主要技术参数为：220V/50Hz 交流电，喷雾量 0 ~ 220mL/min（可调），雾粒平均直径 40 ~ 70μm，喷雾射程 5m，药箱容量 4L。还有一种手推车式电动喷雾机，电动喷雾机安装在手推车的支架上。作业时，机头可以上下、左右转动。

（七）常温烟雾机

常温烟雾机是在常温下利用压缩空气（或高速气流）使药液雾化成 5 ~ 10μm 雾滴，对畜禽舍进行消毒的喷雾设备。以 3YC – 50 型常温烟雾机为例。

3YC – 50 型常温烟雾机由空气压缩机、喷雾和支架三大系统组成（见图 14 – 5）。

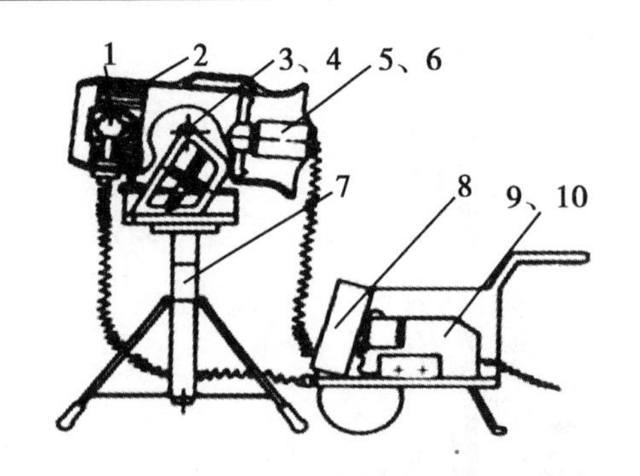

图 14-5　3Y-50 型常温烟雾机示意图

1-喷头及雾化系统；2-喷筒及导流消声系统；
3-支架系统；4-药箱系统；5-轴流风机；
6-小电机；7-升降架；8-电器控制柜；
9-大电机；10-空气压缩机

空气压缩机系统包括车架、电源线、空气压缩机、电机、电器控制柜、气路系统和罩壳组成。空气压缩机系统作业时位于畜禽舍外，其作用是控制喷雾消毒过程和为喷雾提供气源和轴流风机电源。喷雾系统由气液雾化喷头、气液雾化系统、喷筒及导流消声系统、药箱、搅拌器、轴流风机和小电机组成。支架系统为三角形的升降机构，喷口离地高度可在 0.9～1.3m 范围内调节。

3YC-50 型常温烟雾机的主要技术参数为：喷气压力 0.18～0.20MPa，喷气量 0.04～0.045m^2/min，喷雾量 50mL/min，大、小电机采用功率分别为 1.5kW 和 0.15kW 的 220V 单相电机。

（八）畜禽舍空气电净化自动防疫系统

畜禽舍空气电净化自动防疫系统主要由定时器、直流高压发生器、绝缘子、电极线组成，电极线通过若干绝缘子固定在屋顶天花板或粪道横梁上，将直流高压送入电极网即可形成空间电场。

畜禽舍空气电净化自动防疫系统的技术依靠是空间电场防病防疫技术理论：

①具有直流电晕放电特点的空间电场可对空气中各成分进行库仑力净化的作用。

②建立空间电场的高压电极对空气放电产生的高能带电粒子和微量臭氧能对有机恶臭气体进行氧化与分解，而空间电场和高能带电粒子又能抑制恶臭气体的产生。

③建立空间电场的高压电极对空气放电产生的高能带电粒子和微量臭氧能对附着在粉尘粒子、飞沫上的病原微生物进行非常有效的杀死灭活的作用。

畜禽舍空气电净化自动防疫系统可以除去畜禽舍中的粉尘，有害气体产生的恶臭，并能进行灭菌。

在系统开始工作时，空气中的粉尘即刻在直流电晕电场中带有电荷，并且受到该电场对其产生的电场力的作用而做定向运动，在极短的时间内就可吸附于畜禽舍的墙壁和地面上。在系统间歇循环工作期间，畜禽活动产生的粉尘、飞沫等气溶胶随时都会被净化清除，使畜禽舍空气时时刻刻都保持清洁状态。

畜禽舍空气中的有害及恶臭气体主要有 NH_3、H_2S、CO_2 及酪酸、吲哚、硫醇、粪臭素等。空间电场对这些有害及恶臭气体的消除基于两个过程：

①直流电晕电场抑制由粪便和空气形成的气—固、气—液界面边界层中的有害及恶臭气体的蒸发和扩散，将 NH_3、H_2S、酪酸、吲哚、硫醇、粪臭素与水蒸气相互作用形成的气溶胶封闭在只有几微米厚度的边界层中。其中对 NH_3、H_2S、吲哚、粪臭素的抑制效率可达到 40%～70%。

②在畜禽舍上方，空间电极系统放电产生的臭氧和高能荷电粒子可对酪酸、吲哚、硫醇、粪臭素进行分解，分解的产物一般为 CO_2 和 H_2O，分解的效率为 30%～40%。

在粪道中的电极系统对以上气体的消除率能达到 80% 以上。

3DDF 系列畜禽舍空气电净化自动防疫系统主要用于全封闭、相对封闭的畜禽舍。该系统由定时器控制采用自动间歇循环工作方式，工作 15min 停 45min，循环往复。采用交流 220V 供电。

三、病死鸡的处理原则和方法

1. 处理原则

（1）对因烈性传染病而死的鸡必须进行焚化处理。

（2）对因一般传染病但用常规消毒方法容易杀灭病原微生物、其他疾病和受伤而死的鸡可用深埋法和高温分解法进行处理。

（3）在处理病鸡的同时将其排泄物和各种废弃物等一并处理，以免造成环境污染和疫病流行。

病死鸡处理设备和设施必须设置在生产区的下风向，并离生产区有足够的卫生防疫安全的距离。

2. 处理方法

病死鸡处理方法主要有深埋处理、腐尸坑、高温分解处理、焚化处理 4 种。

（1）深埋处理　深埋处理是传统的病死鸡处理方法。具体做法见操作技能。其优点是不需要专门的设备，简单易行。缺点是易造成环境污染。因此，深埋地点应选择远离水源、居民区和道路的僻静地方，并且在养殖场的下风向，离养殖区有一定的距离。要求土质干燥、地下水位低，并避开水流、山洪的冲刷。地面距离尸体上表面的深度不得小于 1.5 ~ 2.0m。

（2）腐尸坑　腐尸坑也称生物热坑，用于处理在流行病学及兽医卫生学方面具有危险性的病死鸡尸体。一般坑深 9 ~ 10m，内径 3 ~ 5m，坑底及壁用防渗、防腐材料建造。坑口要高出地面，以免雨水进入。腐尸坑内鸡尸体不要堆积太满，每层之间撒些生石灰，放入后要将坑口密封一段时间后，微生物分解畜禽所产生的热量可使坑内温度达到 65℃ 以上。经过 4 ~ 5 个月的高温分解，就可以杀灭病原微生物，尸体腐烂达到无害化，分解物可作为肥料。

（3）高温分解处理　高温分解法处理病死鸡一般是在大型的高温高压蒸汽消毒机（湿化机）中进行。高温高压蒸汽使尸体中的脂肪熔化，蛋白质凝固，同时杀灭病原微生物。分离出的脂肪可作为工业原料，其他可作为肥料。本方法适用于大型的养殖场。

（4）焚化处理　病死鸡焚化处理一般在焚化炉内进行。通过燃料燃烧，将病死的鸡等化为灰烬。这种处理方法能彻底消灭病原微生物，处理快而卫生。

四、鸡粪便收集设备种类及组成

鸡粪便收集设备常用的有牵引式刮板清粪机和传送带式清粪机等。

1. 牵引式刮板清粪机

该机主要由驱动装置（包括电机、减速器、联轴器、大绳轮、小绳轮等）、转角轮、牵引绳（主要为钢丝绳或亚麻绳）、刮粪板、行程开关及电控装置等组成（图 14 - 6）。

该机按动力构成可分为单相电和动力电两种。按机器配套减速机型号可分为蜗轮蜗杆减速机和摆线针减速机两种。使用蜗轮蜗杆减速机电机与减速机之间皮带相连接，使用摆线针减速机电动机和减速机之间直接法兰连接。摆线针减速机输出扭矩大更适合加宽加长粪道，刮粪宽度最宽可以达到4m。按绕绳轮区可分为单驱动轮和双驱动轮。单驱动轮机器运转时候一个动力输出轮，双驱动轮机器运转时两个动力输出轮有效的避免了绳子打滑现象的发生。一般清扫宽度为400～700mm，清扫长度10～150m。其特点是：操作简便，镀锌刮板能够耐腐蚀保证了清粪机使用寿命，设置自动限位、过载保护装置，运行可靠，无气候、地形等特殊要素影响，基本没有噪声，对鸡禽的行走、饲喂、休息不造成任何影响。

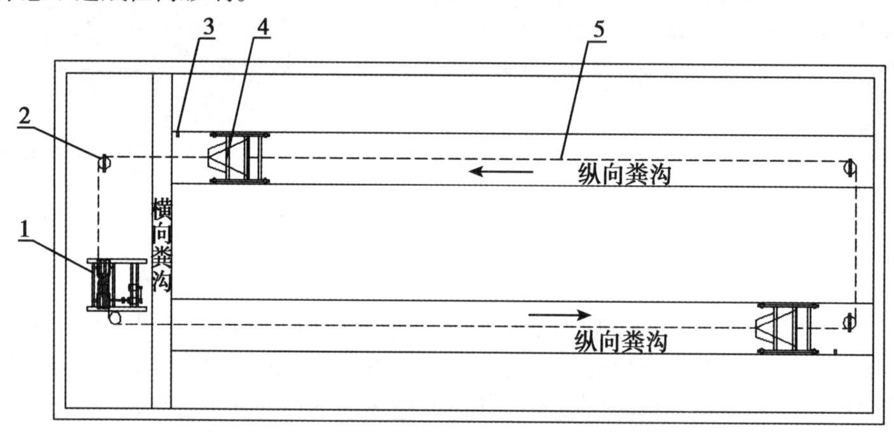

图14－6　牵引式刮板清粪机构成示意图

1－驱动装置；2－转角轮；3－行程开关；4－刮粪板；5－牵引绳

工作时，开启倒顺开关，驱动装置上电机输出轴将动力经皮带和减速机传至驱动装置的主动绳轮和被动绳轮，由主动绳轮和被动绳轮与牵引绳（钢丝绳或亚麻绳）间的挤压摩擦获得牵引力，从而牵引刮粪板进行清粪作业。以2条纵向粪沟清粪为例，清粪时，处于工作行程位置的刮粪板自动落下，在车架上呈垂直状态，紧贴粪沟地面，刮粪板随着牵引绳的拉力向前移动，将粪沟内的粪便推向集粪坑方向（如图10－9中的上列）；位于空程返回的刮粪板自动抬起，离开粪沟地面，在车架上呈水平状态，空程返回（如图10－9中的下列）。2台刮板机完成1次刮粪行程后，当处于返回行程的刮粪板的撞块撞到行程开关时，电机反转，处于返回行程的下列刮粪板向相反方向运动，呈工作行程；原来处于工作行程的上列刮粪板则处于返回行程，将粪便遗留在粪沟中的某一位置，当该列的返回行程结束（撞块撞到行程开关）时，再次恢复工作行程，由另一个刮粪板将留在粪沟中的粪便继续向前移动。如此往复运动，依次将粪便向前推移，直至把粪沟内的粪便都推到横向粪沟输送带送至舍外。牵引绳的张紧力由张紧器调整。刮粪板往返行程由行程开关控制。

往复式刮板清粪机技术参数：配套动力为1.1～1.5kW，牵引力≥3 000N，工作速度为0.25m/s，适用粪沟数量为每台可用于1～4列粪沟，刮粪板回程离地间隙为80～120mm，刮净度≥95%。

2. 多层刮板式清粪机

多层刮板式清粪机（图 14 –7）主要用在叠层笼养鸡舍中。主动卷筒和被动卷筒采用交叉缠绕，钢索通过各绳轮并经过每一层鸡笼承粪板的上方。每层鸡笼的承粪板上都有刮板，由钢索带动其移动，一般排粪设在装有动力装置相反的一端。

刮板工作原理和牵引式刮板清粪机类似，只是结构更简单，挂板的高度和宽度也较小。工作时，有两层刮板为工作行程，另两层空行，到达尽头后电机反转，刮板反向移动，此时原来是工作行程的刮板改为空行，原来空行的刮板为工作行程。通过刮板的移动，就把每层鸡笼承粪板上的鸡粪移走。

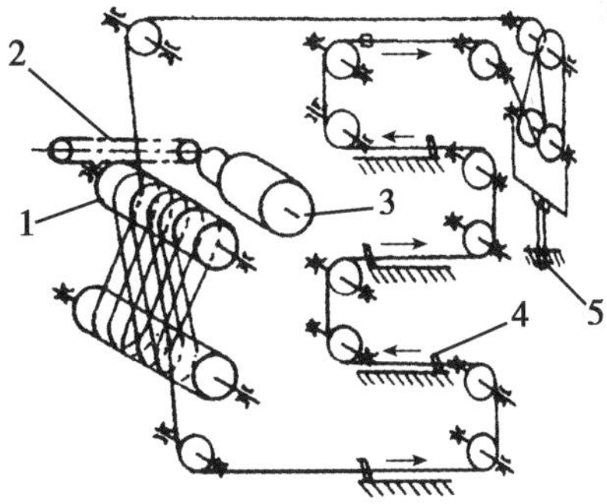

图 14 –7　多层刮板式清粪机结构示意图

1 – 卷筒；2 – 链传动；3 – 减速电机；4 – 刮板；5 – 张紧装置

3. 传送带式清粪机

该机主要用在叠层笼养鸡舍中。由减速电机、链传动装置、主被动滚轮、刮粪板、传送带等组成（见图 14 –8）。它在每层鸡笼的下面都设置有一条纵向清粪带（图 14 –9a），鸡粪通过底网间隙就零散地落在清粪带上，在纵向流动空气的作用下，把鸡粪的大部分水分带出舍外。在每一列的端部有横向传送带（图 14 –9b）将收集的粪便送出鸡舍外。电机启动后，传动装置带动每层的传送带移动，这样就把传送带上所承之鸡粪输送到横向传送带上，刮粪板装在传送带的排粪处，可促使粪和带分离，防止带子粘粪。再由清粪机送至舍外，完成整个清粪工作。在粪便清理时，由于清粪带平整光滑，被清出舍外的鸡粪为颗料状，可直接卖给农户或加工为有机肥。传送带宽 0.64m，工作长度 60 ~ 70m，清粪带调节长度 0.6m，带速0.17m/s，配套动力 0.75kW。

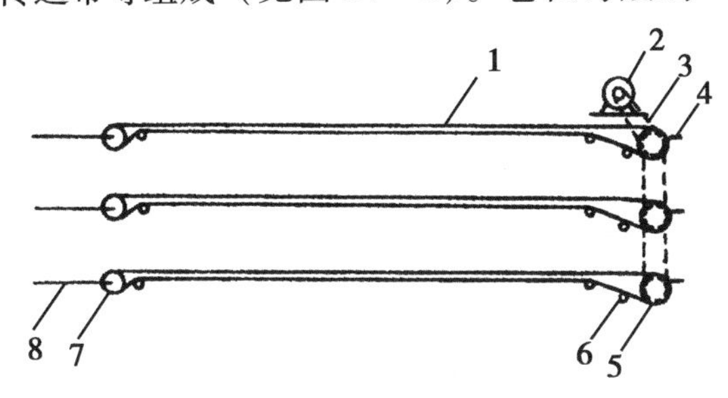

图 14 –8　传送带式清粪机示意图

1 – 传送带；2 – 减速电机；3 – 链传动装置；4 – 刮粪板；5 – 主动滚轮；6 – 张紧轮；7 – 被动滚轮；8 – 调节丝杠

（a）纵向清粪带　　（b）横向传送带

图 14 –9　传送带清粪设备

五、固态粪便的处理

鸡粪便一般是固态，常进行好氧堆肥发酵处理。常用的粪便好氧发酵设备有塔式发酵干燥、旋耕式浅槽发酵干燥和螺旋式深槽发酵干燥设备（图 4 – 15 和图 4 – 16）等，都属于好氧发酵，尤以采用深槽发酵形式居多。

（一）塔式发酵

其主要工艺流程是把鸡粪与锯末等辅料混合，再接入生物菌剂，由提升机将其倒入塔体顶部，同时塔体自动翻动通气，通过翻板翻动使物料逐层下移，利用生物生长加速鸡禽粪发酵、脱臭，经过一个发酵循环过程后（处理周期5～7天），从塔体出来的就基本是产品。发酵塔进料水分为55%～60%，发酵塔出料水分为15%～35%（根据生产控制）。

这种模式具有占地面积小，污染小，自动化程度高，从有机物料搅拌接种、进料、铺料、翻料到干燥，出料全部自动运作，并能连续进料、连续出料、工厂化程度高的优点。

但它现在存在的问题是：

（1）目前工艺流程运行不畅，造成人工成本大增。

（2）设备的腐蚀问题较严重，制约了它的进一步发展。

（二）发酵槽发酵

浅槽发酵干燥和深槽发酵干燥设备均由3部分构成，即发酵设备、发酵槽和大棚（温室）。发酵设备放置于发酵槽上，温室（大棚）将二者包容。发酵设备的功能是翻动物料，为好氧发酵提供充足的氧气，并使物料从发酵槽的进料端向出料端移动；发酵槽的功能是贮存物料；大棚（温室）的功能是保温和利用太阳能为物料加温，还可以做临时储存用，一是雨水季节，避免了粪水漫流成河，二是农民施肥具有一定的周期性，粪便卖不出去时临时储存。下面以螺旋式深槽发酵干燥设备为例。

1. 螺旋式深槽发酵设备的组成

螺旋式深槽发酵干燥设备主要由纵向行走大车、横向移动小车、翻料螺旋、主电缆、液压系统、电控柜组成（图4－15）。多槽使用时，配有转槽装置（也称转运车）。

2. 螺旋式深槽发酵设备的特点

螺旋式深槽发酵干燥设备可实现物料的混合、翻搅和出料的全自动操作，替代相关工序的人工操作，改善工作条件，减轻劳动强度。

主要特点为：（1）发酵料层深达1.5～1.6m，处理量大；

（2）物料含水率调节至50%～60%，发酵最高温度可达70℃左右；

（3）发酵干燥周期30～40天，产品含水率为25%～30%；

（4）发酵彻底，产品达到无害化要求，无明显臭味；

（5）设备自动化程度高，可实现全程智能操作；

（6）设备使用寿命长，易损件少，更换方便；

（7）节省能源，生产成本低；

（8）单槽日处理10～15m^3，可多槽共用一台设备；

（9）利用加温设施，不受天气影响，实现一年四季连续生产。

3. 控制面板

深槽发酵干燥设备控制面板上操作按钮和开关（图14－10）如下：

（1）总电源开关　位于机箱（面对操作面板）右侧，当该开关处“合”的位置，

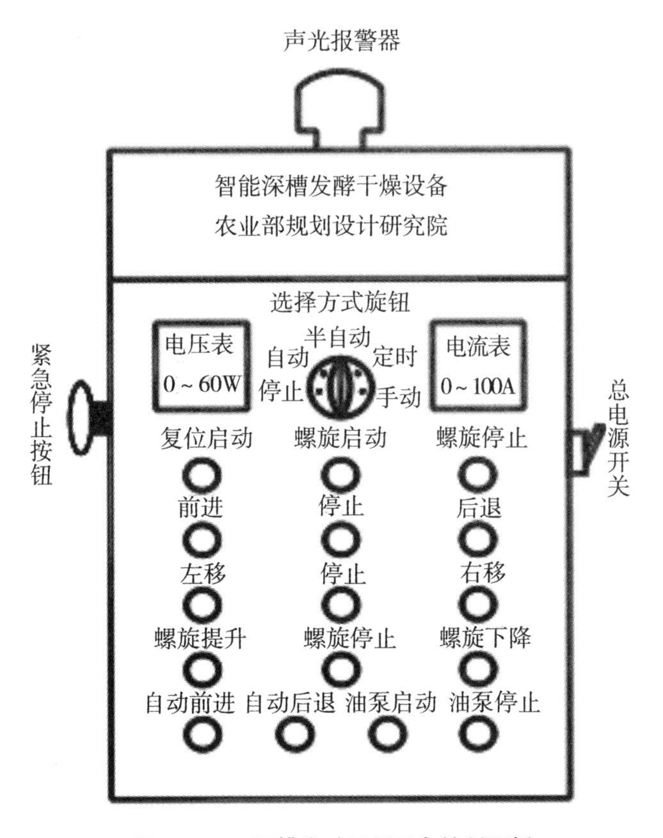

图 14－10 深槽发酵干燥设备控制面板

强电系统通电。当该开关处“分”的位置时，强电系统断电。处于手动工作模式时，遇紧急情况可直接将总电源扳到“分”的位置，使系统断电即可。

（2）紧急停止按钮 该按钮位于机箱（面对操作面板）左侧，具有机械自锁功能，当系统发生故障或出现紧急情况时，将该按钮按下，系统操作全部停止。当故障排除或紧急情况解除，操作者需按箭头标识的方向旋至尽头，使该按钮释放，方可继续执行指定的操作。

该紧急停止按钮仅对自动、定时，半自动前进、后退起作用。手动时，该按钮无效。

（3）复位按钮 严格说应称为复位/启动按钮，具有初始化逻辑控制模块的作用，控制系统要求每完成一种工作模式的操作后，若重复或更换成其他模块应先给予一次复位。

（4）旋钮开关 用于五种工作模式的选择、定义。对此开关操作前，应先使复位按钮有效。

（5）涉及自动工作模式下的按钮 一是复位按钮。二是紧急停止按钮。

（6）涉及手动模式下的按钮 一是油泵启动、油泵停止按钮；按油泵启动按钮，油泵启动；按油泵停止按钮，整个系统停止。二是翻料螺旋启动、停止按钮；按翻料螺旋启动按钮，翻料螺旋电机启动；按翻料螺旋停止按钮，翻料螺旋电机停止。三是横向移动小车左移、停止、右移按钮；左移按钮有效时，横向移动小车持续左移；右移按钮有效时，横向移动小车持续右移。按停止按钮，横向移动小车停止移动。四是纵向行走大车前进、停止、后退按钮；大车前进按钮有效时，纵向行走大车持续前进；大车后退按钮有效时，纵向行走大车持续后退；按停止按钮，纵向行走大车停止前进或后退。五是翻料螺旋提升、下降、停止按钮，翻料螺旋提升按钮有效时，翻料螺旋持续上升；翻料螺旋下降按钮有效时，翻料螺旋持续下降；按翻料螺旋停止按钮，翻料螺旋停止上升或下降。六是总电源开关；当总电源开关处于“合”的位置，设备通电；处于“分”的位置，设备失电，所有操作均无效。由于总电源开关为空气开关，所以当系统因故障导致电流过大时，总电源开关具有自动断电的功能。

4. 作业注意事项

（1）按钮有效，按钮灯亮；按钮无效，按钮灯熄灭。

（2）当人工操作或自动操作达到限位时，均会自动停止，只有反方向的操作才能响应，脱离限位。

六、鸡舍环境控制器

（一）鸡舍环境控制器的组成

鸡舍环境控制器（图 14－11）主要包括液晶显示屏、按键操作面板、电源开关和喷塑外壳等，并附带有不同长度和数量的温度、湿度探头。

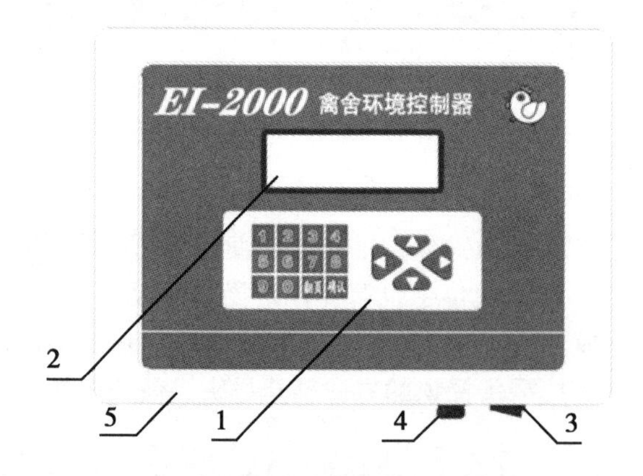

图 14－11　鸡舍环境控制器

1－按键操作面板；2－液晶显示屏；3－电源开关；4－保险丝座；5－喷塑壳体

1. 按键操作面板

按键操作面板主要由 16 个按键组成，包括 0～9 共 10 个数字键、“翻页”键、“确认”键和“▲”、“▼”、“◀”、“▶”4 个方向键。各按键的功能见表 14－1。

表 14－1　鸡舍环境控制器按键的功能

按键	功能
0～9 数字键	在设定状态时，用于输入数据
确认	对某一信息或操作的确认
翻页	切换液晶显示页或返回到上一级菜单
▲	修改参数时将选定位左移 1 位；当一页内信息显示不下时将光标上移一行
▼	修改参数时将选定位右移 1 位；当一页内信息显示不下时将光标下移一行
◀	向左移光标，将光标移到前一个目标上
▶	向右移光标，将光标移到后一个目标上

2. 液晶显示屏

液晶显示屏是显示信息的主要窗口，它的显示主要分为 3 页：状态显示页、饲养参数设定页和管理功能页，每一页下面又分为多个子菜单。

3. 电源开关

只有“电源”开关打开时，控制器才能工作；当“电源”开关关闭时，机器虽然不能工作，但有些强电器件和接线端子上（如总电源的保险丝处等）已经带有 220V 电压，操作、维修时注意安全，以防触电。

（二）鸡舍环境控制器特点

该控制器具有操作简便，性能优异，环境控制效果理想，机器独有的“群控”功能也为饲养场的现代化管理提供了条件，具有智能、记忆、远程控制及节省劳动力等四大显著特点，特别适合大中小型养殖场使用。

（三）鸡舍环境控制器液晶显示屏的使用方法

本节以国产 EI－2000 型鸡舍环境控制设备为例介绍。

1. 进入第一页

打开“电源”开关后，控制器首先自检，显示生产厂家名称和版本等信息，几秒钟之后自动转换到第一页：主状态显示页。见图 14－12。它的显示内容的具体含义如下：

温度 001　***　***　***　湿度 55 ***
风帘口　0→6　水量 0123　级别 12
湿帘口　0→9　静压　0.05　天数 008
2004.05.10　氨气　***　查报警

图 14－12　主状态显示页

（1）温度　显示当前鸡舍内的三点温度和鸡舍外的环境温度，单位为℃；“＊＊＊”表示第二、三、四号探头被设定为无效（或没有），下同；控温时，取第一、二、三号有效探头的温度平均值控温。

（2）湿度　显示当前鸡舍内、外的湿度，单位为％。

（3）风帘口　显示当前鸡舍内的通风口大小或状态。

（4）水量　显示当天鸡舍内的用水量，单位为吨。

（5）湿帘口　显示当前鸡舍内的湿帘口开或关所在状态。

（6）级别　显示当前风机组开启的通风级别。

（7）天数　显示当前鸡群已经饲养的时间。

如果后面出现“ * ”字符表示该系统被设置为无效。

最下面一行是显示实时时钟和当前的所在页面。如果出现报警时，在实时时钟和当前的所在页面之间将出现报警指示按钮。报警指示按钮只有在有报警信息时才出现；按一下按键面板上的“确认”键，进入报警显示子页，见图 14－13。

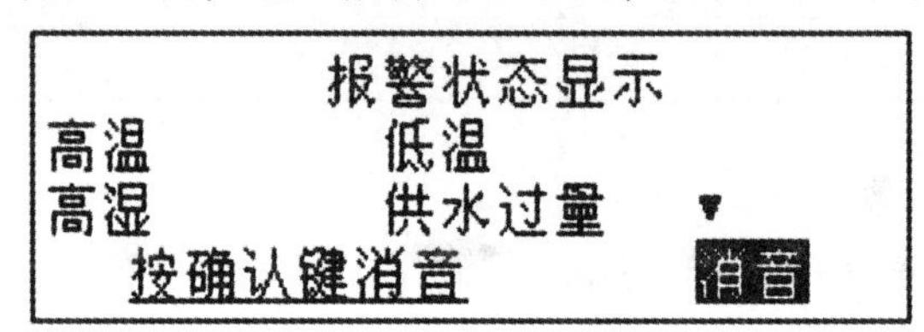

图 14－13　报警状态页

再按一下按键面板上的“确认”键，消除报警声音，按一下“换页”键，页面回到主状态页面图 14－12。

以温度设定为例介绍，其他参数设定参阅厂家使用说明书。

2. 进入第二页

按一下“翻页”键，进入到液晶显示屏的显示第二页：饲养参数设定页，见图 14－14。它的显示内容为：温度、湿度、光照、湿帘、供水、通风级别、最大最小级别、安全通风、静压、氨气和喂料的设定选择菜单，通过方向键移动黑色光标，到达需修改的选项，按“确认”键进入设定的子菜单。

图 14－14　饲养参数设定主页面

在图 14－14 中，光标停在“温度”设定子菜单选项上，按一下按键面板上的“确认”键，进入“温度”设定子菜单，黑色光标停留在当前执行的设定组上，见图 14－15，它的显示内容的具体含义如下：

组	天	设定	加热	通风	高温	低温
01	02	37.0	36.6	37.9	38.0	36.0
02	07	29.0	28.0	29.9	30.0	28.0
03	20	23.0	22.0	24.0	24.5	21.0

图 14－15　温度设定子菜单

（1）组　是指在设定温度参数中，组号的排序。

（2）天　是指饲养的天数。

（3）设定　要达到的目标温度，加热到达该设定点，停止加热；温度要求通风时，测量温度到达该设定点，停止通风。

（4）加热　测量温度低于该点设定温度，开始启动加热。

（5）通风　高于该点设定温度，开始起动当天在最大最小通风级别里规定的最小通风级别，当测量温度达到（通风温度＋设定温度）/2 时，通风级别自动取消，转化为安全通风（安全通风要设置有效）。

（6）高温　高于该点设定温度，发出高温报警，起动当天在最大最小通风级别里限制的最高通风级别。

（7）低温　温度降低到该点设定温度，发出低温报警，在测量温度高于（低温＋0.3℃）时，低温报警消除。

按一下“▲”和“▼”键，移动光标查寻设定的每组温度，共可设定 10 组数据。需要修改某组参数时，将光标移至某组，设定温度参数时，按一下“确认”键，进入温度设定修改页，见图 14－16。

组	天	设定	加热	通风	高温	低温
01	02	37.0	36.6	37.9	38.0	36.0
02	07	29.0	28.0	29.9	30.0	28.0
03	20	23.0	22.0	24.0	24.5	21.0

图 14－16　温度修改页的界面

通过“◀”和“▶”二个方向键移动黑色光标，到达需修改的数字，根据需要，按“0～9”数字键修改数字。修改完第一组参数后，按一下“确认”键，返回“温度”设定子菜单，通过“▲”和“▼”键，移动光标查寻需修改的每组温度。修改完毕，按一下“翻页”键，返回到液晶显示屏的第二页：饲养参数设定页。

3. 进入第三页

管理功能页。它的主界面见图 14－17。

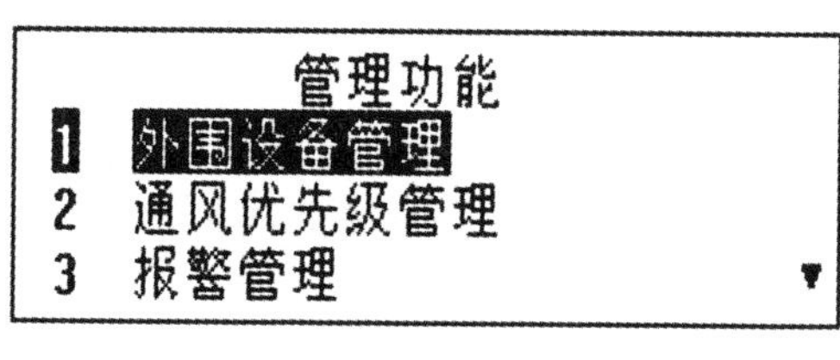

图 14－17　管理功能主页面

管理功能包括以下子菜单：1. 外围设备管理；2. 通风优先级管理；3. 报警管理；4. 继电器管理；5. 输入口管理；6. 鸡群信息管理；7. 时钟校准；8. 静压参数管理；9. 静压特殊设定；10. 参数管理；11. 供喂料参数管理；12. 启用密码保护；13. 修改密码；14. 历史温湿度记录；15. 历史其他参数记录；16. 临时其他参数记录；17. 历史鸡群信息记录；18. 临时鸡群信息记录；19. 历史报警记录；20. 高级设定；21. 软件

校准。

以外围设备管理为例介绍，其他管理功能参阅厂家使用说明书。

管理功能第一项是外围设备管理，它主要对系统配套的设备进行管理，确认配套设备（或功能）的有效性，即是否有这套系统并参与自动控制，方便操作者操作。鸡舍环境控制器具备外围设备的基本系统是一只温度探头、一只湿度探头、风机组、报警。可以配置的外围设备有两只舍内温度探头、一只舍外温度探头、加热、供水、光照、风帘口、湿帘口、湿帘泵、风湿帘互锁、安全通风、静压、氨气、喂料、料脉冲、料称重、变频风机和软件校准等。

外围设备管理的子菜单，见图 14－18。

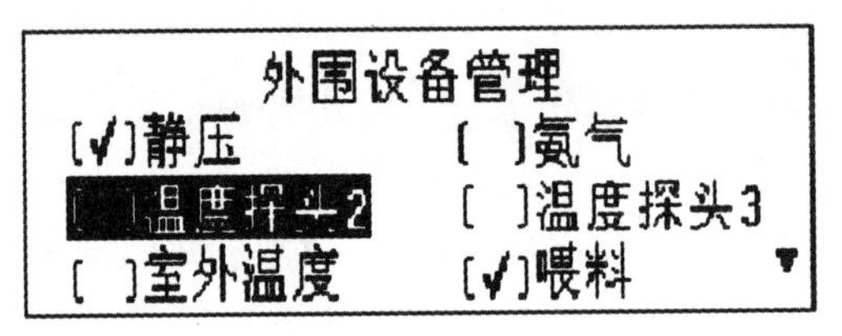

图 14－18　外围设备管理的子菜单界面

图 4－9 外围设备管理的子菜单界面通过“▲”和“▼”键，移动光标到所需设置的外围设备，按一下“确认”键，“［ ］”内出现“√”，表示鸡舍环境器已承认该外围设备有效性，控制器将根据实际运行情况，发出控制该外围设备的命令。按“翻页”键退出设定状态。

操作技能

一、进行鸡舍消毒作业

1. 空舍消毒

空舍消毒的消毒程序一般是一喷雾消毒二清扫三冲洗四消毒五空舍。

（1）“喷雾消毒”　先用 3%～5% 氢氧化钠溶液或常规消毒液进行一次喷洒消毒，如果有寄生虫须加用杀虫剂，防止粪便、飞羽、粉尘飞扬和污物扩散等污染环境。

（2）“清扫”　一是清除剩余饲料；二是清除鸡舍内垃圾和墙体、通风口、天花板、横梁、吊架等部位的灰尘积垢；三是清除舍内及其设备、用具上遗留的污物、饲料残渣；四是清除鸡粪、羽毛等。并将其所有废弃物垃圾运出场区进行无害化处理。

（3）“冲洗”　清扫后，用高压清洗机将舍内墙面、墙壁、顶棚、门窗、地面及其他设施等由上到下，由内向外彻底冲洗干净。

（4）“消毒”　用 2～3 种不同的消毒药进行消毒。如冲洗干净后，用 5% 浓度的氢氧化钠等消毒液进行喷洒消毒。再用火焰消毒器对舍内地面尤其是清粪通道、离地面 1.5m 内的墙壁进行火焰扫烧消毒。关闭门窗，用甲醛气体进行熏蒸消毒或用其他高效消毒剂进行喷洒消毒。24h 后打开门窗进行通风，以排出消毒剂的气味，也可采用风机进行强制排风。

对于开放和半开放式鸡舍不能进行熏蒸消毒，可用火焰消毒器进行扫烧消毒。

（5）“空舍”　喷洒消毒药后要空舍3～5天再进鸡，让舍内自然晾干，再换一种消毒药水来喷洒，或用高锰酸钾和福尔马林熏蒸。进鸡前要用清水冲洗地面、栏和食槽等设备，以免残留的消毒剂对鸡造成伤害。

消毒之前必须进行冲洗作业，消毒不能代替冲洗，同样冲洗不能代替消毒。

2. 带鸡消毒

（1）清扫、冲洗鸡舍　进行带鸡喷雾消毒前应打扫鸡舍，清洁设备，及时清除粪便、灰尘和污物，防止其与消毒药发生作用，降低杀菌效果。

（2）配制消毒液　消毒液的浓度和剂量应严格按照产品说明书规定，药量与水量的比例要准确，不可随意增高或降低药物浓度。

（3）消毒顺序　一般按照从上至下，即先房梁、墙壁再笼架最后地面的顺序；从后往前，即从鸡舍由里向外的顺序。

（4）消毒方法　喷雾时将喷头举高，喷嘴向上以画圆圈方式先里后外逐步喷洒，使雾粒在空气中呈雾状慢慢飘落，除与空气中的病原微生物接触外，还可与空气中的尘埃结合，起到杀菌、除尘、净化空气、减少臭味的作用。

（5）工作完毕，先打开旁边的小螺丝放完气，对喷雾器进行减压，再打开桶盖，倒出桶内残留药液，并用清水洗净倒干。同时，检查气室内有无积水，如有积水，要拆下出水接头放出积水。设备应放置在限制行为能力人员接触不到的地方。

（6）注意事项

①喷雾用的消毒液应先配制溶解后再过滤装入喷雾器中，以免残渣堵塞喷嘴，影响消毒工作。药物不能装得太满，以八成为宜，避免出现打气困难或造成筒身爆裂。

②喷雾消毒时喷头切忌直对鸡头，喷头应距离鸡体60～80cm，喷雾量以地面、舍内设备和鸡体表面微湿的程度为宜。

③喷雾雾粒应细而均匀，雾粒直径应为80～120μm，雾粒过大则在空中下降速度太快，起不到消毒空气的作用，还会导致喷雾不均匀和鸡舍潮湿；雾粒过小则易被鸡禽吸入肺中，引起肺水肿、呼吸困难等呼吸疾病。

④喷雾时尽量选择在气温较高时进行，冬季最好选在11:00～14:00进行。

⑤喷雾消毒时间最好固定，且应在暗光下进行，降低鸡群的应激。

⑥带鸡消毒会降低鸡舍温度，冬季应先适当提高鸡舍温后再喷药（最好不低于16℃）。

⑦鸡群接种疫苗期间前后3天禁止喷雾消毒，以防影响免疫效果。

⑧喷雾消毒机在工作过程中一旦发生故障，应立即停止工作，关闭阀门，进行检查修理。如果是喷雾器的管道或液泵发生故障，必须先降低管道中的压力。在打开压气药液箱时，应首先放出筒内的压缩空气，以防发生意外。

⑨鸡舍喷雾消毒后应加强通风换气，便于鸡只体表、舍内设备和鸡舍墙壁、地面干燥。

⑩配制前必须了解选用消毒药剂的种类浓度及其用量。

⑪消毒次数。以商品蛋鸡为例，带鸡喷雾消毒以育雏期每周消毒2次、育成期每周1次、成年鸡每周3次为宜，疫情期间应每天消毒1次。

二、操作背负式手动喷雾器进行消毒作业

1. 操作人员进入养殖区时必须穿戴好防护用品，并淋浴消毒、更换工作服、戴口罩。

2. 检查调整好机具。正确选用喷头片，大孔片流量大雾滴粗，小孔片则相反。

3. 往喷雾器加入药液。要先加1/3的水，再倒入药剂，后再加水达到药液浓度要求，但注意药液的液面不能超过药箱安全水位线。加药液时必须用滤网过滤，注意药液不要散落，人要站在上风加药，加药后要拧紧药箱盖。

4. 初次装药液，由于喷杆内含有清水，需试喷雾2~3min后，开始使用。

5. 喷药前，先扳动摇杆10余次，使桶内气压上升到工作压力。扳动摇杆时不能过分用力，以免气室爆炸。

6. 喷药作业。一是消毒顺序：按照从上往下、从后往前、由舍里向舍外的顺序。即先房梁、屋面、墙壁、笼架、最后地面的顺序；从后往前，即从鸡禽舍由里向外的顺序。二是采用侧向喷洒，即喷药人员背机前进时，手提喷管向一侧喷洒，一个喷幅接一个喷幅，并使喷幅之间相连街区短的雾滴沉积有一定程度上的重叠，但严禁停留在一处喷洒。三是消毒方法。喷雾时将喷头举高，喷嘴向侧上以画圆圈方式先里后外逐步喷洒，使雾粒在空气中呈雾状慢慢飘落，除与空气中的病原微生物接触外，还可与空气中的尘埃结合，起到杀菌、除尘、净化空气、减少臭味的作用。若是敞开式舍区，作业时根据风向确定喷洒行走路线，走向应与风向垂直或成不小于45°的夹角，操作者在上风向，喷射部件在下风向，开启手把开关，立即按预定速度和路线边前进边扳动摇杆，喷施时采用侧向喷洒。操作时还应将喷口稍微向上仰起，并离物体表面20~30cm高，喷洒幅宽1.5m左右，当喷完第一幅时，先关闭药液开关，停止扳动摇杆，向上风向移动，行至第二宽幅时再扳动摇杆，打开药液开关继续喷药。

7. 结束清洗喷雾器。①工作完毕，应对喷雾器进行减压，再打开桶盖，及时倒出桶内残留的药液，并换清水继续喷洒2~5min，清洗药具和管路内的残留药液。冲洗喷雾器的水不要倒在消毒物品或消毒地面上，以免降低局部消毒药液的浓度。②卸下输药管、拆下水接头等，排除药具内积水，擦洗掉机组外表污物。③放置在通风干燥处保存。

8. 作业注意事项：

（1）消毒液配制前必须了解选用消毒药剂的种类浓度及其用量。应先配制溶解后再过滤装入喷雾器中，以免残渣堵塞喷嘴。

（2）药物不能装得太满，以八成为宜，避免出现打气困难或造成筒身爆裂。

（3）喷雾时喷头切忌直对鸡禽头部，喷头应距离鸡禽体表面60~80cm，喷雾量以地面、舍内设备和鸡禽体表面微湿的程度为宜。

（4）喷雾雾粒应细而均匀，雾粒直径应为80~120μm，雾粒过大则在空中下降速度太快，起不到消毒空气的作用，还会导致喷雾不均匀和鸡舍潮湿；雾粒过小则易被鸡禽吸入肺中，引起肺水肿、呼吸困难等呼吸疾病。

（5）喷雾时尽量选择在气温较高时进行，冬季最好选在11:00~14:00进行。

（6）喷雾消毒时间最好固定，且应在暗光下进行，降低鸡禽的应激。

（7）带鸡禽消毒会降低舍内温度，冬季应先适当提高鸡禽舍温后再喷药（最好不

低于 16℃）。

（8）鸡禽接种疫苗期间前后 3 天禁止喷雾消毒，以防影响免疫效果。

（9）鸡禽舍喷雾消毒后应加强通风换气，便于鸡禽体表、舍内设备和墙壁、地面干燥。

（10）消毒次数根据不同养殖对象的生长状况、季节和病原微生物的种类而定。以商品蛋鸡为例，带鸡喷雾消毒以育雏期每周消毒 2 次、育成期每周 1 次、成年鸡每周 3 次为宜，疫情期间应每天消毒 1 次。

三、操作背负式机动弥雾喷粉机进行消毒作业

1. 操作人员消毒防护措施同上。

2. 按照使用说明书的规定检查调整好机具，使药箱装置处于喷液状。如汽油机转速调整：（油门为硬连接）按启动程序启动喷雾机的汽油机，低速运转 2～3min，逐渐提升油门至操纵杆上限位置，若转速过高，旋松油门拉杆上的螺母，拧紧拉杆下面的螺母；若转速过低，则反向调整。

3. 加清水进行试喷。

4. 添加药液。加药液时必须用滤网过滤，总量不要超过药箱容积的四分之三，加药后要拧紧药箱盖。注意药液不要散落，人要站在上风加药。

5. 启动机器。启动汽油机并低速运转 2～3min，将机器背上，调整背带，药液开关应放在关闭位置，待发动机升温后再将油门全开达额定转速。

6. 喷药作业。消毒顺序、路线、方法、方向和速度同手动喷雾器作业。其喷洒幅宽 2m 左右，当喷完第一幅时，先关闭药液开关，减小油门，向上风向移动，行至第二宽幅时再加大油门，打开药液开关继续喷药。

7. 停机操作。停机时，先关闭药液开关，再减小油门，让机器低速运转 3～5min 再关闭油门，汽油机即可停止运转，然后放下机器并关闭燃油阀。切忌突然停机。

8. 清洗药机。

（1）换清水继续喷洒 2～5min，清洗泵和管路内的残留药液。

（2）卸下吸水滤网和输药管，打开出水开关，将调压阀减压，旋松调压手轮，排除泵内积水，擦洗掉机组外表污物。

（3）严禁整机浸入水中或用水冲洗。

9. 作业注意事项：

（1）机器使用的是汽油，应注意防火，加完油将油箱盖拧紧。严禁在机旁点火或抽烟，作业中须加油时必须停机，待机冷却后再加油。

（2）开关开启后，随即用手左右摆动喷管，增加喷幅，前进速度与摆动速度应适当配合，以防漏喷影响作业质量。严禁停留在一处喷洒，以防引起药害。

（3）控制单位面积喷量。除用行进速度调节外，移动药液开关转芯角度，改变通道截面积也可以调节喷量大小。

（4）由于喷雾雾粒极细，不易观察喷洒情况，一般情况下，只要叶片被喷管风速吹动，证明雾点就达到了。

（5）作业中发现机器运转不正常或其他故障，应立即停机，关闭阀门，放出筒内

的压缩空气，降低管道中的压力，进行检查修理。待正常后继续工作。

（6）在喷药过程中，不准吸烟或吃东西。

（7）喷药结束后必须要用肥皂洗净手、脸，并及时更换衣服。

四、操作背负式机动弥雾喷粉机进行喷粉作业

1. 穿戴好防护用品同上。

2. 按照使用说明书的规定调整机具，使药箱装置处于喷粉状态。如粉门的调整：当粉门操作手柄处于最低位置，粉门仍关不严，有漏粉现象时，用手扳动粉门轴摇臂，使粉门挡粉板与粉门体内壁贴实，再调整粉门拉杆长度。

3. 粉剂应干燥、不得有杂草、杂物和结块。不停车加药时，汽油机应处于低速运转，关闭挡风板及粉门操纵手把，加药粉后，旋紧药箱盖，并把风门打开。

4. 背机后将手油门调整到适宜位置，稳定运转片刻，然后调整粉门开关手柄进行喷施。

5. 在林区喷施注意利用地形和风向，晚间利用作物表面露水进行喷粉较好。

6. 使用长喷管进行喷粉时，先将薄膜从摇把组装上放出，再加油门，能将长薄膜塑料管吹起来即可，不要转速过高，然后调整粉门喷施，为防止喷管末端存粉，前进中应随时抖动喷管。

7. 停止操作和清洗药机：方法同喷洒液态消毒剂，只是关闭的粉门。

五、操作常温烟雾机进行消毒作业

1. 要仔细阅读使用说明书，并严格按照操作规程进行操作。

2. 首先要关闭门窗，以确保消毒效果。

3. 在喷药前，将喷雾系统和支架置于舍内中间走道（若无中间走道则置于舍内中线）、离门5m左右的地方，调节喷口高度离地面1m左右，喷口仰角2°~3°。

4. 配制好的消毒药液必须通过过滤器注入药箱，以免堵塞喷嘴。工作时药箱要与支架锁定。

5. 接通电源开关、电机开关。打开药液开关。

6. 工作时工作人员在舍外监视机具的作业情况，不可远离，发现故障应立即停机排除。

7. 严格按喷洒时间作业，一般300m^2的鸡禽舍喷洒30min左右即可。

8. 停机时先关空气压缩机，5min后再关轴流风机，最后关漏电开关。

9. 喷洒消毒药物后，鸡禽舍的门窗要密闭6h以上。

10. 一栋舍喷洒完消毒药物后，将喷雾系统和支架置移出（切记不可带电移动）装车转移到其他舍继续作业。

11. 所有作业完成后要将机具清洗。先将吸液管拔离药箱，置于清水瓶内，用清水喷雾5min，以冲洗喷头、管道。用专用容器收集残液，然后清洗药箱、喷嘴帽、吸水滤网和过滤盖。擦净（不可用水洗）风筒内外面、风机罩、风机及其电机外表面、其他外表面的药迹和污垢。

12. 作业注意事项：

常温烟雾机不可用于带鸡禽消毒，以免鸡禽吸入烟雾后引起呼吸道疾病。

六、操作电动喷雾器进行消毒作业

1. 充电。购机后立即充电，将电瓶充满电。因为电瓶出厂前只有部分电量，完全充满后方可使用。一般充电时间为5～8h左右，耗电仅几分钱。因为本充电器具有过充电保护功能充满后自动断电，不会因为忘记切断电源长时间（几天几夜）过充电而损伤电瓶。

2. 充电时，必须使用本机专用的充电器，与220V电源连接。充电器红灯亮，表示正在充电。充电器绿灯亮，表示充电基本完成，但此时电量较虚，需要再充1～2h才能真正充满。

3. 本机配有单喷头、双喷头，使用时根据物体形状的不同，选用不同的喷头。例如：喷较高的屋面，可以使用本机的药桶也可以利用大水罐放在地上，配20～30m的长水管喷药，本身喷的水雾可以高达7～8m，把喷杆加长可以喷到十几米以上。如果喷施面积较大，可以另备一只更大容量的电瓶，打开活门就可以更换。

4. 必须使用干净水，慢慢加入，添加药液时必须使用本机配有的专用过滤网。

5. 喷药方法参见机动弥雾机作业。

6. 每次使用要留一定的电，不然就会亏电，用完后（无论使用时间长短）回家立即充电，这样可以延长电瓶的寿命。

7. 清洗，加一些清水让它喷出去，可减少农药对水泵的腐蚀。

8. 如果喷雾器长时间不用（农闲时），一般两三个月充一次电，保证电瓶不亏电，这样可以延长电瓶的寿命。

七、进行病死鸡的深埋处理作业

1. 在远离场区的下风地方挖2m以上的深坑。

2. 在坑底撒上一层100～200mm厚的生石灰。

3. 然后放上病死鸡，每一层病死鸡之间都要撒一层生石灰。

4. 在最上层死鸡的上面再撒一层200mm厚的生石灰，最后用土埋实。

八、操作牵引式刮板清粪机进行作业

1. 检查机具技术状态符合技术要求。

2. 检查牵引绳的张紧力，如过松、过紧，用张紧器来调整。

3. 开启倒顺开关，驱动电机，系统即进入工作状态。

4. 人工定期清理刮粪板首尾两端的清粪死区。

5. 检查刮粪板是否能畅通无阻地移动，而不会碰到突出的地板或螺栓头等。

6. 完成工作后要按下停止按钮，并应切断电源。

7. 作业注意事项

（1）操作者应了解本机构、性能以及行程开关的控制情况，经常检查控制系统与安全系统的使用可靠性。

（2）为防止过载损坏清粪机，对长度60m以内的粪沟，每天需至少清理2次，对长度超过60m的粪沟，每天应至少清理3次。

（3）操作中必须随时观察行程开关。刮粪板往返运行由行程开关控制，一旦出现运转故障，立即停机检查。

（4）随时检查并调整刮粪板的跑偏问题。

（5）一定要注意先启动横向清粪机，再启动纵向清粪机；先关闭纵向清粪机，再关闭横向清粪机。

九、操作传送带式清粪机进行作业

1. 使用清粪机时，应随时检查清粪带，避免清粪带偏离轨道。

2. 检查清除粪带上积存的鸡粪。为防止鸡粪在清粪带上积存过多，每两天至少清粪1次。

3. 启动清粪机时，不要把所有的清粪带同时启动，需要根据鸡粪量的多少来确定启动多少条清粪带。

4. 在鸡舍没有鸡、鸡舍温度低于3℃的情况下严禁开动清粪机，以免损坏清粪带。

5. 清粪带在运行过程中严禁用硬质物品（如铁锹等）清除粪带上的鸡粪残迹，以免损坏清粪带。

十、操作螺旋式深槽发酵干燥设备进行作业

1. 粪便发酵工艺过程

（1）准备原料。根据鸡粪与辅料（锯末、粉碎后的秸秆等）的碳氮比、含水率进行合理配比，调节发酵物料水分。

（2）将准备好的发酵物料放入发酵槽。

（3）启动螺旋式深槽发酵干燥设备，使发酵物料在发酵槽内前后、左右移动，进行搅拌，同时将物料从进料端逐渐向出料端输送。

（4）粪便发酵完毕，鸡粪转变为有机肥，出槽装袋或进行深加工。

2. 操作手动模式进行作业

该设备有手动、半自动、自动3种工作模式。在需要改变工作模式旋动旋钮开关前，一定先按下复位按钮，以避免造成因旋钮触点临时过渡接触，造成不必要的误操作。在操作前应观察翻料螺旋周围是否有人或物。操作者最好远离机器进行操控。

（1）手动模式的操作方法　该模式主要用途是在设备安装调试阶段或智能控制器发生故障时，作为一种临时操作手段，一般情况下不使用。其具体操作方法如下：

①将紧急停止按钮拧开。

②将模式选择旋钮开关拨至手动位置。

③合上总电源开关。

④油泵的启动与停止：按下绿色油泵启动按钮，绿灯亮，油泵电机启动；需要油泵停止时，再按一次相对应的红色油泵停止按钮，绿灯灭，油泵立即停止。

⑤翻料螺旋的启动与停止：按下绿色螺旋启动按钮，绿灯亮，翻料螺旋电机启动；再按一次相对应的红色螺旋停止按钮，绿灯灭，翻料螺旋立即停止。

⑥纵向行走大车前进的启动与停止：按下绿色前进按钮，绿灯亮，大车前进启动，大车从出料端向进料端行驶；再按一次相对应的红色停止按钮，绿灯灭，大车前进立即停止。

⑦纵向行走大车后退的启动与停止启停：按下绿色后退按钮，绿灯亮，大车后退启动，大车从进料端向出料端行驶；再按一次相对应的红色停止按钮，绿灯灭，大车后退立即停止。

⑧横向移动小车的左移或右移和翻料螺旋提升与下降的启停，操作方法同上。

（2）说明事项

横向移动小车左移，操作者面对操作面板，横向移动小车从右向左运动；

横向移动小车右移，操作者面对操作面板，横向移动小车从左向右运动；

翻料螺旋提升的运动方向，翻料螺旋的搅拌臂向脱离发酵槽的方向运动；

翻料螺旋下降的运动方向，翻料螺旋的搅拌臂向深入发酵槽的方向运动。

（3）手动模式作业注意事项

①当安装调试阶段或维修后调试，如调整大车轨道直线度、螺旋提升、下降、小车左移、右移、大车前进、后退时，可以不启动翻料螺旋电机，只需启动油泵即可。

②前进、后退、左移、右移、提升、下降只允许同时使用一种操作，不允许同时启动二种以上的操作。

③当出现紧急情况时，如翻料螺旋危及人生安全或设备动作失灵，应立即切断处于操作面板右侧的总电源开关。

④当全部手动操作结束时，应检查所有的绿灯熄灭，并将旋钮开关拨至停止位置，断开总电源开关。

3. 操作半自动模式进行作业

半自动操作是设备最常用的一种操作模式，尤其是在生产工艺尚未规范之前，建议使用此模式。半自动操作模式分为遥控器启动方式和按钮启动方式两种。

（1）操作遥控器启动方式进行作业　操作者提前将旋钮开关拨至半自动方式，使紧急停止按钮抬起，复位按钮抬起（红灯熄灭），合上总电源开关，操作者便可在距离设备60m范围之内开始半自动遥控操作。

遥控器配有4个操作键，键1代表半自动前进启动，键2代表半自动后退启动，键3代表复位，键4代表复位恢复。每按4个键之一，红色小灯应点亮，否则说明电池用尽或电池极性装反或遥控器损坏。螺旋式深槽发酵干燥设备遥控接收器安装在设备电控柜内。

遥控器半自动启动操作流程：

按下键3使螺旋式深槽发酵干燥设备做好启动准备。

按下键4使螺旋式深槽发酵干燥设备处于准备启动状态。

按下键1使设备立即执行半自动前进程序，设备立即启动。执行的顺序为：

a翻料螺旋电机启动，油泵电机及风机启动→b翻料螺旋搅拌臂下降，当下降至限位处停止→c小车带动翻料螺旋左移翻动物料，至限位处停止→d大车前进0.6m后停止→e小车带动翻料螺旋右移翻动物料，至限位处停止，大车又前进0.6m后停止，工作流程返回到步骤c→f当大车从出料端工作到进料端限位时，大车自动停止→g翻料螺旋搅拌臂提升至限位处自动停止→h 小车脱离限位处→i 大车后退，当从进料端退回到出料端限位时，大车停止→j 翻料螺旋电机、油泵电机、风机均停止工作。一次完整的半自动前进操作结束。

作业注意事项：一是在操作过程中设备执行部件危及人生安全或设备工作发生异常，应立即按遥控器键 3，使整个设备停止运行，并迅速切断电控柜总电源开关。二是在遥控操作前设置半自动操作时，如果先合上总电源开关，在转动旋钮开关前应先按下操作面板的复位启动按钮，再转动旋钮开关拨至半自动方式，以防错误执行自动方式和定时方式，然后再将复位按钮恢复（灯熄灭）。三是遥控半自动操作时，红色旋钮开关必须处于半自动位置。四是遥控半自动操作结束时，应切断总电源开关并将红色旋钮开关拨至停止位置。五是在使用遥控器时，不允许按下键 1 后又按键 2 或者按下键 2 后又按键 1，否则系统立即执行半自动后退或前进与设备正在执行的功能相反，有可能造成液压系统及电气系统损坏或造成动作混乱。

按下键 3 再按键 4，再按键 2 后退程序，设备立即后退（后退时不搅拌），当设备后退到出料端自动停止，按键 3 停止。

（2）操作按钮启动方式进行作业　此方式与遥控器半自动启动方式的流程完全一致，操作区别是：

①用操作面板第 5 排的自动前进按钮代替遥控器的键 1。

②用操作面板第 5 排的自动后退按钮代替遥控器的键 2。

③用复位按钮代替遥控器的键 3 和键 4，按下复位按钮（红灯亮）相当于按下遥控器键 3，抬起复位按钮（红灯熄灭）相当于按下遥控器的键 4。

4. 操作自动模式进行作业

（1）自动模式的初始状态　大车处于发酵槽出料端端头，小车处于大车中央位置，翻料螺旋处于上限位。

（2）自动模式作业流程　自动模式启动后，小车开始左移工作，当小车左移至左移限位处，小车停止左移，大车前进上一段距离后停止；小车开始右移工作，当小车右移至右移限位处，小车停止右移，大车前进一段距离后停止；小车再次开始左移工作……如此反复，当大车到达进料端端头限位时，一次工作进程结束。

（3）作业注意事项

①当油泵或螺旋搅拌电机故障时，设备会发出声光报警，设备同时被禁止各种操作。此时操作者进行维修。

②当设备在工作中出现异常现象或危及人身安全时，可按下紧急停止按钮或切断总电源，使总电源处于“分”的位置。

③自动方式和定时方式不允许一般操作人员使用。因为自动方式的功能与半自动相同，差别是采用自动方式可以使设备自动重复若干次。定时方式更不能随意使用，因为一旦设置为定时方式，设备到某一时间便会自动启动；如果没有严格的管理制度或确定的工艺流程，设备突然启动会危及人生安全，夜间启动还会失去对设备的监控。自动模式和定时方式均需对智能控制器进行参数设定，所以不允许一般操作人员使用。

十一、操作鸡舍环境控制器进行作业

1. 开机，鸡舍环境控制器自检过后，根据本栋鸡舍的实际控制设备情况，在第三页中，将外围设备设为有效，没有的控制设备和不需要打开的控制设备设为无效（不打勾）。还要设置实时时钟、通风优先级、报警管理、继电器管理和家禽管理等。

2. 换页到第二页，设置所需控制饲养参数，输入适合的设定参数。如果设置某个参数后，要在当前条件满足运行条件下，鸡舍环境控制器立即执行该组参数，先关闭鸡舍环境控制器电源开关，再打开鸡舍环境控制器电源开关，因为有的参数需运行完正在执行的任务后，才可执行修改的命令。

3. 换页返回到主页面，再返回第二页和第三页检查输入的设定参数是否正确。

4. 使用完毕，关闭鸡舍环境控制器电源开关。

5. 环境控制系统在使用中应注意的事项

（1）鸡舍环境控制器应由专人来调试，以免多人调试把设置参数弄乱。

（2）保持鸡舍良好的密闭性。鸡舍密闭性不严，导致风经由漏风口进入，造成鸡舍的静态压力差值变小，影响鸡舍的通风效果，尤其冬季会造成冷风直接吹到鸡只的现象。

（3）正确使用通风小窗。首先通风小窗开启应大于最小开口度，保证鸡舍的进风面积，避免出现贼风现象；其次小窗应加装导风板，使进入鸡舍的强冷气流为向上吹，先与热空气混合后后再向下吹向鸡只，而不是把强冷气流直接吹向鸡只。

（4）正确使用降温湿帘。随着鸡舍外部空气相对湿度的提高，采用湿帘降温的效果逐渐降低，当外界湿度高于85%时应关闭湿帘，采取增大通风量的方式，以减小对鸡群造成的热应激。

第十五章　设施养鸡装备故障诊断与排除

相关知识

一、背负式机动弥雾喷粉机工作过程

喷粉机弥雾作业时，汽油机带动风机叶轮旋转，产生高速气流，并在风机出口处形成一定压力，其中大部分气流从风机出口流入喷管，而少量气流经挡风板、进气软管，再经滤网出气口，返入药液箱内，使药液箱内形成一定的压力。药液在风压的作用下，经输液管、开关把手组合、喷口，从喷嘴周围流出，流出的药液被喷管内高速气流冲击而弥散成极细的雾滴，吹向物体。水平射程可达 10～12m，雾滴粒径平均 100～120μm。

喷粉过程与弥雾过程相似，风机产生的高速气流，大部分经喷管流出，少量气流则经挡风板进入吹粉管。进入吹粉管的气流由于速度高并有一定的压力，这时，风从吹粉管周围的小孔吹出来，将粉松散并吹向粉门，由于输粉管出口处的负压，将粉剂农药吹向弯管内，之后被从风机出来的高速气流吹向作物茎叶上，完成了喷粉过程。

二、常温烟雾机工作过程

常温烟雾机工作过程，以 3YC－50 型为例，工作时，大电机驱动空气压缩机产生压力为 1.5～2.0MPa 的高压空气，高压空气通过空气胶管和进气管进入到喷头的涡流室内，形成高速旋转的气流，并在喷嘴处产生局部真空，药箱中的药液通过输液管被吸入到喷嘴处喷出，喷出的药液和高速旋转的气流混合后就被雾化成雾滴粒径小于 20μm 的烟雾。这时小电机带动轴流风机转动，在产生的风力作用下烟雾被吹向远方。最远距离可达到 30m，烟雾扩散幅宽可达 6m。经过 30～60min 的吹送，药液烟雾可以飘逸到密闭的鸡禽舍内各处，并在空间悬浮 2～3h，从而达到为舍内各物体表面和舍内空气消毒灭菌的目的。用该机进行鸡禽舍消毒，操作人员不必进入舍内。

三、牵引式刮板清粪机工作原理

牵引式刮板清粪机是由一个驱动电机通过链条或钢绳带动两个刮板行成一个闭合环路。工作时，电动机正转，驱动绞盘，便带动一侧牵引绳正向运动，拉动该侧刮板移动，开始清扫粪便工作，并将粪便刮进横向粪沟；则另一侧牵引绳反向运动，该侧刮板翘起后退不清粪。当刮板运行至终点，触动行程倒顺开关使电动机反转，带动牵引绳反向运动，拉动刮板进行空行程返回；同时，另一刮板也在进行反向清粪工作；到终点电动机又继续正转。如此循环往复两次就能达到预期清扫效果。

四、传送带式清粪机工作原理

传送带式清粪机主要由清粪机、头架、清粪侧板、纵向清粪传送带（图 15－1）及横向清粪传送和斜向清粪传送组成。传送带材料以应用聚丙烯为多，具有耐冲击、耐腐

蚀、耐低温（可至 -40℃），低摩擦系数、寿命长的优点。其宽度为 0.6 ~ 2.3m 不等，厚度一般为 1.0 ~ 1.2mm。

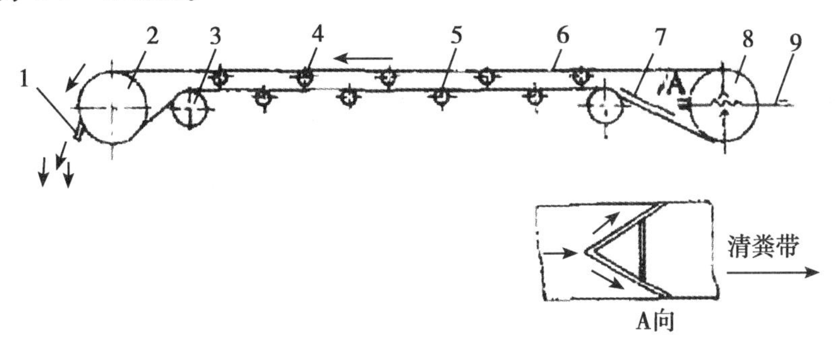

图 15 -1　纵向清粪传送带组成示意图

1 - 清粪铲；2 - 主动辊；3 - 张紧辊；4 - 上托辊；5 - 下托辊；
6 - 输送带；7 - 卸粪板；8 - 被动辊；9 - 张紧调节

工作时，传送带在电机皮带轮的带动下进行转动，鸡粪通过网孔落到传送带上被带到端部并落下到端面的横向输送带传送到舍外。

五、螺旋式深槽发酵干燥设备工作原理

该设备是利用塑料大棚中形成的温室效应，充分利用太阳能来对粪便进行干燥处理。纵向行走大车放置在发酵槽轨道上，可沿发酵槽轨道纵向移动。横向移动小车安装在纵向行走大车上的轨道上，可以实现翻料螺旋的横向移动。翻料螺旋安装在横向移动小车上，通过纵向行走大车、横向移动小车在纵横两个方向上的移动可以使翻料螺旋到达发酵槽的任意位置，进行旋转翻料。当含水率 70% 左右的粪便从大棚一端卸入槽内，启动设备后，纵向、横向行走车见图 15 -2 中带箭头的“之”字形行走，线条为翻料螺旋运动轨迹，大箭头为物料移动方向。物料在发酵槽中缓慢移动完成发酵过程。当粪便被推到大棚另一端时，含水率已经降至 30% 左右，整个发酵处理过程 30 天左右。当物料充满发酵槽后，每天可以从进料端投入一定量的未发酵物料，从出料端得到发酵的有机肥料产品。

该设备的螺旋搅拌器具有 3 个功能：一是将料层底部的物料搅拌翻起并沿螺旋倾斜方向向后抛洒，使物料在运动过程中与空气充分接触，为物料充分发酵补充所需的氧气；二是翻动物料时，可加速发酵热量蒸发的水分蒸发；三是可将物料从进料端逐渐向出料端输送。

六、鸡舍环境控制器工作原理

EI -2000 型鸡舍环境控制系统工作原理是利用计算机终端通过 EI -2000 型鸡舍环境控制器，对鸡舍的温度、湿度、氨气浓度、静态压力和供水量等数据和现场图像进行采集，并控制加热器、风机、湿帘、光照、喷雾、横向通风口、纵向通风口、喂料系统、报警器等设备，实现对鸡舍的温度、湿度、通风、供水、供料、报警、照明等因素的自动控制，将实时数据和历史数据上传到远程监控中心，并接受远程监控中心指令分发到基地各控制器。同时具有记忆、查询以往历史温度、湿度、通风、光照时间和报警

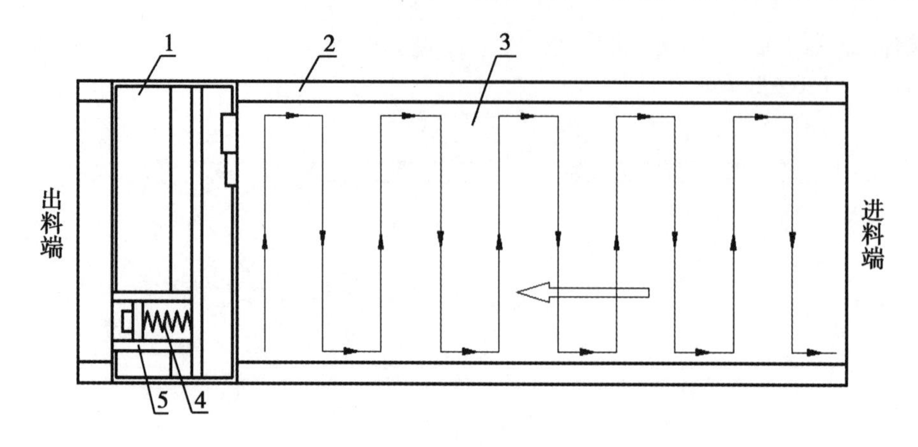

图 15－2　螺旋式深槽发酵干燥设备运行轨迹

1－纵向行走大车；2－发酵槽轨道；3－发酵槽；4－翻料螺旋；5－横向移动小车

信息、密码保护等多种实用功能，并具有可供操作者随意组合预留选配系统，除自动控制系统以外还设有手动控制系统，以确保饲养过程的安全。见图 15－3。

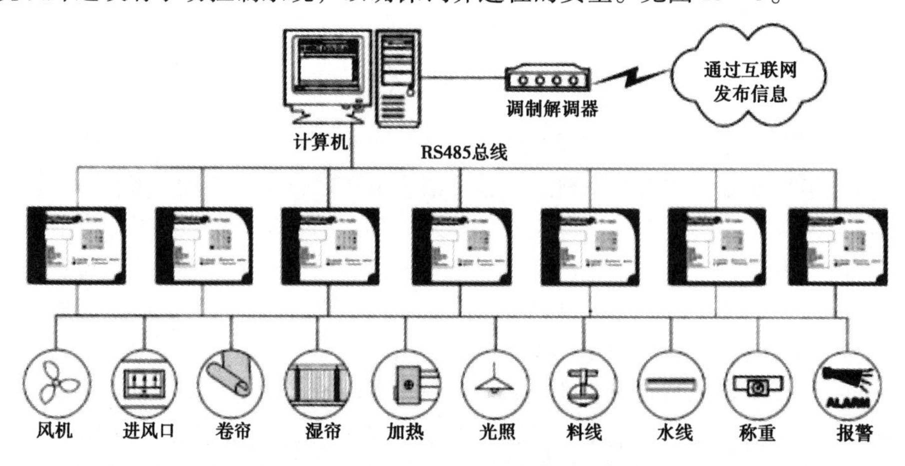

图 15－3　鸡舍环境控制系统工作示意图

操作技能

一、背负式机动弥雾喷粉机常见故障诊断与排除（表 15－1）

表 15－1　背负式机动弥雾喷粉机常见故障诊断与排除

故障名称	故障现象	故障原因	排除方法
喷粉时有静电	喷粉时产生静电	喷粉时粉剂在塑料喷管内高速冲刷，摩擦起电	在两卡环间以铜线相连，或用金属链将机架接地
喷雾量减少	喷雾量减少或不喷雾	1. 开关球阀或喷嘴堵塞 2. 过滤网组合或通气孔堵塞 3. 挡风板未打开 4. 药箱盖漏气 5. 汽油机转速下降 6. 进气管扭瘪	1. 清洗开关球阀和喷嘴 2. 清洗通气孔 3. 打开挡风板 4. 检查胶圈并盖严 5. 查明原因并排除故障 6. 通管道或重新安装
药液进入风机	药液进入风机	1. 进气塞与胶圈间隙过大 2. 胶圈腐蚀失效 3. 进气塞与过滤阀组合之间进气管脱落	1. 更换进气胶圈或在进气塞的周围缠布 2. 更换胶圈 3. 重新安装并紧固
药粉进入风机	药粉进入风机	1. 吹粉管脱落 2. 吹粉管与进气胶圈密封不严 3. 加粉时风门未关严	1. 重新安装 2. 密封严实 3. 先关好风门再加粉
喷粉量少	喷粉量少	1. 粉门未全打开或堵塞 2. 药粉潮湿 3. 进气阀未全打开 4. 汽油机转速较低	1. 全打开粉门或清除堵塞 2. 换用干燥的药粉 3. 全打开进气阀 4. 检查排除汽油机转速较低故障
风机故障	运转时，风机有摩擦声和异响	1. 叶片变形 2. 轴承失油或损坏	1. 校正叶片或更换 2. 轴承加油或更换轴承
二冲程汽油机燃油系故障	油路不畅或不供油导致启动困难	1. 油箱无油或开关未打开 2. 接头松动或喇叭口破裂 3. 汽油滤清器积垢太多，衬垫漏气 4. 浮子室油面过低，三角针卡住 5. 化油器油道堵塞 6. 油管堵塞或破裂 7. 二冲程汽油机燃油混合配比不当	1. 加油，打开开关 2. 紧固接头，改制喇叭口 3. 清洗滤清器，紧固或更换衬垫 4. 调整浮子室油面，检修三角针 5. 疏通油道 6. 疏通堵塞或更换油管 7. 按比例调配燃油
	混合气过浓导致启动困难	1. 空滤器堵塞 2. 化油器阻风门打不开或不能全开 3. 主量孔过大，油针旋出过多； 4. 浮子室油面过高 5. 浮子破裂	1. 清洗滤网，必要时更换润滑油 2. 检修阻风门 3. 检查主量孔，调整油针 4. 调整浮子室油面 5. 更换浮子

续表

故障名称	故障现象	故障原因	排除方法
二冲程汽油机燃油系故障	混合气过稀导致启动困难、功率不足，化油器回火	1. 油道油管不畅或汽油滤清器堵塞 2. 主量孔堵塞，油针旋入过多 3. 浮子卡住或调整不当，油面过低 4. 化油器与进气管、进气管与机体间衬垫损坏或紧固螺丝松动 5. 油中有水	1. 清洗油道，疏通油管，清洗滤清器 2. 清洗主量孔，调整油针 3. 检查调整浮子，保持油面正常高度 4. 更换损坏的衬垫，均匀紧固拧紧螺丝 5. 放出积水
	怠速不良，转速过高或不稳	1. 节气门关闭不严或轴松旷 2. 怠速量孔或怠速空气量孔堵塞 3. 浮子室油面过高或过低 4. 衬垫损坏，进气歧管漏气，化油器固定螺丝松动	1. 检修节气门与节气门轴 2. 清洗疏通油道及油、气量孔 3. 调整浮子室油面高度 4. 更换衬垫，紧固螺丝
	加速不良，化油器回火，转速不易提高	1. 浮子室油面过低 2. 混合气过稀 3. 加速量孔或主油道堵塞 4. 主量孔堵塞或调节针调节不当 5. 油面拉杆调整不当 6. 节气阀转轴松旷，只能怠速运转，不能加速	1. 调整浮子室油面 2. 调整进油量 3. 清洗加速量孔或主油道 4. 清洗主量孔，调整调节针 5. 调节拉杆，使节气阀能全开 6. 修理或更换新件
二冲程汽油机点火系故障	火花塞火花弱，起动困难	1. 火花塞绝缘不良或电极积炭，触点有油污，不跳火 2. 电容器、点火线圈工作不良 3. 电容器搭铁不良或击穿 4. 分火头有裂纹漏电	1. 如高压线端跳火强而电极间火花弱，说明火花塞绝缘不良、电极积炭或触点有油污，清除积炭和油污或更换新件 2. 更换新件 3. 拆下重新安装，使搭铁良好 4. 更换分火头
	怠速正常高速断火	1. 火花塞电极间距过大 2. 点火线圈或电容器有破损	1. 按要求调整电极间距 2. 更换新件
	加大负荷即断火	1. 火花塞电极间距过大 2. 火花塞绝缘不良	1. 按要求调整电极间距 2. 更换火花塞
	磁电机火花微弱	1. 断电器触点脏污或间隙调整不当 2. 电容器搭铁不良或击穿 3. 磁铁退磁 4. 感应线圈受潮 5. 断电器弹簧太软	1. 清理、磨平、调整触点间隙，必要时更换 2. 卸下并打磨搭铁接触部位，重新安装 3. 充磁 4. 烘干 5. 更换
	点火过早或过迟	1. 点火时间调整不当 2. 触点间隙调整不当	1. 按规定调整点火时间 2. 按要求调整点火间隙

续表

故障名称	故障现象	故障原因	排除方法
运转不平稳	爆燃有敲击声和发动机断火	1. 发动机发热 2. 浮子室有水和沉积机油	1. 停机冷却发动机，避免长期高速运转 2. 清洗浮子室；燃油中混有水也可造成发动机断火，更换燃油

二、常温烟雾机常见故障诊断与排除

常温烟雾机常见常见故障诊断与排除参照前述的电机、风机、喷雾系统等相关故障进行。

三、牵引式刮板清粪机常见故障诊断与排除（表 15－2）

表 15－2　牵引式刮板清粪机常见故障诊断及排除

故障名称	故障现象	故障原因	排除方法
清粪机电机不转	合上电源，电机不运转	1. 电源线路断开 2. 电压低 3. 电机损坏	1. 检查接通电源线路 2. 调整电压 3. 修理或更换电机
刮粪板卡死	刮板在运行中出现卡死	1. 粪道槽中有石子等 2. 粪道两边的坎墙破损 3. 牵引绳过松	1. 清除堵塞物 2. 修整后，重新启动 3. 调整牵引绳长度或调整张紧轮
清粪机无故停机	在运行中突然停机	若行程开关动作可能是滚筒上的钢丝绳叠加了，或是丝杠上的行程开关动作	根据现场情况倒转调整丝杠上的拨线器或行程开关限位板的位置
刮粪板跑偏向坑道一侧倾斜	刮板向坑道一侧倾斜	1. 牵引架与刮粪板不平行 2. 牵引绳与纵向粪沟不对中 3. 纵向粪沟宽度方向不等高 4. 转角轮中牵引绳 脱落	1. 调节刮粪板两侧螺母使之与牵引架平行 2. 调整纵向粪沟两端转角轮位置 3. 修复粪沟地面使之宽度方向等高 4. 停机调整转角轮
刮粪板超越横向粪沟	刮粪板超越横向粪沟	1. 初始安装尺寸不当 2. 行程开关失灵	1. 调整安装尺寸 2. 修理或更换行程开关
刮粪不净	刮粪时刮粪不净	1. 刮粪板底部橡胶条破损 2. 粪沟地面损坏、不平、有坑洼	1. 更换刮粪板底部橡胶条 2. 修复粪沟地面

四、传送带式清粪机常见故障诊断及排除（表 15－3）

表 15－3　传送带式清粪机常见故障诊断及排除

故障名称	故障现象	故障原因	排除方法
传动带运行异常	传动带打滑	清粪带松弛	调整头端张紧螺栓
	传动带跑偏	头尾辊筒不平行	调整头端张紧螺栓，调整方向与粪带跑偏方向相反
	清粪带断裂	老化 外力损伤	首先把断口处拉到宽阔的尾端，底部铺上平整的硬质物品或铁板，把粪带断裂处切割整齐，粪带接头车尾压车头方向，层叠 6～10cm，用热合器或焊塑枪焊接。注意清粪带压接方向，不要把粪带接头压错，以免尾端清粪板把清粪带接口刮开。
电机异响	尾端电机有异响	轴承缺油、损坏 链条松动	加润滑脂、更换 调整张紧链轮

五、螺旋式深槽发酵干燥设备常见故障诊断与排除（表 15－4）

表 15－4　螺旋式深槽发酵干燥设备常见故障诊断及排除

故障名称	故障现象	故障原因	排除方法
大车运行啃轨	大车运行啃轨	1. 两侧轨道高度差过大 2. 轨道水平弯曲过大 3. 车轮的安装位置不正确 4. 桥架变形 5. 轨道顶面有油污、杂物等，引起两侧车轮的行进速度不一样	1. 采用增减垫板法来消除两侧道　轨之间的高低误差 2. 调整轨距和减少道轨水平弯曲 3. 调整车轮跨度和对角线值待参数，恢复车轮正确位置 4. 校正或找供应商解决 5. 清除油污和杂物
螺栓叶片变形	螺旋叶片变形	有大块杂物堵塞	清除堵塞杂物
设备不能启动	设备处于非手动时不能启动	1. 复位按钮处于无效状态 2. 紧急停止按钮处于无效状态	1. 使复位按钮处于有效状态 2. 使紧急停止按钮处于有效状态

六、鸡舍环境控制器故障诊断及排除（表 15－5）

表 15－5 鸡舍环境控制器的故障诊断与排除

故障名称	故障现象	故障原因	排除方法
显示器失灵	不显示，不报警	1. 控制器 +9v 保险断 2. 显示器接线掉 3. 显示器坏 4. CPU 板坏	1. 更换 2. 重新接线 3. 使用应急功能 4. 使用应急功能
	不显示，报警	1. 控制器总保险断 2. 无 220VAC 电源 3. 电源开关接触不良	1. 更换 2. 检查供电线路 3. 检查开关，修复或更换
控制失灵，结果异常	加热或通风等功能不停	1. CPU 主板上 ULN2803 坏 2. 控制芯片坏	1. 检查并更换 2. 更换 ULN2803 或控制芯片
	光照不动作	1. MX7523 坏 2. 固态继电器坏	1. 更换 2. 更换
	温、湿度显示值不正常，（如显示全 0 且不变，或显示最大值不变）	1. 电源板上的 +9V 保险丝管断 2. +9V、－9V 电源不对 3. 温、湿度探头故障 4. 探头线接触不好或短路	1. 更换 2. 检查 +9V 和 －9V 稳压块输入输出是否正常，若损坏则更换 3. 更换温、湿度探头 4. 找到探头线连接处，重新接线
	风门故障，蜂鸣器响；开机时风门显示不能显示“0”而是“－”且风门不向设定值运动（设定值是非“0”值）	1. 风门电机坏或风门启动电容坏，风门机构不动作 2. 风门“0”位置限位行程开关接触不好或损坏 3. 光耦 TLP521－2 坏	1. 检查判断风门电机和启动电容是否已坏，是则更换 2. 打开风门机构的盖板检查风门限位拨片及“0”位置限位开关是否正常，不正常则更换 3. 更换
	温度显示低，并不变化	1. 温度传感器坏 2. 传感器的线断 3. 无 +9V 电源	1. 更换温度探头 2. 查出断点，连接 3. 检查 +9V 稳压块输入输出是否正常，若损坏则更换
	湿度显示“00”或显示值不变	1. 传感器的湿敏电容受潮 2. 湿敏传感器坏 3. 传感器的线断 4. 探头中集成电路 NE555 坏	1. 烘干 2. 更换湿度探头 3. 查出断点，连接 4. 更换集成电路 NE555
控制器与计算机终端连接不上	鸡舍环境控制器与计算机终端连接不上	1. 连接电缆线断 2. 光电耦合器 1V4 坏 3. 光电耦合器 1V58 坏 4. 集成电路 74HC14 坏 5. 集成电路 1D10 坏 6. 计算机终端中的群控板坏 7. 计算机坏 8. 调线 1X10 或 1X12 没有连接	1. 重新连接电缆线 2. 更换光电耦合器 1V4 3. 更换光电耦合器 1V58 4. 更换集成电路 74HC14 5. 更换集成电路 1D10 6. 更换计算机终端中的群控板 7. 更换计算机 8. 连接调线 1X10 或 1X12

第十六章　设施养鸡装备技术维护

相关知识

一、机器零部件拆装的一般原则

（一）拆卸时一般应遵守的原则

机器拆卸的目的是为了检查、修理或更换损坏的零件。拆卸时必须遵守以下原则：

1. 拆卸前首先应弄清楚所拆机器的结构原理、特点，防止拆坏零件。

2. 应按合理的拆卸顺序进行，一般是由表及里，由附件到主机，由整机拆卸成总成，再将总成拆成零件或部件。

3. 掌握合适的拆卸程度。该拆卸的必须拆卸，不拆卸就能排除故障的，不要拆卸。盲目拆卸不仅浪费工时，而且会使零件间原有的良好配合关系、配合精度破坏，缩短零件使用寿命，甚至留下故障隐患。

4. 应使用合适的拆卸工具。在拆卸难度大的零件时，应尽量使用专用拆卸工具，避免猛敲狠击而使零件变形或损坏。

5. 拆卸时应为装配做好准备。为了顺利做好装配要做到：

（1）核对记号和做好记号。有不少配合件是不允许互换的，还有些零件要求配对使用或按一定的相互位置装配。例如气门、轴瓦、曲轴配重、连杆和瓦盖、主轴瓦盖、中央传动大、小锥齿轮、定时齿轮等，通常制造厂均打有记号，拆卸时应查对原记号。对于没有记号的，要做好记号，以免装错。

（2）分类存放零件。拆卸下的零件应按系统、大小、精度分类存放。不能互换的零件应存放在一起；同一总成或部件的零件放在一起；易变形损坏的零件和贵重零件应分别单独存放，精心保管；易丢失的小零件，如垫片、销子、钢球等应存放在专门的容器中。

（二）装配时注意事项

1. 保证零件的清洁。装配前零件必须进行彻底清洗。经钻孔、铰孔或镗孔的零件，应用高压油或压缩空气冲刷表面和油道。

2. 做好装配前和装配过程中的检查，避免不必要的返工。凡不符合要求的零件不得装配，装配时应边装边检查。如配合间隙和紧度、转动的均匀性和灵活性、接触和啮合印痕等，发现问题应及时解决。

3. 遵循正确的安装顺序。一般是按拆卸相反的顺序进行。按照由内向外逐级装配的原则，并遵循由零件装配成部件，由零件和部件装配成总成，最后装配成机器的顺序进行。并注意做到不漏装、错装和多装零件。机器内部不允许落入异物。

4. 采用合适的工具，注意装配方法，切忌猛敲狠打。

5. 注意零件标记和装配记号的检查核对。凡有装配位置要求的零件（如定时齿轮等）、配对加工的零件（如曲轴瓦片、活塞销与铜套等）以及分组选配的零件等均应进行检查。

6. 在封盖装配之前，要切实仔细检查一遍内部所有的装配零部件、装配的技术状态、记号位置、内部紧固件的锁紧等，并做好一切清理工作，再进行封盖装配。

7. 所有密封部件，其结合平面必须平整、清洁，各种纸垫两面应涂以密封胶或黄油。装配紧固螺栓时，应从里向外，对称交叉的顺序进行，并做到分次用力，逐步拧紧。对于规定扭矩的螺栓需用扭矩扳手拧紧，并达到规定的扭矩，保证不漏油、不漏气、不漏水。

8. 各种间隙配合件的表面应涂以机油，保证初始运转时的润滑。

二、油封更换要点

1. 油封拆卸后，一定要更换新的油封。

2. 在取下油封时，不要使轴表面受到损伤。

3. 在以新油封更换时，在腔体孔内留约 2mm 接缝，当新油封的唇口端部与轴接触，将旧油封的接触部撤开。

4. 先在轴表面及倒角处薄薄的涂覆润滑油或矿物油。

5. 将轴插入油封时或正在插入时，要仔细防止唇口部分翘起，并保持油封中心与轴中心同心。

三、滚动轴承的更换

滚动轴承一般有外圈、内圈、滚动体和保持架组成，在内外圈上有光滑的凹槽滚道，滚动体可沿着滚道滚动，形成滚动摩擦。它具有摩擦小、效率高、轴向尺寸小、装拆方便等特点。滚动轴承是标准配件，轴承内圈和轴的配合是基孔制，轴承外圈和轴承孔的配合是基轴制，配合的松紧程度由轴和轴孔的尺寸公差来保证。

1. 滚动轴承更换的条件

（1）轴承径向或轴向间隙过大。如锥形齿轮轴等，允许轴承的径向晃动量为 0. 1 ~ 0. 2mm，轴向晃动量为 0. 6 ~ 0. 8mm；一般部位的轴承允许径向晃动量为 0. 2 ~ 0. 3mm，轴向晃动量 0. 8 ~ 1mm。

（2）轴承滚道有麻点、坑疤等缺陷。

（3）由于缺油导致轴承变色或抱轴。

（4）珠子保持架破裂。

（5）珠子不圆或破碎。

（6）轴承转动不灵活或经常卡住。

（7）轴承内套或外套有裂纹。

（8）连续运行已达到使用期限。

2. 滚动轴承的拆装

拆卸轴承的工具多用拉力器。在没有专用工具的情况下，可用锤子通过紫铜棒（或软铁）敲打轴承的内外圈，取下轴承。轴承往轴上安装或拆下时，应加力于轴承的内圈（图 16 - 1）；轴承往轴承座上安装或拆下时，应加力于轴承的外圈（图 16 - 2）。以单列向心球轴承拆装为例。

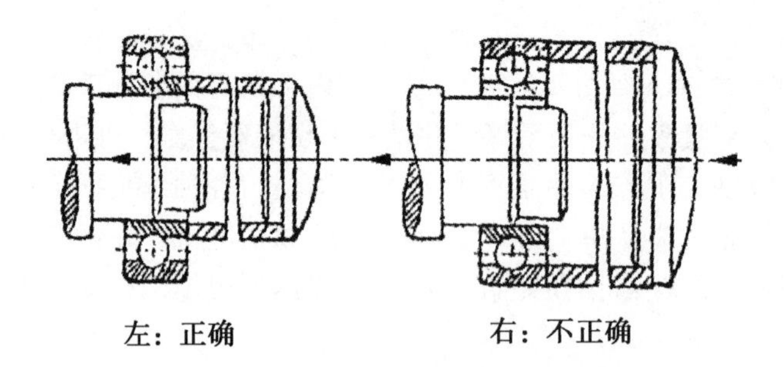

图 16－1　轴承往轴上安装

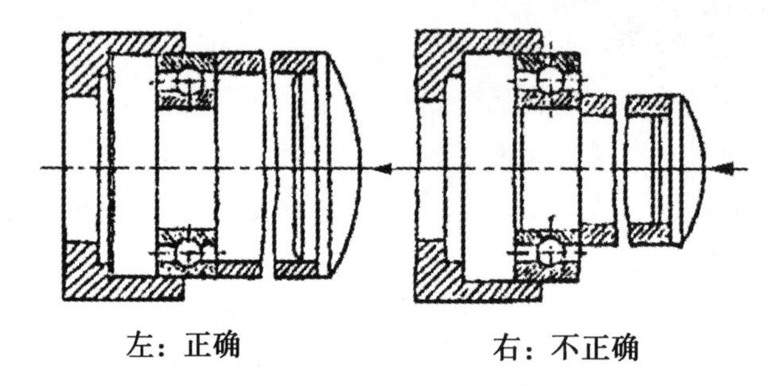

图 16－2　轴承往轴承座内安装

（1）单列向心球轴承的拆卸　拆卸单列向心球轴承时，把拉力器丝杠的顶端放在轴头（或丝杠顶板）的中心孔上，爪钩通过半圆开口盘（或辅助零件）钩住紧配合（吃力大）的轴承内（或外）圈，转动丝杠，即可把轴承拆下，见图 16－3。

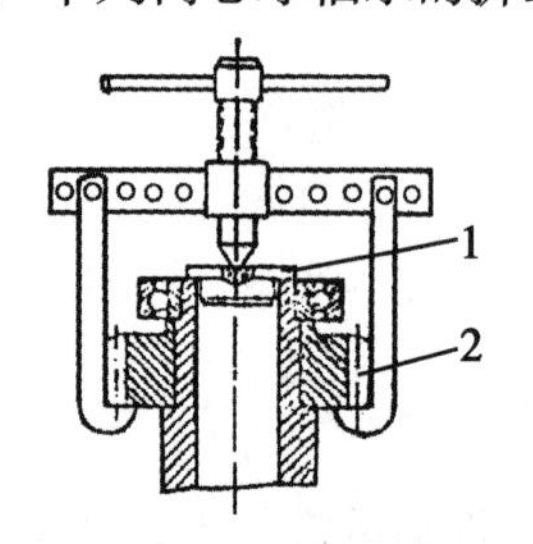

图 16－3　单列向心球轴承的拆卸

1－丝杠顶板；2－辅助零件

（2）单列向心球轴承的安装　安装单列向心球轴承时，应把轴颈和轴承座清洗干净，各连接面涂一层润滑油。可用压力机把轴承压入轴上（或轴承座内），也可以垫一段管子或紫铜棒用锤子把轴承逐渐打入。轴承往轴上安装时，压力或锤子击力必须加在轴承内圈上；而往轴承座内安装时，力则应加在轴承外圈上。

四、电气设备故障的维修方法

（一）电路故障诊断与分析

总的来说，电路故障无非就是短路、断路和接头连接不良及测量仪器的使用错误等。以断路和短路为例。

1. 断路故障的判断

断路最显著的特征是电路中无电流（电流表无读数），且所有用电器不工作，电压表读数接近电源电压。此时可采用小灯泡法、电压表法、电流表法、导线法等与电路的一部分并联进行判断分析。

（1）小灯泡检测法　将小灯泡分别与逐段两接线柱之间的部分并联，如果小灯泡发光或其他部分能开始工作，则此时与小灯泡并联的部分断路。

（2）电压表检测法　把电压表分别和逐段两接线柱之间的部分并联，若有示数且比较大（常表述为等于电源电压），则是和电压表并联的部分断路（电源除外）。电压表有较大读数，说明电压表的正负接线柱已经和相连的通向电源的部分与电源形成了通路，断路的部分只能是和电压表并联的部分。

（3）电流表检测法　把电流表分别与逐段两接线柱之间的部分并联，如果电流表有读数，其他部分开始工作，则此时与电流表并联的部分断路。注意，电流表要用试触法选择合适的量程，以免烧坏电流表。

（4）导线检测法　将导线分别与逐段两接线柱之间的部分并联，如其他部分能开始工作，则此时与导线并联的部分断路。

2. 短路故障的判断

并联电路中，各用电器是并联的，如果一个用电器短路或电源发生短路，则整个电路就短路了，后果是引起火灾、损坏电源，因而短路是绝对禁止的。串联短路也可能发生整个电路的短路，那就是将导线直接接在了电源两端，其后果同样是引起火灾、损坏电源，因而短路也是绝对禁止的。较常见的是其中一个用电器发生局部短路，一个用电器两端电压突然变大，或两个电灯中突然一个熄灭，另一个同时变亮，或电路中的电流变大等。

短路的具体表现，一是整个电路短路。电路中电表没有读数，用电器不工作，电源发热，导线有糊味等。二是串联电路的局部短路。如某用电器（发生短路）两端无电压，电路中有电流（电流表有读数）且较原来变大，另一用电器两端电压变大，一盏电灯更亮等。短路情况下，应考虑是“导线”成了和用电器并联的电流的捷径，电流表、导线并联到电路中的检测方法已不能使用，因为它们的电阻都很小，并联在短路部分对电路无影响。并联到其他部分则可引起更多部位的短路，甚至引起整个电路的短路，烧坏电流表或电源。所以，只能用电压表检测法或小灯泡检测法。

（1）电压表检测法　把电压表分别和各部分并联，导线部分的电压为零表示导线正常，如某一用电器两端的电压为零，则此用电器短路。

（2）小灯泡检测法　把小灯泡分别和各部分并联，接到导线部分时小灯泡不亮（被短路）表示导线正常。如接在某一用电器两端小灯泡不亮，则此用电器短路。

（二）电气设备维修原则

1. 先动口，再动手

应先询问产生故障的前后经过及故障现象，先熟悉电路原理和结构特点，遵守相应规则。拆卸前要充分熟悉每个电气部件的功能、位置、连接方式及周围其他器件的关系，在没有组装图的情况下，应一边拆卸，一边画草图，并记上标记。

2. 先外后内

应先检查设备有无明显裂痕、缺损、了解其维修史，使用年限等，然后再对机内进行检查，拆前应排除周边的故障因素，确定为机内故障后才能拆卸。否则，盲目拆卸，可能使设备越修越坏。

3. 先机械后电气

只有在确定机械零件无故障后，再进行电气方面的检查。检查电路故障时，应利用检测仪器寻找故障部件，确认无接触不良故障后，再有针对性地查看线路与机械的动作关系，以免误判。

4. 先静态后动态

在设备未通电时，判断电气设备按钮接触器、热继电器以及保险丝的好坏，从而断定故障的所在。通电试验听其声，测参数判断故障，最后进行维修。如电机缺相时，若测量三相电压值无法判断时，就应该听其声单独测每相对地电压，方可判断那一相缺损。

5. 先清洁后维修

对污染较重的电气设备，先对其按钮、接线点、接触点进行清洁，检查外部控制键是否失灵，许多故障都是由脏污及导电尘块引起的。经清洁故障往往会排除。

6. 先电源后设备

电源部分的故障率在整个故障设备中占的比例很高，所以先检修电源往往可以事半功倍。

7. 先普遍后特殊

因装配配件质量或其他设备故障而引起的故障，一般占常见故障的50%，电气设备的特殊故障多为软故障，要靠经验和仪表来测量和维修。例如，一个0.5kW电机带不动负载，有人认为是负载故障，根据经验用手抓电机，结果是电机本身问题。

8. 先外围后内部

先不要急于更换损坏的电气部件，在确认外围设备电路正常时，再考虑更换损坏的电气部件。

9. 先直流后交流

检修时，必须先检查直流回路静态工作点，再检查交流回路动态工作点。

10. 先故障后调试

对于调试和故障并存的电气设备，应先排除故障，再进行调试，调试必须在电气线路正常的前提下进行。

（三）电气设备维修方法

1. 分析电路故障时要逐个判断故障原因，把较复杂的电路分成几个简单的电路来看。

2. 用假设法，假设这个地方有了故障，会发生什么情况。

3. 工作中要不断总结规律，在实践中寻找方法。

4. 要通过问、看、闻、听等手段，掌握检查、判定故障的方法。要向操作者和故障在场人员询问情况，包括故障外部表现、大致部位、发生故障时的环境情况。要根据调查情况。看有关电器外部有无损坏、连线有无断路、松动，绝缘有无烧焦，螺旋熔断器的熔断指示器是否跳出，电器有无进水、油垢，开关位置是否正确等。通过初步检查，确认不会使故障进一步扩大和造成人身、设备事故后，可进一步试车检查，试车中要注重有无严重跳火、异常气味、异常声音等现象，一经发现应立即停车，切断电源。注重检查电器的温升及电器的动作程序是否符合电气设备原理图的要求，从而发现故障部位正确排除。

总之，只有在工作实践中不断研究总结，才能正确掌握电路故障的排除方法，确保电器设备的正常运行。

五、判断三相电动机通电后电动机不能转动或启动困难方法

此故障一般是由电源、电动机及机械传动等方面的原因引起。

1. 电源方面

（1）电源某一相断路，造成电动机缺相启动，转速慢且有“嗡嗡”声，起动困难；若电源二相断路，电动机不动且无声。应检查电源回路开关、熔丝、接线处是否断开；熔断器型号规格是否与电动机相匹配；调节热继电器整定值与电动机额定电流相配。

（2）电源电压太低或降压启动时降压太多。前者应检查是否多台电动机同时启动或配电导线太细、太长造成电网电压下降；后者、应适当提高启动电压，若是采用自耦变压器起动，可改变抽头提高电压。

2. 电动机方面

（1）定、转子绕组断路或绕线转子电刷与滑环接触不良，用万用表查找故障点并排除。

（2）定子绕组相间短路或接地，用兆欧表检查并排除。

（3）定子绕组接线错误，如误将三角形接成星形，应在接线盒上纠正接线；或某一相绕组首、末端接反，应先判别定子绕组的首、末端，再纠正接线。

判断绕组首、末端方法步骤如下：

①用万用表电阻挡判定同一相绕组的 2 个出线端。用一根表笔接任一出线端，另一表笔分别与其他 5 个线端相碰，阻值最小的二线端为同相绕组，并作标记。

②用万用表直流电流挡的小量程挡位，判定绕组的首、末端。将任一相绕组的首端接万用表“－”极，末端接“＋”极，再将相邻相绕组的一端接电池负极，另一端碰电池正极观察万用表指针瞬时偏转方向，若为正偏，利用电磁感应原理，可判断与电池正极相碰的为首端，与电池负极相连的为末端，若为反偏，则相反。同理，可判断第三相绕组的首、末端。

（4）定、转子铁芯相碰（扫膛），检查是否装配不良或因轴承磨损所致松动，应重新装配或更换轴承。

3. 机械方面

（1）负载过重，应减轻负载或加大电动机的功率。

（2）被驱动机械本身转动不灵或被卡住。

（3）皮带打滑，调整皮带张力、涂石蜡。

六、电动喷雾器技术维护的内容

1. 微型隔膜水泵技术维护

它的保养要求是保持泵的清洁，每次用完后要用清水冲洗。喷洒粉剂时要先在外面稀释好后再倒进水桶，以避免堵塞水泵。由于所用的药液一般为酸性或碱性，具有一定的腐蚀作用，所以每次用完后，倒入半桶清水将其喷完，这样即可以清除残留药液，又可以达到清洗水泵的目的。

2. 电瓶技术维护

每次用过后要及时充电，新电极在前3次使用时都要将电量用完，然后再充满，这样可以增加电瓶的寿命。平时不用的时候要每个月充电1次，以延长电瓶的寿命。

3. 充电器技术维护

目前大多采用的是带保护的三段式，可以让操作者在忘记充电的情况下自动保护电瓶，不会充爆电瓶。

4. 清洗喷头、滤网

作业结束后，取下喷头与过滤网，将其浸泡在清水中约5min后再用流动的清水冲洗，清洗后放在通风处晾干，这样可以洗掉喷头和滤网上存留的药液颗粒，否则药液会腐蚀喷头和滤网，降低其使用寿命。

七、牵引式刮板清粪机粪沟的建造要求

1. 由于纵向粪沟较长，土建施工误差较大，刮粪板宽度制作时一般要比纵向粪沟宽度小4cm左右，如鸡舍内纵向粪沟标准宽度大多为1.6m和1.8m，刮粪板宽度相应为1.56m和1.76m，纵向粪沟宽度不同时，刮粪板宽度应随之改变。

2. 纵向粪沟一般在长度方向一端深一端浅，与横向粪沟相邻一端深0.5m左右，以3‰坡度向另一端向上找坡。

3. 纵向粪沟的混凝土地面要求平整光滑，不得有凸起、坑洼、沟槽，长度方向宽度基本一致，误差为±1cm。

4. 纵向粪沟两侧的混凝土墙面要立面垂直、平整光滑，互相平行，长度方向宽度误差为±1cm。

八、传送带清粪设备技术维护的内容

1. 减速机每6个月加油一次，并经常检查链条齿轮是否松动、缺油。

2. 清粪带两端轴承要经常加油，发现不运转的轴承应及时清除杂物、加注润滑脂或更换，以免造成不必要的损失。

3. 发现有清粪带接口裂开时，要终止清粪带的运行，把断裂口运行到尾架处进行处理维修。连接口进行连接时要处理干净卫生，不能有水珠、杂物及鸡粪。

4. 长时间不使用需切断电源，将所有传动部位、电气设施作好防潮处理，并做好防鼠措施。

九、鸡舍环境控制器技术维护的内容

1. 工作环境条件要求

环境温度：0～40℃。环境湿度：0%～90% RH。供电要求：单相三线制（一根相线、中线及保护地线）220VAC±10%，50Hz。每台机器都应配备有单独的空气开关。

2. 温度传感器的检查与校正方法

温度传感器使用过程中，应每周进行一次温度检查，若温差超过1℃应及时进行校正。校正时，应将所有温度传感器探头同时放在一桶中，测量桶中水温，而不是测量空气温度，因为空气在运动时，其温度在几度的范围内会迅速变化，从而很难准确的校

对。应确保水的温度接近周围环境中空气的温度，以防止校对过程中温度急剧上升或下降。

3. 静态压力系统设施的维护保养

（1）鸡舍内外压力探头应保持干净，定期进行清洁，以免粉尘堵塞压力管道，影响负压控制仪的准确性。

（2）鸡舍外压力探头应放置在鸡舍外背风的地方，防止刮风对负压控制仪产生干扰，影响鸡舍通风效果。

4. 环境控制器的保护

（1）鸡舍环境控制器应安装在环境稳定的区域，避免直接光照，远离窗口及空调、暖气等设备，避免直对窗口、房门。避免在易于传热且会直接造成与待测区域产生温差的地带安装，否则会造成温湿度测量不准确。

（2）环境控制器必须进行雷电保护，防止雷电对控制器中的电子元器件造成损坏。

十、三相异步电动机技术维护要求

1. 清洁电动机外部，了解异步电动机的铭牌，熟悉异步电动机结构原理。

2. 正确选用拆装工具和仪表。如铁锤、紫铜棒、拉具、扳手，兆欧表、万用表等工具的正确使用方法。

3. 掌握安全操作规程。

4. 掌握电动机拆卸、装配要领。

（1）应先切断电源，拆除电动机与三相电源线的连接，应做好电源线的相序标记与绝缘处理。

（2）拆卸电动机与机座、皮带轮、联轴器的连接时，先做好相应定位标记，保证电动机与主体设备安全分离。

（3）端盖螺钉的松动与紧固必须按对角线上下左右依次旋动。

（4）吊装大型电动机的转子应对称平衡钢丝绳，地面铺好木垫，慢慢平移出转子时动作应小心，一边推送一边接引，防止擦伤定子绕组和转子绕组。

（5）依次对风罩、风叶、端盖、轴承、转子的拆卸清洗、检查与更换。

5. 掌握电动机测试、检修方法。

操作技能

一、背负式手动喷雾器的技术维护

1. 作业后放净药箱内残余药液。

2. 用清水洗净药箱、管路和喷射部件，尤其是橡胶件。

3. 清洁喷雾器表面泥污和灰尘。

4. 在活塞筒中安装活塞杆组件时，要将皮碗的一边斜放在筒中，然后使之旋转，将塞杆竖直，另一只手帮助将皮碗边沿压入筒内就可顺利装入，切勿硬行塞入。

5. 存放时，所有皮质垫圈要浸足机油，以免干缩硬化。

6. 检查各部螺丝是否有松动、丢失。如有松动、丢失，必须及时旋紧和补齐。

7. 将各个金属零件涂上黄油，以免锈蚀。小零件要包装，集中存放，防丢失。

8. 保养后的机器应整机罩一塑料膜，放在干燥通风，远离火源，并避免日晒雨淋。免橡胶件、塑料件过热变质，加速老化。但温度也不得低于0℃。

二、背负式机动弥雾喷粉机的技术维护

1. 按背负式手动喷雾器的程序进行维护保养

2. 机油与汽油比例：新机或大修后前50h，比例为20∶1；其他情况下，比例为25∶1。混合油要随用随配。加油时必须停机，注意防火。

3. 机油应选用二冲程专用机油，也可以用一般汽车用机油代替，夏季采用12号机油，冬季采用6号机油，严禁实用拖拉机油底壳中的机油。

4. 启动后和停机前必须空载低速运转3～5min，严禁空载大油门高速运转和急剧停机。新机器在最初4h，不要加速运转，约每分钟4 000～4 500转即可。新机磨合要达24h以后方可负荷工作。

5. 喷施粉剂时，要每天清洗汽化器、空气滤清器。

6. 长塑料管内不得存粉，拆卸之前空机运转1～2min，借助喷管之风力将长管内残粉吹尽。

7. 长期不用应放尽油箱内和汽化器沉淀杯中的残留汽油，以免油针等结胶。取出空气滤清器中的滤芯，用汽油清洗干净。从进气孔向曲轴箱注入少量优质润滑油，转动曲轴数次。

8. 防锈蚀。用木片刮火花塞、气缸盖、活塞等部件和积炭，并用润滑剂涂抹，同时润滑各活动部件，以免锈蚀。

三、常温烟雾机的技术维护

1. 参照背负式手动和机动喷雾器的程序进行维护保养。

2. 参照机电共性技术状态对电动机、空气压缩机、风机用线路等进行维护保养。

四、牵引式刮板清粪机的技术维护

1. 经常检查控制系统与安全系统的使用可靠性。

2. 经常清除刮粪板上的残余物，以延长机具的使用寿命。

3. 清洁盒内每半月应清理一次，并加入46号机械油。

4. 驱动系统的链条部分每月涂抹一次黄油（3号锂基润滑脂），各轴承处3个月加一次润滑脂，减速器一般每6个月加一次润滑油。

5. 定期检查调整传动链条或皮带的张紧度。

6. 整机系统每6个月进行一次停机维修。

7. 按保养说明书要求定期保养电动机与蜗杆减速机。

五、传送带式清粪机的技术维护

1. 向齿轮、链条加油保养，减速机一般每6个月加一次润滑油。

2. 清除刮粪板上的残余鸡粪，以延长设备的使用寿命。

3. 在清粪的过程中发现清粪带有偏移的现象，用开口扳手调节头架拉紧装置处张紧螺丝，使清粪带走到正常的运行位置。

4. 发现有某一层清粪带接口裂开时，要终止这一层的清粪运行，把断裂口运行到尾架处进行维修处理。进行接口连接时要处理干净卫生，不能有水珠、杂物及鸡粪一起连接。

5. 作业注意事项

（1）维修或保养维护设备时要断开电源，并在电源开关处挂上“检查和维修保养中”的标牌，以防止他人误开电源。

（2）在维修过程中应将零部件和工具摆放到位，严禁将零部件和工具等遗留在清粪带上。

（3）维修层叠式鸡笼清粪带时，严禁踩踏鸡笼、食槽，以防网片开焊，笼体、食槽变形损坏。

（4）严禁行程开关受潮失灵。

（5）在寒冷地方空舍期间必须有防冻保护措施，如清除刮粪板上、牵引绳上粪便和粪沟内粪尿和积水。

六、螺旋式深槽发酵干燥设备的技术维护

1. 维修或保养设备时要断开电源，并在电源开关处挂上“检查和维修保养中”的标牌，以防止他人误开电源。

2. 未经培训的操作者，不许打开该设备的电控柜门对内部进行触摸。遇异常情况应断开总电源，在检修人员未到时，不得再启动。

3. 只有将复位按钮按下再抬起，方可执行指定的工作模式流程作业。

4. 当在执行手动操作时，遇紧急情况应切断电源或按油泵停止按钮。

5. 定时向轴承、齿轮和链条等传动件加注润滑油。

6. 随时检查并调整大车的跑偏缺陷。

七、鸡舍环境控制器的技术维护

1. 保持控制器外壳清洁卫生，经常用干抹布擦拭控制器外部。

2. 经常检查控制器内部接线是否牢固。

3. 定期检查接线情况，控制器的电源电压 220VAC、电源板输出 +5V、+9V、-9V和继电器板上的 +12V 是否正常，各项控制功能是否正常。

4. 在控制器长时间不用时，每个月要开机运转机器一次。检查应急、停电报警功能是否正常，校准温湿度。

5. 注意事项：

（1）鸡舍环境控制器最好安装在干燥、清洁、无腐蚀性气体和无强烈光照的工作间，不要安装在鸡舍内。传感器安装时要远离门窗等通风位置，要防止进水。

（2）控制器应避免机械震动、碰撞、跌落和其他机械损伤。

八、三相异步电动机的技术维护

1. 清洁电动机外部，了解异步电动机的铭牌，熟悉异步电动机基本结构。

2. 正确选用拆装工具和仪表

如铁锤、紫铜棒、拉具、扳手，兆欧表、万用表等工具的选择及正确使用方法。

3. 拆卸电动机

（1）拆卸电动机之前，必须拆除电动机与外部电气连接的连线，并做好相位标记。

（2）拆卸步骤 ①带轮或联轴器；②前轴承外盖；③前端盖；④风罩；⑤风扇；⑥后轴承外盖；⑦后端盖；⑧抽出转子；⑨前轴承；⑩前轴承内盖；⑪后轴承；⑫后轴承内盖。

（3）皮带轮或联轴器的拆卸

拆卸前，先在皮带轮或联轴器的轴伸端作好定位标记，用专用位具将皮带轮或联轴器慢慢拉出。拉时要注意皮带轮或联轴器受力情况务必使合力沿轴线方向，拉具顶端不得损坏转子轴端中心孔。

（4）拆卸端盖、抽转子

拆卸前，先在机壳与端盖的接缝处（即止口处）作好标记以便复位。均匀拆除轴承盖及端盖螺栓拿下轴承盖，再用两个螺栓旋于端盖上两个项丝孔中，两螺栓均匀用力向里转（较大端盖要用吊绳将端盖先挂上）将端盖拿下。（无顶丝孔时，可用铜棒对称敲打，卸下端盖，但要避免过重敲击，以免损坏端盖）对于小型电动机抽出转子是靠人工进行的，为防手滑或用力不均碰伤绕组，应用纸板垫在绕组端部进行。

（5）轴承的拆卸、清洗

拆卸轴承应先用适宜的专用拉具。拉力应着力于轴承内圈，不能拉外圈，拉具顶端不得损坏转子轴端中心孔（可加些润滑油脂）。在轴承拆卸前，应将轴承用清洗剂洗干净，检查它是否损坏，有无必要更换。

4. 装配异步电动机

（1）用压缩空气吹净电动机内部灰尘，检查各部零件的完整性，清洗油污等。

（2）装配异步电动机的步骤与拆卸相反。装配前要检查定子内污物，锈是否清除，止口有无损坏伤，装配时应将各部件按标记复位，并检查轴承盖配合是否合适。

（3）轴承装配前，轴上先抹的油，可采用热套法和冷装配法装配。

5. 拆装注意事项

（1）拆移电机后，电机底座垫片要按原位摆放固定好，以免增加钳工对中的工作量。

（2）拆、装转子时，不得损伤绕组，拆前、装后均应测试绕组绝缘及绕组通路。

（3）拆、装时不能用手锤直接敲击零件，应垫铜、铝棒或硬木，对称敲。

（4）装端盖前应用粗铜丝，从轴承装配孔伸入钩住内轴承盖，以便于装配外轴承盖。

（5）用热套法装轴承时，只要温度超过 100℃，应停止加热，工作现场应放置 1211 灭火器。

（6）清洗电机及轴承的清洗剂（汽、煤油）不准随使乱倒，必须倒入污油井。

（7）检修场地需打扫干净。